Tome IV, volume 6. **Fascicule 1.**

ENCYCLOPÉDIE DES SCIENCES MATHÉMATIQUES PURES ET APPLIQUÉES

PUBLIÉE SOUS LES AUSPICES DES ACADÉMIES DES SCIENCES DE GÖTTINGUE, DE LEIPZIG, DE MUNICH ET DE VIENNE AVEC LA COLLABORATION DE NOMBREUX SAVANTS.

ÉDITION FRANÇAISE

RÉDIGÉE ET PUBLIÉE D'APRÈS L'ÉDITION ALLEMANDE SOUS LA DIRECTION DE

JULES MOLK,

PROFESSEUR À L'UNIVERSITÉ DE NANCY.

ET POUR CE QUI CONCERNE LA MÉCANIQUE SOUS LA DIRECTION SCIENTIFIQUE DE

PAUL APPELL,

PROFESSEUR À L'UNIVERSITÉ DE PARIS.

TOME IV (SIXIÈME VOLUME),

BALISTIQUE. HYDRAULIQUE.

RÉDIGÉ DANS L'ÉDITION ALLEMANDE SOUS LA DIRECTION DE

F. KLEIN ET **C. H. MÜLLER**

PROFESSEUR À L'UNIVERSITÉ DE GÖTTINGUE

PROFESSEUR À L'UNIVERSITÉ TECHNIQUE DE HANOVRE

PARIS, GAUTHIER-VILLARS | LEIPZIG B. G. TEUBNER

1913

(25 NOVEMBRE)

Tome IV; sixième volume; premier fascicule.

Sommaire.

Avis.

Dans l'édition française, on a cherché à reproduire dans leurs traits essentiels les articles de l'édition allemande; dans le mode d'exposition adopté, on a cependant largement tenu compte des traditions et des habitudes françaises.

Cette édition française offrira un caractère tout particulier par la collaboration de mathématiciens allemands et français. L'auteur de chaque article de l'édition allemande a, en effet, indiqué les modifications qu'il jugeait convenable d'introduire dans son article et, d'autre part, la rédaction française de chaque article a donné lieu à un échange de vues auquel ont pris part tous les intéressés; les additions dues plus particulièrement aux collaborateurs français sont mises entre deux astérisques. L'importance d'une telle collaboration, dont l'édition française de l'Encyclopédie offrira le premier exemple, n'échappera à personne.

Fascicules sous presse:

Tome I, vol. 1: **Groupes finis discontinus**, fin (H. Burkhardt — H. Vogt). — **Additions et modifications**. — **Renseignements bibliographiques**. — **Index**.

Tome I, vol. 2: **Invariants**, fin (F. Meyer — J. Drach).

Tome I, vol. 3: **Applications de l'Analyse à la Théorie des nombres**, fin (P. Bachmann J. Hadamard — E. Maillet). — **Corps algébriques** (D. Hilbert — H. Vogt). — **Multiplication complexe** (H. Weber — E. Cahen.)

Tome I, vol. 4: **Économie politique mathématique**, fin (V. Pareto). — **Jeux** (W. Ahrens — C. A. Laisant).

Tome II, vol. 1: **Calcul intégral** (A. Voss — J. Molk).

Tome II, vol. 2: **Fonctions analytiques** (W. F. Osgood — P. Boutroux — J. Chazy).

Tome II, vol. 3: **Fonctions sphériques**, fin (A. Wangerin — A. Lambert — P. Appell). — **Fonctions sphériques à plusieurs variables** (P. Appell — A. Lambert).

Tome II, vol. 5: **Groupes continus de transformations** (H. Burkhardt — L. Maurer — E. Vessiot).

Tome II, vol. 6: **Calcul des Variations**, fin (A. Kneser — E. Zermelo — H. Hahn — M. Lecat).

Tome III, vol. 1: **Notions de courbe et surface**, fin (H. von Mangoldt — L. Zoretti). — **Méthodes analytiques et synthétiques** (G. Fano — S. Carrus). — **Géométrie énumérative** (H. G. Zeuthen — M. Pieri).

Tome III, vol. 2: **Géométrie projective** (A. Schoenflies — A. Tresse). — **Configurations** (E. Steinitz — E. Merlin).

Tome III, vol. 3: **Coniques**, fin. **Faisceaux de coniques** (F. Dingeldey — E. Fabry). — **Courbes planes algébriques** (L. Berzolari).

Tome III, vol. 4: **Quadriques** (O. Staude — A. Grévy).

Tome IV, vol. 1: **Principes de la mécanique rationnelle** (A. Voss — E. Cosserat — F. Cosserat). — **Mécanique statistique** (P. et T. Ehrenfest — E. Borel.)

Tome IV, vol. 2: **Cinématique**, fin (A. Schoenflies — G. Koenigs). — **Mécanismes** (Grübler — G. Koenigs). — **Statique graphique** (L. Henneberg — H. Vergne).

Tome IV, vol. 3: **Appareils physiques les plus simples** (Ph. Furtwängler — A. Guillet).

Tome IV, vol. 5: **Développements d'Hydrodynamique** (A. E. H. Love — P. Appel — H. Beghin — H. Villat).

Tome IV, vol. 7: **Équations fondamentales de l'élasticité** (C. H. Müller — A. Timpe — L. Lecornu). — **Intégration des équations différentielles de l'élasticité** (O. Tedone — R. Garnier).

Tome V, vol. 1: **Mesure** (C. Runge — Ch. Ed. Guillaume).

Tome V, vol. 2: **Atomistique** (F. W. Hinrichsen — M. Joly — J. Roux). — **Stéréochimie** (L. Mamlock — J. Roux). — **Épures des cristaux** (Th. Liebisch — F. Wallerant).

Tome V, vol. 3: **Principes physiques de l'électricité; action à distance** (R. Reiff — A. Sommerfeld — E. Rothé).

Tome V, vol. 4: **Principes physiques de l'optique; anciennes théories** (A. Wangerin — C. Raveau.)

Tome VI, vol. 1: **Triangulation géodésique**. — **Mesure des bases et nivellement**. — **Déviation de la verticale** (P. Pizzetti — L. Noirel).

Tome VI, vol. 2: **Marées océaniques et marées internes** (G. H. Darwin — S. S. Hough — E. Fichot).

Tome VII, vol. 1: **Horloges et chronomètres** (E. Caspari). — **Mesure des angles** (F. Cohn — J. Mascart).

IV 21. BALISTIQUE EXTÉRIEURE.

Exposé, d'après l'article allemand de **C. CRANZ** (Charlottenbourg),
par **E. VALLIER** (Versailles).

Introduction.

1. Préliminaires. La balistique est la science du mouvement des corps pesants lancés dans l'espace suivant une direction quelconque et plus particulièrement l'étude du mouvement des projectiles tirés des bouches à feu.

On distingue la *balistique intérieure* qui a pour objet l'étude du mouvement du projectile dans l'âme de la pièce, et la *balistique extérieure* qui a pour objet l'étude du mouvement de ce projectile lorsqu'il est sorti de la bouche à feu et soumis à l'action de la pesanteur et de la résistance du milieu dans lequel il se meut: cette dernière étude se complète par celle des effets des projectiles au but et de la répartition de leurs points de chute sur le terrain.

La balistique intérieure fera l'objet de l'article IV 22. Dans le présent article il ne sera question que de la balistique extérieure: on donnera un aperçu de l'état actuel de cette branche de la science, permettant de se rendre compte de l'importance des résultats obtenus et des questions qui restent encore à résoudre.

2. Définitions et notations. On fera, dans tout l'article, usage des définitions et notations qui vont suivre:

Trajectoire = ligne décrite par le centre de gravité du projectile pendant son trajet dans l'air, l'origine étant prise au centre de la bouche de la pièce.

x, y = coordonnées courantes du centre de gravité, l'axe des x étant horizontal et situé dans le plan de tir, l'axe des y étant vertical et dirigé vers le haut.

θ = inclinaison sur le plan horizontal de la tangente à la trajectoire au point x, y.

$p = \operatorname{tang} \theta$.

θ_0 ou φ = angle de projection, ou inclinaison initiale de la trajectoire.

s = arc de la trajectoire.

v = vitesse du projectile au point (x, y).

t = durée de trajet, de l'origine au point (x, y).

V ou V_0 = vitesse initiale du projectile, à l'origine du mouvement. *Cette vitesse n'est jamais connue exactement, les moyens de mesure faisant défaut. C'est, par convention, la vitesse que devrait avoir à l'origine le projectile pour décrire sa trajectoire dans les conditions déterminées (à proximité de l'origine du mouvement) par des mesures directes: autrement dit, c'est l'ordonnée à l'origine de la courbe des vitesses obtenue en enregistrant les vitesses en divers points et en prolongeant en deçà la courbe interpolée. Cette vitesse diffère donc en réalité de la vitesse du projectile à l'origine.*

X = *portée*, c'est-à-dire distance de l'origine au point de chute, où la trajectoire rencontre le plan horizontal passant par l'origine.

V' = vitesse du projectile au point de chute.

T = durée de trajet, de l'origine au point de chute.

φ' ou ω = angle de chute, angle aigu formé par la tangente à la trajectoire au point de chute avec le plan horizontal, de sorte qu'au point de chute la valeur de θ est $2\pi - \omega$.

La droite et la gauche sont la droite et la gauche d'un observateur placé à l'origine et regardant le point de chute.

X_s, Y_s = coordonnées du sommet de la trajectoire.

Le projectile est supposé d'ordinaire avoir la forme d'un cylindre droit surmonté d'une ogive de révolution autour de l'axe du cylindre.

Éléments du projectile.

P = poids en kilogrammes.

R = rayon en mètres.

γ = angle ogival, demi-ouverture du cône tangent au sommet de l'ogive.

i = indice balistique ou coefficient de forme.

$C = \frac{p}{1000(2R)^2}$ = coefficient balistique.

Éléments atmosphériques.

δ = poids spécifique de l'air au moment du tir, en prenant pour unités le kg et le mètre cube.

$\delta_0 = 1{,}206$ = poids spécifique de l'air à 15°, à la pression de 750 mm, l'état hygrométrique étant $\frac{1}{2}$, en prenant pour unités le kg et le mètre cube.

$\bar{s}$ = vitesse du son dans l'air au moment du tir. Quoique s désigne l'arc de la trajectoire, aucune confusion n'est possible.

Éléments relatifs à la dérivation.

H = Coefficient de dérivation; on admet que $H = \frac{\mu^2 \psi \operatorname{tg} \eta}{400}$.

μ = rayon de giration du projectile autour de son axe de figure, exprimé en $\frac{1}{2}$ calibres.

L = longueur du projectile en calibres.

η = angle d'inclinaison des rayures.

ψ = facteur spécifique de dérivation, dépendant de la longueur du projectile et de l'exposant moyen qu'il faudrait admettre pour représenter la résistance de l'air sous la forme av^n dans les conditions envisagées, et donné par le tableau ci-dessous.

L	Valeur de ψ			Valeur de μ environ
	$n = 2$	$n = 3$	$n = 4$	
2,5	0,444	0,426	0,406	0,53
2,8	0,397	0,385	0,369	0,54
3,4	0,337	0,331	0,320	0,55
4,5	0,248	0,246	0,242	0,60

De la résistance de l'air au mouvement des projectiles.

3. Exposé théorique. La résistance de l'air en ce qui concerne les faibles vitesses est étudiée dans l'article IV 19 consacré à l'Aérodynamique. Il ne sera question ici que du cas de vitesses considérables, de l'ordre de celles que possèdent les projectiles.

La théorie de cette résistance se trouve actuellement en voie de transformation: de nouvelles bases expérimentales semblent s'imposer aux recherches mathématiques; il s'agira donc moins, dans ce qui va suivre, de l'exposé des résultats acquis que de celui des hypothèses nouvellement énoncées.

On admet en général, pour simplifier l'analyse, que l'axe de figure du projectile oblong passe bien par son centre de gravité et reste couché sur la tangente à la trajectoire, et, dans ce cas, la résistance de l'air ne dépend que des éléments suivants[1]):

1°) La section droite du projectile, normale à l'axe de rotation, désignée par πR^2.

2°) La densité de l'air δ, calculée en tenant compte de tous les éléments atmosphériques au jour de l'expérience: température, pression et état hygrométrique.

3°) Le tracé de l'ogive qui forme la partie antérieure du projectile, et dont l'influence est représentée dans les formules par un coefficient spécial i.

4°) Enfin une certaine fonction $f(v)$ de la vitesse de translation du centre de gravité.

L'influence des trois premiers éléments est représentée dans les formules d'une façon plutôt approximative que conforme à la réalité.

Ainsi *I. Didion*[2]) avait conclu de ses expériences que la résistance de l'air est pour un projectile de faible section relativement plus considérable que pour ceux à forte section et il a essayé de tenir compte de ce fait dans ses calculs en multipliant la section

---

1) Voir à ce sujet *J. V. Poncelet*, Introduction à la mécanique industrielle, Bruxelles 1839, p. 522 et suiv.; *I. Didion*, Lois de la résistance de l'air, Paris 1857; *Ch. E. Page*, De la résistance de l'air, Paris 1878; Revue d'artillerie 11 (1877/8), p. 254, 345, 457, 561; 13 (1878/9), p. 531; 14 (1879), p. 38; 15 (1879/80), p. 128; *E. Vallier*, Revue d'artillerie 26 (1885), p. 226/35, 324/47; *A. Indra*, Mitteilungen über Gegenstände des Artillerie und Geniewesens (Vienne) 1886, p. 1 et suiv.; *N. von Wuich*, id. 1886, p. 49, 101 et suiv.

Voir aussi *L. A. Thibault*, Recherches expérimentales sur la résistance de l'air, Paris 1826, p. 11, 62, 128; *F. Silvestre*, Revue d'artillerie 18 (1881), p. 236; *M. Prehn*, Über die bequemste Form des Luftwiderstandsgesetzes, Berlin 1874; *N. V. Maievskij*, Bull. Acad. Pétersb. (2) 17 (1859), p. 337 [1858] pour des projectiles sphériques; id. (3) 27 (1881), p. 1; *von Pfister*, Archiv für die Artillerie- und Ingenieur-Offiziere des deutschen Reichsheeres 88 (1881), p. 489; *F. A. Journée*, Revue d'artillerie 49 (1896/7), p. 293; *F. Hélie*, Traité de balistique expérimentale; exposé général des principales expériences d'artillerie exécutées à Gâvre en 1830/66, Paris 1865; (2e éd.) 2, Paris 1884, p. 150; *N. Zabudskij*, Vněšnïa balistika (balistique extérieure) 1, St. Pétersbourg 1895, p. 55; Archiv für die Artillerie- und Ingenieur-Offiziere des deutschen Reichsheeres 102 (1895), p. 18; Artilleriskij Journal (St Pétersbourg) 1894, n° 4, p. 299; *F. Chapel*, C. R. Acad. sc. Paris 119 (1894), p. 977; Revue d'artillerie 45 (1894/5), p. 119, 453; *Denecke*, Kriegstechnische Zeitschrift (Berlin) 2 (1899), p. 482; *L. Mach*, Zeitschrift für Luftschiffahrt 15 (1896), p. 129.

2) Lois de la résistance de l'air, Paris 1857, p. 53. Voir aussi *J. Wolf Barry* Engineering 66 (1898), p. 408; *F. von Zeppelin*, Zeitschrift für Luftschiffahrt 15 (1896), p. 172.

droite πR^2 par un facteur

$$\left(0{,}74 + \frac{0{,}047}{0{,}05 + 2R}\right).$$

Mais, depuis, divers balisticiens ont cru pouvoir admettre d'après l'expérience la proportionnalité de la résistance à cette section πR^2, et l'on n'hésite pas à adopter aujourd'hui, même pour les balles d'infanterie, le même coefficient que pour les projectiles d'artillerie; cependant le fait n'est pas toujours exact, en raison de la forme des courants suivant lesquels a lieu l'écoulement de l'air et de la production d'ondes de tête et de queue dans le cas de grandes vitesses. On reviendra plus loin sur ces questions.

Quant à la proportionnalité de la résistance à la densité de l'atmosphère, si elle n'a jamais été contestée, elle n'a par contre jamais été démontrée expérimentalement et il serait à désirer que la vérification en fût faite par des essais convenables et sous de grandes vitesses.

En ce qui concerne le coefficient i, on reviendra plus loin sur ce point; contentons-nous d'indiquer ici qu'il représente en réalité l'effet de plusieurs causes perturbatrices dont les relations théoriques nous sont inconnues, si bien qu'il constitue non seulement un coefficient de forme, mais aussi un facteur de compensation des écarts qu'entraîne l'emploi des facteurs 1 et 4 et peut-être aussi du facteur 2.

En tout cas ce facteur i n'est pas, en principe, une constante, mais un paramètre susceptible d'être modifié légèrement par des variations des autres éléments ci-dessus indiqués.

I. Newton[3]) avait, le premier, essayé de donner une théorie de la résistance de l'air. Faisant abstraction du mouvement communiqué au fluide ambiant, il admettait tacitement que chaque molécule d'air se trouve à l'état du repos au moment où elle est atteinte par le mobile et reçoit alors, suivant la direction de la normale à l'élément de surface qu'elle rencontre, une vitesse égale à celle que cet élément possède dans le même sens lorsqu'on assimile le choc à celui de deux corps dénués d'élasticité.

P. L. G. du Buat[4]) attira l'attention sur l'existence d'une masse d'air entraînée par le corps, d'une proue et d'une poupe fluide.

Athanase Dupré[5]) appliqua la théorie de l'écoulement des fluides

3) Philosophiae naturalis principia mathematica, Londres 1687, livre 2, section 7, prop. 40; trad. par *G. E. de Breteuil*, marquise du Châtelet, 1, Paris 1759, p. 377; Opera, éd. *S. Horsley* 2, Londres 1779, p. 416.

4) Principes d'hydraulique et de pyrodynamique 2, Paris 1786, p. 226, 282; (2ᵉ éd.) 2, Paris 1816, p. 194, 273.

5) *Théorie mécanique de la chaleur, Paris 1869, p. 446 et suiv.*

au calcul de la résistance que les gaz opposent au mouvement des corps qui y sont plongés, et en particulier de corps ayant une forme analogue à celle des projectiles de l'époque.

H. Sébert et *E. Vallier* essayèrent d'appliquer les théories d'*Athanase Dupré*, mais les données expérimentales étaient insuffisantes pour permettre l'étude du contour de la poupe fluide.

Ces tentatives faites pour fonder l'expression de la fonction $f(v)$ sur des bases théoriques[6]) n'ont pu aboutir jusqu'à présent à des énoncés qui soient d'ordre assez général pour être appliqués en balistique; car les lois ainsi formulées ne sauraient tenir compte de tous les phénomènes accessoires à envisager, tels que le frottement de l'air parallèlement et normalement aux génératrices de la surface cylindrique, l'action des couches d'air adhérentes, l'effet de la rotation, le mode d'arrivée de l'air au contact, ses phénomènes de condensation et de raréfaction, et ce fait que la pression sur un élément varie avec sa distance à l'axe et n'est pas par suite uniforme sur toute la section droite.

Ce dernier point a été établi par *E. Mach*[7]) qui détermine à cet effet la déviation qu'éprouve la lumière en traversant diverses couches dans le voisinage immédiat d'un projectile. Des essais faits avec une balle de 11 mm à la vitesse de 520 mètres, pour laquelle les expériences de Krupp indiquaient une résistance de 1,066 kg (soit une atmosphère), ont fait constater une condensation de l'air laquelle correspondrait, au sommet de l'onde de tête, sensiblement à 3 atmosphères, puis environ à 1,7 atm. à 4,5 mm derrière le dit sommet à 12 mm de l'axe et à 3 mm de la surface de l'onde, enfin à environ 1,6 atm. à 75 mm derrière le sommet, à 90 mm de l'axe et à 75 mm de la surface d'onde. Il fait remarquer à cette occasion que les récits de blessures ou de morts occasionnées par le *souffle du boulet* ne sont que de grossières exagérations.

*Cette théorie du *projectile-air*, énoncée par le physicien *L. H. F. Melsens*, a été examinée en France et en Belgique: voici ce qu'écrit sur ce point *H. Nimier*[8]):

„*L. H. F. Melsens* admet que les effets produits sur les tissus par les balles sont la résultante de l'action de deux projectiles frappant simul-

6) *J. C. F. Otto*, Z. Math. Phys. 11 (1866), p. 615; Mitteilungen über Gegenstände des Artillerie- und Geniewesens (Vienne) 1879, p. 481; *Carl August Schmidt*, Progr. des Stuttgarter Realgymnasiums 1878; *E. Vallier*, Revue d'artillerie 26 (1885), p. 226, 324; *H. Resal*, Mécanique générale 2, Paris 1873, p. 324; *O. Mata*, Revue de l'armée belge (Liége) 19 (1895), p. 65; *A. Bassani*, La corrispondenza, giornale internazionale di scienze militari (Livourne) 1 (1900), p. 299.

7) Sitzgsb. Akad. Wien 98 (1889), p. 1318.

8) *Les projectiles des armes de guerre, Paris 1899.*

tanément: le projectile solide qui se déforme sans changer sensiblement de volume et le projectile gazeux qui comprimé en avant du solide tend à reprendre son volume primitif correspondant à la pression atmosphérique tout en perdant sa force vive et en produisant des dilacérations particulières qui, dans des cas donnés, peuvent simuler l'effet produit par une balle explosible. Le projectile lancé par une arme à feu exerce trois actions très différentes qui se succèdent dans un intervalle de temps très court:

1°) L'action de l'air due à son poids et à sa forme.

2°) L'action due à l'élasticité du gaz dont le volume augmente subitement.

3°) L'action du solide qui se déforme sans changement sensible de volume et frappe les parties déjà entamées par l'action du projectile-air.

L'importance du rôle accordé au projectile-air se trouve annulée par les expériences de *P. Henrard* et de *F. A. Journée*. Ce dernier remarque que lorsqu'on tire une balle à travers une cible de toile et de papier de 5 à 7 mm d'épaisseur, les perforations produites par le projectile ont exactement son diamètre sans trace d'éclatement ou de déchirures causées par le manchon d'air.

P. Henrard tire une balle peinte en bleu sur une cible fraîchement peinte en rouge: la balle s'aplatit et est légèrement teinte en rouge au centre de sa surface d'impact, c'est-à-dire au point où d'après la théorie de *L. H. F. Melsens*, devait exister une cupule creusée par la résistance du projectile-air. De même, un obus pénètre dans l'argile en creusant un canal de même calibre que le sien, sans trace d'action du projectile-air."*

De toutes ses études *E. Mach* a déduit que la soi-disant résistance de l'air au mouvement des projectiles n'est qu'un agent fictif: ce n'est pas sous cette forme que l'on doit se représenter la cause du ralentissement des projectiles oblongs: ce n'est qu'un procédé pratique d'estimation [cf. n° **5**].

En réalité, le projectile dépense son énergie à produire des ondes aériennes, à faire naître des tourbillons, à produire des effets de frottement et d'échauffement, mais nullement à produire un effort dynamique en chaque centimètre carré de sa section. Les ondes soulevées dans l'air par le projectile au cours de son avancement doivent le précéder si sa vitesse est inférieure à celle du son: dans le cas contraire, elles accompagnent le projectile. Dans ce dernier cas, les expériences de *E. Mach*[9]) et *C. V. Boys*[10]) ont montré que ces ondes se reforment à

9) *E. Mach* et *P. Salcher*, Sitzgsb. Akad. Wien 95 II (1887), p. 765.

10) Nature (Londres) 47 (1892/3), p. 415, 440.

chaque instant. Ce que semble constater ce fait que les tables des valeurs de la résistance de l'air, obtenues expérimentalement, présentent un brusque changement d'allure pour $f(v)$ aux environs de $v = 340$ mètres à la seconde, c'est-à-dire de la vitesse de propagation des ondes sonores[6]).

C'est *Carl August Schmidt*[11]) qui paraît avoir le premier constaté ces faits: il établit, en partant de là, une expression de la résistance de l'air en fonction de la vitesse v du mobile qui offre une discontinuité quand v est égale à la vitesse normale $\bar{s}$ du son.

Les ondes et les tourbillons d'air entourant le projectile ont été photographiés par *E. Mach*[12]). Plus la valeur de v se rapproche en diminuant de la valeur $\bar{s}$, plus le sommet du contour de l'onde s'éloigne de la pointe du projectile; il arrive ainsi que le claquement émis par le projectile arrive au but en même temps que lui tandis que le claquement du coup de canon se distingue nettement du précédent et n'arrive au but que plus tard. *E. Mach*[13]) a aussi démontré que la vitesse avec laquelle se propagent les ondes sonores de l'air varie essentiellement suivant le mode et l'intensité de leur émission. *N. V. Maievskij*[14]) semble avoir le premier établi expérimentalement qu'en supposant l'existence d'une fonction de la résistance de l'air contenant un coefficient sensiblement constant pour des vitesses peu différentes les unes des autres, ce coefficient varie brusquement au voisinage de la vitesse du son. *A. Indra*[15]) explique le fait par la raison que l'énergie du projectile se dépense dans ce cas ($v > \bar{s}$) à reformer continuellement l'onde de tête[16]).

---

11) Progr. Stuttgard[6]) 1878, p. 25.

12) Sitzgsb. Akad. Wien 92 II (1885), p. 625; *F. Ahlborn*, Jahrbuch der Schiffbautechnischen Gesellschaft (Hambourg) 1909, p. 370.

13) Sitzgsb. Akad. Wien 77 II (1878), p. 7; 78 II (1878), p. 819; 95 II (1887), p. 765; 97 IIª (1888), p. 1045; 98 IIª (1889), p. 41, 1257; 101 IIª (1892), p. 977.

14) Bull. Acad. Pétersb. (3) 27 (1881), p. 1. Cf. *N. von Wuich*, Lehrbuch der äusseren Ballistik 1, Vienne 1886, p. 113; *N. V. Maievskij*, trad. par *Klussmann*, Über die Lösung der Probleme des direkten und indirekten Schiessens, Berlin 1886, p. 2.

15) Mitteilungen über Gegenstände des Artillerie- und Geniewesens (Vienne) 1886, p. 1/80. Cf. *R. Emden*, Habilitationsschrift, Munich 1899, p. 94; Ann. Phys. und Chemie, Dritte Folge 69 (1899), p. 454; *E. Thiel*, Archiv für die Artillerie- und Ingenieur-Offiziere des deutschen Reichsheeres 94 (1887), p. 492.

16) A ce sujet voir encore *L. Mach*, Sitzgsb. Akad. Wien 105 IIª (1896), p. 605 (on y trouve reproduites les photographies du projectile enveloppées des ondes et des tourbillons correspondants, photographies qu'il avait précédemment obtenues); *C. V. Boys*, Revue gén. sc. 3 (1892), p. 661/70; Nature (Londres) 47 (1892/3), p. 415, 440; *Q. Majorana-Calatabiano* et *A. Fontana*, Rivista di artiglieria e

Comme la théorie de Riemann ne s'applique qu'aux ondes planes, ces considérations ne semblent concerner que dans une certaine mesure les projectiles à ogive tronquée. Néanmoins l'extension de la théorie riemanienne des coups de vent parait donner les plus grands espoirs pour un succès ultérieur. L'étude du mouvement périphérique faite récemment par *F. W. Lanchester*[17]) pour la théorie du vol plané, surtout pour les surfaces analogues aux ailes d'oiseau, ne peut être d'aucune utilité en balistique. On y envisage un courant d'air animé d'un mouvement circulaire de sens et de force convenables autour des ailes en question, mais ces considérations ne s'appliquent pas aux tourbillons qui existent toujours derrière le culot du projectile.

Mentionnons enfin que récemment *H. Lorenz*[18]) a cherché, à l'occasion d'une théorie de la résistance des vaisseaux, à représenter mathématiquement toutes les circonstances du mouvement compliqué de l'air autour du projectile en marche, ce qui l'a conduit à la relation suivante pour la résistance de l'air:

Si v désigne la vitesse du projectile, πR^2 la section maximée du projectile, $\bar{s}$ la vitesse du son, l la longueur du projectile, on a

$$W = k_1 \pi R^2 v^2 + k_2 l v + \frac{k_3 \pi R^2 v^4 + k_4 l v^3}{\sqrt{(\bar{s}^2 - v^2)^2 + k_5 l^2 v^2}},$$

où k_1, k_2, k_3, k_4, k_5 sont des constantes parmi lesquelles k_1 et k_3 ne dépendent que de la forme du projectile, k_2, k_4 et k_5 de la forme et de la nature de sa surface.

H. Lorenz[18]) présume qu'il existe ici un phénomène de résonance analogue à ceux constatés dans d'autres circonstances, tels que par exemple la résonance d'ondes électriques, ou la concordance de l'oscillation du corps d'un vaisseau avec celle de masses soulevées près de la machine par suite de la concordance de la durée de ces oscillations. Une plus grande quantité d'énergie est communiquée à l'air si la vitesse du projectile concorde sensiblement avec la vitesse de propa-

---

genio 1896 I, p. 106; *A. von Obermayer,* Mitteilungen über Gegenstände des Artillerie- und Geniewesens (Vienne) 1897, p. 815; *P. Vieille,* C. R. Acad. sc. Paris 126 (1898), p. 31; *W. Wolff,* Ann. Phys. und Chemie, Dritte Folge 69 (1899), p. 329; *Rieckeheer,* Kriegstechnische Zeitschrift 3 (1900), p. 383, 439, 513; *A. von Minarelli-Fitzgerald,* Das moderne Schiesswesen, Vienne 1901, p. 28; *C. Cranz,* Anwendung der elektrischen Momentphotographie auf die Untersuchung von Schusswaffen, Halle 1901.

17) Aerodynamics, Londres 1907, p. 138 et suiv.

18) Zeitschrift des Vereins deutscher Ingenieure 51 (1907), p. 1824; Technische Hydrodynamik, Munich 1910, p. 450.

gation des ondes aériennes. La formule de *H. Lorenz* est d'ailleurs trop compliquée pour permettre d'éclaircir numériquement avec une précision suffisante le fait que ce ressaut a lieu pour environ $v = 500$ mètres à la seconde. Avant de se prononcer il est indispensable d'attendre le résultat de recherches ultérieures sur la résistance de l'air.

A ce propos signalons que, d'après *A. Sommerfeld*[19]), la résistance W de l'air proviendrait de deux composantes, l'une W_1 due au frottement, de la forme kv^2 comme l'indiquait *I. Newton*, et l'autre W_2 provenant de l'action des ondes aériennes. Cette dernière action serait nulle lorsque v est moindre que $\bar{s}$ ($\bar{s}$ étant la vitesse du son) et, lorsque $v > \bar{s}$, se représenterait par une expression de la forme

$$A\left(1 - \frac{\bar{s}^2}{v^2}\right)$$

par analogie avec le champ magnétique qui résulte du mouvement d'un électron animé d'une vitesse supérieure à celle de la lumière.

Par conséquent, lorsque la vitesse v est inférieure à $\bar{s}$, on écrira

$$W = a_0 v^2,$$

et lorsqu'elle sera supérieure à $\bar{s}$ on adoptera

$$W = av^2 + A\left(1 - \frac{\bar{s}^2}{v^2}\right),$$

a_0, a et A étant des constantes.

Dans ces conditions, la courbe (C) dont l'équation en coordonnées (v, z) est

$$z = \frac{W}{v^2} = a + \frac{A}{v^2}\left(1 - \frac{\bar{s}^2}{v^2}\right)$$

reproduit l'allure de la courbe de Siacci figurée à la page 17.

Ainsi l'ordonnée de la courbe (C) s'obtiendrait sur le dit tracé par l'addition à la constante a, numériquement égale ici à 240, de l'ordonnée des ondes

$$\frac{A}{v^2}\left(1 - \frac{\bar{s}^2}{v^2}\right),$$

ordonnée nulle pour $v = \bar{s}$, croissant jusqu'à ce que $v = \bar{s}\sqrt{2}$ soit environ 480, puis décroissant constamment, ce qui reproduit sensiblement l'allure de la courbe de Siacci.*

Enfin *P. Vieille*[20]), à la suite des expériences de *E. Mach* et de

---

19) *F. Klein* et *A. Sommerfeld*, Über die Theorie des Kreisels 4, Leipzig 1910, p. 923/8.*

20) *C. R. Acad. sc. Paris 130 (1900), p. 235. Nous reproduisons ici (p. 11/3) textuellement la communication de *P. Vieille*.*

L. Mach ainsi que de celles de *C. V. Boys* rappelées plus haut, s'exprime comme il suit:

„Ces expériences ont montré qu'un projectile, se mouvant dans l'air à grande vitesse, détermine une perturbation brusque du milieu qui accompagne le projectile sous forme d'une ride formant une surface de révolution autour de son axe et dont la section méridienne se compose de deux droites symétriques et d'une courbe de raccordement. La vitesse de propagation normale de cette onde est évidemment variable en chaque point et égale à $V \cos \alpha$, α étant l'angle de l'axe et de la normale à la section méridienne au point considéré.

L'expérience montre que la vitesse des rides rectilignes est égale à la vitesse normale du son, mais il est évident qu'au sommet, où $\cos \alpha = 1$, la vitesse de propagation est égale à la vitesse du projectile, laquelle, avec les projectiles modernes, peut s'élever jusqu'à 800, 1000 et 1200 mètres à la seconde.

Un pareil phénomène ne peut être entretenu que par la formation d'une discontinuité dont la vitesse de propagation soit précisément égale à celle du projectile.

Il semble que, pour les gros projectiles de rupture de la Marine dont la surface antérieure est sensiblement plane, la surface de l'onde est assez surbaissée pour que le fonctionnement, dans la région centrale, en face de la tête du projectile, soit assimilable à la propagation d'une onde plane, le rôle du projectile se réduisant à entretenir une discontinuité constante, malgré les déperditions latérales.

J'ai cherché à comparer les valeurs des résistances de l'air, obtenues expérimentalement pour ces grandes vitesses, aux valeurs que la théorie assigne aux discontinuités assurant les mêmes vitesses de propagation.

B. Riemann et *B. Hugoniot* ont montré que la vitesse V de propagation par onde plane dans un milieu en repos d'une discontinuité caractérisée par une différence finie $P_1 - P_0$ des pressions et $z_1 - z_0$ des dilatations est donnée par l'expression

$$V = \sqrt{-\frac{1}{\varrho_0} \frac{P_1 - P_0}{z_1 - z_0}},$$

où ϱ_0 désigne la masse de l'unité de volume du milieu en repos et où $z_0 = 0$.

Cette vitesse dépend de la loi particulière qui lie P et z. On doit évidemment considérer la transformation comme adiabatique; mais *B. Hugoniot* a montré que la loi adiabatique *statique* des gaz parfaits, qui reste applicable même dans le cas des mouvements quelconques de la masse gazeuse si les transformations sont continues, cesse d'être vérifiée dans l'hypothèse d'une discontinuité.

L'expression adiabatique statique

$$P_1 = P_0 \left(\frac{1+z_0}{1+z_1}\right)^m$$

est remplacée par la relation

$$P_1 = P_0 \frac{2(1+z_0) - (m-1)(z_1 - z_0)}{2(1+z_0) + (m+1)(z_1 - z_0)}.$$

En substituant dans la valeur de V on obtient l'expression

$$V = \sqrt{\frac{1}{\varrho_0} \frac{P_0}{2} \left[2m + (m+1) \frac{P_1 - P_0}{P_0}\right]}$$

qui permet de calculer les variations brusques de pression susceptibles de se propager avec la vitesse V dans le milieu de densité ϱ_0 à la pression P_0[21]).

Le Tableau suivant renferme pour diverses vitesses les valeurs de la résistance que l'air exerce par centimètre carré sur des projectiles à face antérieure sensiblement plane. Ces nombres résultent de la discussion des expériences balistiques les plus récentes, qui sont celles que *E. L. M. Gibert*[22]) a effectuées en 1895. Ils représentent la différence entre la surpression appliquée à la tête du projectile et la dépression appliquée au culot.

Vitesses des projectiles cylindriques m	Résistance en kilogrammes par centimètre carré observée kg	Surpression théorique assurant la vitesse de propagation égale à celle du projectile kg	Différence kg
400	1,25	1,58	0,33
600	3,26	3,78	0,52
800	6,23	6,85	0,62
1000	10,15	10,81	0,66
1200	15,01	15,64	0,63

Si l'on tient compte de la dépression à l'arrière du projectile, qui est d'autant plus grande que la vitesse est plus forte, on est conduit à considérer comme identiques les pressions réellement appliquées à l'avant d'un projectile plan en mouvement, et les valeurs que la

21) *P. Vieille*, Mémorial des poudres et salpêtres 10 (1899/1900), p. 255; *E. Jouguet*, C. R. Acad. sc. Paris 132 (1901), p. 677; 145 (1907), p. 500; *J. Hadamard*, Leçons sur la propagation des ondes, Paris 1903, p. 206. *P. Haupt* [Artilleristische Monatshefte 1910, p. 249] a cherché à obtenir la loi de résistance de l'air par des considérations théoriques empruntées à la théorie cinétique des gaz. Voir aussi les considérations de *F. Chapel*, C. R. Acad. sc. Paris 119 (1894), p. 997; 120 (1895), p. 677.

22) Mémorial de l'artillerie de la marine 23 (1895), p. 69.

théorie assigne à la discontinuité susceptible de se propager avec la même vitesse.

Il importe de remarquer que cette coïncidence est liée à l'expression de la loi adiabatique dynamique et que la loi statique eût conduit à des valeurs notablement supérieures aux valeurs expérimentales. Ainsi, la vitesse de 1200 mètres par seconde exigerait une surpression de 17,24 kg, supérieure de 2,2 kg à la résistance observée.

Il est vraisemblable que la formule s'applique à des vitesses beaucoup plus considérables que la limite qui s'est trouvée fortuitement atteinte dans les vérifications expérimentales d'ordre balistique, et on peut lui demander quelques indications sur le fonctionnement de projectiles se mouvant avec des vitesses planétaires de quelques kilomètres à la seconde.

La Tableau suivant donne les valeurs des pressions et des températures correspondant à ces vitesses d'après la formule:

Vitesses du projectile m	Pressions kg	Températures 0
1200	15,64	680
2000	43,8	1741
4000	175,6	7751
10000	1098	48490

Sans attribuer à ces nombres une valeur absolue, on peut penser que l'incandescence des bolides, les érosions de leur surface et les ruptures qui accompagnent leur passage dans notre atmosphère, même en tenant compte de la raréfaction du milieu traversé, sont explicables par les valeurs des pressions et des températures que fait prévoir la loi de propagation des discontinuités[23]).“*

4. Formules empiriques de la résistance de l'air. On a publié un grand nombre de formules de la résistance de l'air en vue des applications à la balistique; presque toutes ces formules sont obtenues empiriquement[24]); *C. Cranz* en connaît 25 dont la plupart affectent

23) Sur ce même sujet, voir aussi *E. Ökinghaus,* Sitzgsb. Akad. Wien 109 II^a (1900), p. 1291. On peut encore se reporter aux remarques générales, concernant la fonction des forces quand elle dépend des vitesses, faites par *H. von Helmholtz,* Vorles. über theoretische Physik 1, Leipzig 1898, p. 31/2.

24) On trouve mentionnées les principales expériences et les lois auxquelles on est ainsi parvenu dans *C. Cranz,* Kompendium der äusseren Ballistik, Leipzig 1896, p. 36 et suiv.; (2e éd.) Leipzig 1910, p. 43 et suiv.; *A. Indra,* Mitteilungen über Gegenstände des Artillerie- und Geniewesens (Vienne) 1886, p. 1/80; *E. Ökinghaus,* Sitzgsb. Akad. Wien 108 II^a (1899), p. 1559; 109 II^a (1900), p. 1275; *Denecke,* Kriegstechnische Zeitschrift (Berlin) 2 (1899), p. 426, 474 et suiv., en partic.

la forme exponentielle

$$f(v) = av^n$$

ou plus généralement[25])

$$f(v) = av^m + bv^n + \cdots\cdots$$

De plus depuis *N. V. Maievskij*[26]) l'ensemble des valeurs de la vitesse du projectile qu'il y a lieu de considérer dans la pratique, et qui s'étend actuellement depuis $v = 50$ mètres environ par seconde jusqu'à $v = 1000$ mètres environ par seconde, a été partagé en intervalles dans chacun desquels, pour établir la loi av^n par exemple, on détermine spécialement soit a, soit n, soit ces deux coefficients numériques[27]).

Pour ce qui est des lois dites *lois des zones* on peut admettre actuellement la loi de *Maievskij-Zabudskij.* Elle a été établie par *N. V. Maievskij* jusqu'à $v = 550$ mètres par seconde et a été ensuite prolongée par *N. Zabudskij*[28]) jusqu'à $v = 1000$ mètres par seconde en utilisant certaines expériences de *F. Krupp*[29]).

D'après cette loi, la résistance de l'air est, pour un projectile oblong d'artillerie de la forme normale des Krupp (dont il sera question plus loin), de section πR^2 (exprimée en mètres carrés) et de vitesse v

---

p. 482 (nouvelles lois des zones jusqu'à $v = 500$ mètres par seconde obtenues en s'appuyant sur des expériences faites en Allemagne); *W. Gross*, Schweizerische Zeitschrift für Artillerie und Genie 39 (1903), p. 409; *W. von Scheve*, Kriegstechnische Zeitschrift 10 (1907), p. 14.

25) Au sujet de la mesure de la résistance de l'air, voir en partic. *I. Didion*, Lois de la résistance de l'air, Paris 1857; *Ch. E. Page*, De la résistance de l'air, Paris 1878.

26) Plusieurs lois de résistance de l'air ont été déduites des expériences faites dans différents pays en faisant usage de la méthode des moindres carrés ou de méthodes de calcul analogues. Voir à ce sujet *F. Siacci*, dans la traduction française de son traité [Corso di balistica (en 3 vol.) Rome 1870/84; (2e éd.) Turin 1888] publiée sous le titre: Balistique extérieure, Paris 1892, p. 313; *N. Zabudskij*, Artilleriskij Journal (St. Pétersbourg) 1892, p. 601; 1894, p. 299; *Klussmann*, Archiv für die Artillerie- und Ingenieuroffiziere des deutschen Reichsheeres 97 (1890), p. 546; *F. Siacci*, Rivista di artiglieria e genio 1889 III, p. 227; 1891 I, p. 199; Archiv für die Artillerie- und Ingenieuroffiziere des deutschen Reichsheeres 99 (1892), p. 172.

27) Kurs vněšnej balistiki, St Pétersbourg 1870; Traité de balistique extérieure, Paris 1872, p. 41.

28) Artilleriskij Journal (St Pétersbourg) 1894, n° 4, p. 299; *Klussmann*, Archiv für die Artillerie- und Ingenieuroffiziere des deutschen Reichsheeres 102 (1895), p. 18.

29) Die Berechnung der Schusstafeln seitens der Gussstahlfabrik F. Krupp, Essen, Buchdruckerei der Gussstahlfabrik F. Krupp (publié sans date).

(exprimée en mètres par seconde), représentée par la suite d'expressions

$$
\begin{array}{lll}
0{,}0140 & \pi R^2 \frac{\delta}{1{,}206} v^2, & \text{de } v = 50 \text{ à } v = 240, \\
0{,}0\overset{(4)}{5}834 & \pi R^2 \frac{\delta}{1{,}206} v^3, & \text{de } v = 240 \text{ à } v = 295, \\
0{,}0\overset{(9)}{6}709 & \pi R^2 \frac{\delta}{1{,}206} v^5, & \text{de } v = 295 \text{ à } v = 375, \\
0{,}0\overset{(4)}{9}404 & \pi R^2 \frac{\delta}{1{,}206} v^3, & \text{de } v = 375 \text{ à } v = 419, \\
0{,}0394 & \pi R^2 \frac{\delta}{1{,}206} v^2, & \text{de } v = 419 \text{ à } v = 550, \\
0{,}2616 & \pi R^2 \frac{\delta}{1{,}206} v^{1,70}, & \text{de } v = 550 \text{ à } v = 800, \\
0{,}7130 & \pi R^2 \frac{\delta}{1{,}206} v^{1,55}, & \text{de } v = 800 \text{ à } v = 1000.
\end{array}
$$

Dans ces expressions, on évalue la densité δ de l'air en appliquant la formule de *F. Siacci*[30])

$$\frac{\delta}{1{,}206} = 0{,}3852 \frac{H_0}{273 + t} - 0{,}1444 \frac{e\sigma}{273 + t},$$

où H_0 désigne l'état barométrique réduit à 0 et évalué en mm, t la température en degrés centigrades, e la force élastique maximée de la vapeur d'eau évaluée en mm et σ l'état hygrométrique de l'air.

Le nombre 1,206 est la valeur normale que donne *N. V. Maievskij*[31]) à δ pour $t = 15^0$, $H_0 = 750$ mm, $\sigma = 0{,}5$ c'est-à-dire le poids en kilogrammes d'un mètre cube d'air dans ces conditions atmosphériques.

F. Siacci[32]) a réuni les résultats d'expériences des plus importantes (dont nous parlerons dans un instant) dans la formule suivante, applicable jusque $v = 1200$ (en prenant toujours le mètre et la seconde comme unités).

Le ralentissement occasionné par la résistance de l'air est égal à

$$\frac{\delta}{1{,}206} \frac{i}{C} f(v), \quad \text{où} \quad C = \frac{P}{1000 (2R)^2}.$$

Le nombre C est ce qu'on appelle le coefficient balistique.

---

30) Balistique extérieure[26]), p. 14.

31) Au sujet des inconvénients qui résultent de l'adoption de cette valeur normale quand on opère dans nos régions européennes de latitude moyenne voir en particulier *H. Rohne,* Kriegstechnische Zeitschrift (Berlin) 3 (1900), p. 201.

32) Rivista d'artiglieria e genio 1896 I, p. 5, 195, 341; Archiv für die Artillerie- und Ingenieuroffiziere des deutschen Reichsheeres 103 (1896), p. 5, 195, en partic. p. 341.

Il résulte de là que la résistance de l'air est elle-même (en kg) égale à

$$338\, i\, \delta\, R^2 f(v),$$

où P désigne le poids du projectile en kg, $2R$ le calibre en mètres, i le coefficient relatif à la forme [voir à ce sujet le n° 6] et $f(v)$ l'expression suivante

$$f(v) = 0{,}2002\, v - 48{,}05 + \sqrt{(0{,}1648\, v - 47{,}95)^2 + 9{,}6} + \frac{0{,}0442\, v(v-300)}{371 + \left(\frac{v}{200}\right)^{10}}.$$

On peut rapprocher de cette formule la courbe[33]) figurée ci-contre, qui représente la fonction

$$\frac{10^6 f(v)}{v^2}.$$

Elle présente au point $v = 340$ (vitesse normale du son) un point d'inflexion.

Pour les très grandes vitesses, la loi de *F. Siacci* se rapproche beaucoup de la loi de *F. Chapel* et *E. Vallier*[34]).

Suivant cette dernière loi, la résistance de l'air par mètre carré, quand le poids spécifique de l'air est de 1,206 kg pour le mètre cube d'air, a pour valeur

$$36{,}5\,(v - 263)\ \text{kg},$$

valeur que *E. Vallier* employa avec succès pour des valeurs de $v \geqq 330$ mètres; récemment l'exactitude de cette loi a été confirmée par *W. von Scheve*[35]) d'après les expériences de *F. Krupp*.

Dans la loi de *F. Chapel*, le ralentissement dû à la résistance de l'air est égal à

$$\frac{\delta i}{1{,}206 \cdot C}\,(0{,}3650\, v - 96).$$

Si l'on peut se contenter d'une moindre exactitude, il suffit d'appliquer comme l'ont montré des expériences faites par *F. Krupp*[36]) la loi de *I. Newton* d'après laquelle la résistance de l'air est égale à

$$a \pi R^2 i \frac{\delta}{1{,}206} v^2,$$

où l'on prend $a = 0{,}014$ pour les valeurs de v inférieures à la vitesse

---

33) Elle est tirée de l'ouvrage de *F. Siacci*, Sulla resistenza dell'aria al moto dei projetti, Rivista d'artiglieria e genio 1896 I, p. 341.

34) C. R. Acad. sc. Paris 119 (1894), p. 997.

35) Kriegstechnische Zeitschrift (Berlin) 10 (1907), p. 14.

36) Cf. *N. von Wuich*, Äussere Ballistik[14]) 1, p. 113 en note. Voir aussi *N. V. Maievskij*, Probleme des direkten und indirekten Schiessens[14]), p. 5 en note.

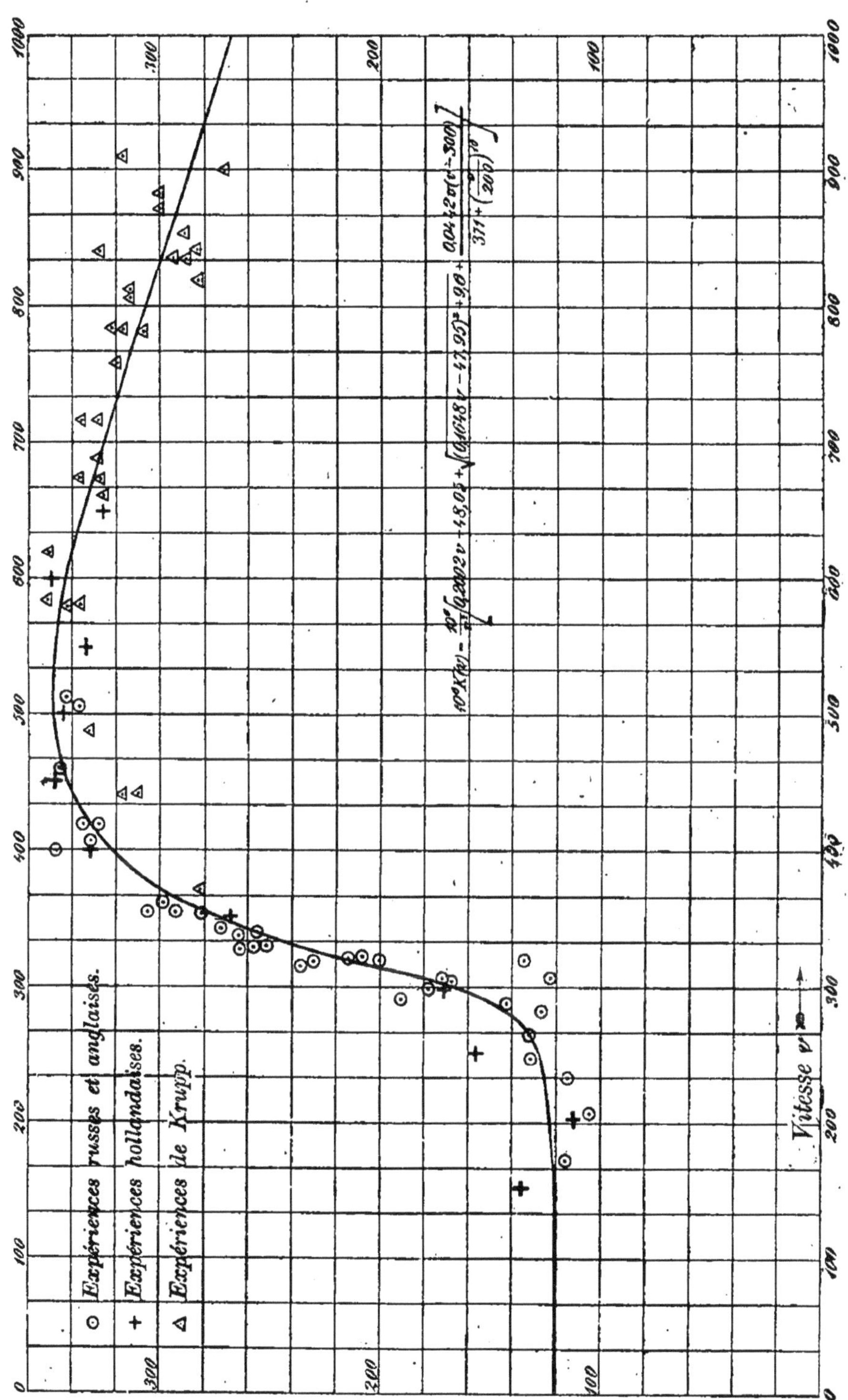
⊙ Expériences russes et anglaises.
+ Expériences hollandaises.
△ Expériences de Krupp.
Vitesse v
10^6 K(v) = 10^6/v^2 [0,2002 v − 48,05 + √((0,1648 v − 47,95)^2 + 9,6) + 0,0442 v(v−300) / (371 + (v/200)^10)]

normale du son et $a = 0{,}039$ pour les valeurs plus grandes de v. Pour ces dernières valeurs de v la formule approchée est moins exacte.

5. Expériences ayant servi à l'établissement des formules précédentes. La formule de la résistance de l'air de *F. Siacci* qui vient d'être donnée plus haut tend à représenter les résultats des expériences les plus importantes effectuées dans les différents pays sur la résistance de l'air avec des projectiles oblongs.

Voici quelles sont ces expériences:

1°) Expériences anglaises de *F. Bashforth*[37]) faites de 1866 à 1870 avec des projectiles de calibres différents (de 7,6 cm à 22,9 cm), dont la hauteur d'ogive était de 1,12 calibres, la longueur totale du projectile étant égale à 2,54 calibres; la vitesse variait de $v = 230$ à $v = 520$ mètres par seconde.

2°) Expériences russes de *N. V. Maievskij*[38]) faites en 1869 près de St Pétersbourg avec des projectiles de calibres différents, de hauteurs d'ogive différentes (pour la plupart égales à 0,9 calibres), de longueurs différentes (pour la plupart égales à 2,01 calibres) et dont la vitesse variait de $v = 172$ à $v = 409$ mètres par seconde.

3°) Expériences de *F. Krupp*[39]) faites de 1879 à 1896 sur le champ de tir de Meppen, avec des projectiles de calibres différents, de longueurs variables (de 2,8 à 4 calibres), de hauteurs d'ogive différentes (égales les unes à 1,31 et d'autres à 1 calibre, mais la plupart à 1,3 calibres); les vitesses variaient de $v = 150$ à $v = 910$ mètres par seconde; quelques expériences isolées se rapportent cependant à des vitesses v comprises entre 1000 et 1500 mètres à la seconde et d'autres à des vitesses $v < 150$ mètres à la seconde.

4°) Expériences hollandaises de *W. C. Hojel*[40]) en 1884, avec des projectiles de calibres variant de 8 à 40 cm, de longueurs variant de 2,5 à 4 calibres, de hauteurs d'ogive variant de 1,31 à 1,33 calibres, le domaine des vitesses s'étendant de 138 à 660 mètres à la seconde; des expériences isolées furent faites avec des vitesses beaucoup plus considérables.

Toutes ces expériences consistent en la mesure, aux deux extrémités d'un parcours horizontal a, des vitesses v_1 et v_2 du projectile (de poids P kg). Ces vitesses furent mesurées, en Angleterre avec le chronographe de *F. Bashforth* et, ailleurs, avec le chronographe de *P. Le Bou-*

---

37) „Proc. Artillery Institution (Woolwich) 5 (1867), p. 162/92."

38) „Balistique extérieure[27]), p. 37."

39) „Schusstafeln[29])."

40) „Revue d'artillerie 24 (1884), p. 262 et suiv."

lengé; l'espace a était choisi aussi grand que l'exigeaient la considération des erreurs inévitables dans la mesure de v_1 et v_2 et la variation de v d'un coup à l'autre; on l'avait aussi choisi, d'autre part, assez petit pour qu'on fût certain que la trajectoire pouvait être, avec une approximation suffisante, considérée comme rectiligne le long du parcours a. De la variation d'énergie (mesurée) du projectile on déduisait alors une valeur moyenne W de la résistance de l'air prise comme constante pendant le parcours et calculée par la formule des forces vives

$$\frac{P}{2g}(v_1^2 - v_2^2) = Wa.$$

On admit que W constituait la résistance de l'air relative à la vitesse

$$v = \tfrac{1}{2}(v_1 + v_2).$$

*Pour justifier ce mode d'opérer, *F. Siacci*[41]) a démontré que si dans un mouvement rectiligne horizontal où la résistance croît indéfiniment avec la vitesse la résistance correspondant à la vitesse $\frac{1}{2}(v_1 + v_2)$ peut se représenter comme ci-dessus, il en sera de même dans un mouvement curviligne, quelle que soit la courbure de la trajectoire, à la condition de représenter par v_1 et v_2 les vitesses horizontales extrêmes. Et pour qu'il en soit ainsi il faut et il suffit que la fonction de résistance, dans l'intervalle considéré, puisse être mise sous la forme

$$\frac{u}{A - Bu},$$

u étant la vitesse absolue et A et B deux constantes indéterminées et l'on conçoit qu'il doive exister des valeurs de A et de B rendant l'expression ci-dessus très voisine de la véritable fonction, à moins qu'il n'existe un trop grand écart des vitesses.

L'influence du vent, soufflant au moment de l'expérience, se corrigeait suffisamment en appliquant le théorème de Coriolis.

Malheureusement, même en tenant compte des observations ci-dessus, les résultats obtenus ne peuvent être admis qu'avec une certaine réserve et par suite les formules ne sont applicables qu'à la condition d'y introduire un facteur i, dit indice balistique, dont il a déjà été fait mention et dont la définition technique peut être le rapport de la résistance, par unité de section, éprouvée par le projectile considéré, à celle analogue éprouvée par le projectile type auquel se rapportent les tables balistiques employées.*

41) *Revue d'artillerie 24 (1884), p. 264.*

Il semble en effet qu'on n'ait pas fait partout varier d'une façon rationnelle les grandeurs déterminant la résistance de l'air: vitesse du projectile, calibre, longueur du projectile, forme de l'ogive, rayures et montage. Par exemple, dans la recherche du mode de variation de la résistance avec v seul, on n'a pas pris, comme on l'aurait dû, toutes les autres quantités partout invariables; de plus il est souvent arrivé que l'amplitude des oscillations des projectiles n'a pas été mesurée exactement.

Enfin, dans bon nombre de cas, la longueur a du parcours fut choisie si grande (6000 mètres et plus) qu'il ne saurait être question, pour un aussi long parcours, d'espérer une rectitude de la trajectoire et une constance de la résistance W.

C'est pourquoi, en de pareils cas, on a eu recours à des formules approchées pour calculer la résistance de l'air.

Lorsqu'après coup les résultats obtenus par l'expérience furent introduits dans les formules approchées du problème balistique et les vérifièrent, ils furent considérés comme admissibles.

Dans cet ordre de recherches, on a pris la fâcheuse habitude de ne jamais publier les particularités des expériences avec autant de détails que dans les autres branches de la science: la correction des erreurs est rendue, à cause de cela, impossible dans beaucoup de cas. C'est pourquoi il y a souvent en balistique une divergence appréciable entre les résultats expérimentaux et les formules empiriques.

*Les valeurs soit de la résistance $f(v)$, soit de la fonction $\frac{f(v)}{v^2}$ reportées à une échelle convenable sur des tableaux graphiques donnent lieu à des courbes difficiles à représenter par une formule se prêtant au calcul, ainsi qu'il a été dit plus haut, et c'est pour ce motif que *N. V. Maievskij* a partagé le domaine en zones.

Pour délimiter et définir algébriquement ces zones, au lieu de construire la courbe dont l'abscisse est v et l'ordonnée $f(v)$, on peut construire celle dont les coordonnées sont les logarithmes de ces éléments. On trouve alors une courbe qui peut être envisagée comme formée de sept arcs dont chacun est sensiblement confondu avec sa corde.

A chacune de ces sept cordes correspond une fonction av^n, où la valeur de a est fournie par l'ordonnée à l'origine et celle de n par le coefficient angulaire de la corde. Au lieu d'évaluer ainsi a et n à l'aide du graphique de la courbe, on peut les calculer par la méthode des moindres carrés.*

6. Variation de la résistance de l'air avec la forme de l'ogive et l'inclinaison de l'axe du projectile sur la tangente. Densité

transversale ou poids par unité de la section droite. L'indice balistique i qui figure dans la formule de *F. Siacci* doit être pris avec des valeurs différentes si l'on veut faire concorder la formule avec les diverses expériences qui ont été exécutées. *F. Siacci* a montré qu'en le fixant arbitrairement égal à 1, sa formule représente assez bien les expériences anglaises et russes (hauteur d'ogive de 0,9 à 1,12 calibres); mais que, pour les expériences de *F. Krupp* et les expériences hollandaises (où en général la hauteur d'ogive était de 1,3 calibres), il faut prendre pour i la valeur moyenne 0,896.

Les formules par zônes, précédemment indiquées, de *N. V. Maievskij* et *N. Zabudskij* sont applicables aux expériences de *F. Krupp* faites avec des projectiles de la forme normale des Krupp (où la hauteur d'ogive est de 1,3 calibres). Cela résulte de la façon même dont on a obtenu ces formules.

D'après certaines expériences allemandes de tir, les valeurs de l'indice balistique i sont proportionnelles à 870, à 1000, et à 1290 pour des hauteurs d'ogive respectivement égales à 1,3 calibres (ogive très effilée), à 1,1 calibres (ogive effilée), et à 0,5 calibres (ogive hémisphérique).

Pour des projectiles à ogive ellipsoïdale les résultats fournis par *F. Hélie* indiquent une valeur de i égale à 1,200 environ, et pour des boulets cylindriques terminés à l'avant par une ogive très aplatie, on aurait $i = 1,817$. Pour des projectiles analogues *F. Krupp* indique 1,477.*

Il faut remarquer que ces données expérimentales ne résultent pas de déterminations directes, mais sont déduites de valeurs correspondantes de V, X et φ interprétées à l'aide des équations balistiques.

Or, dans ces équations, on a supposé plusieurs des *fonctions*, qui en fait *varient* le long de la trajectoire, remplacées par des valeurs moyennes, donc par des *constantes* représentant leurs valeurs moyennes. De plus on a supposé dans les calculs que l'axe du projectile coïncide avec la tangente à la trajectoire, ce qui en fait n'est pas. Comme la compensation ainsi obtenue dans l'intégration est plus ou moins insuffisante et que les oscillations des axes des projectiles autour de la tangente à la trajectoire sont appréciables, il est clair que l'on ne peut ainsi déterminer d'une façon satisfaisante le coefficient i. Il est d'ailleurs probable que l'influence de la *forme* du projectile ne se manifeste pas simplement par la valeur que prend cet unique coefficient i, mais que cette forme intervient d'une façon compliquée dans la loi de résistance de l'air. On devrait déterminer *expérimentalement* l'influence de la *forme du projectile*; or, actuellement, pour de grandes vitesses, de tels procédés purement expérimentaux n'existent pas.

En ce qui concerne une relation théorique entre la loi de résistance de l'air et la valeur de l'indice balistique i, *E. Vallier*[42]) et *J. M. Ingalls*[43]) s'en sont, il y a quelques années, minutieusement occupés dans le cas de parties antérieures en forme d'ogive, de paraboloïde et de cône de révolution[44]). Mais, alors même que toute cause d'erreur provenant d'un manque de rigueur mathématique, en particulier dans ce qui concerne la façon de tenir compte des conditions à la limite, serait écartée, et si même toutes les mesures expérimentales étaient régulières, on ne pourrait cependant espérer aboutir exactement, parce que ni la loi de Newton ni celles de l'écoulement des gaz (lois de Navier ou loi de Zeuner) ne peuvent s'appliquer intégralement et parce que, d'après les essais de *E. Mach* et de *L. Mach*, la résistance de l'air n'est pas la même sur des éléments de surfaces équivalentes situés les uns dans le voisinage de l'axe, les autres dans le voisinage de la périphérie[45]) d'une section droite du projectile: elle est plus grande pour les éléments situés près de l'axe.

---

42) Balistique expérimentale, Paris 1894, p. 10; Revue d'artillerie 36 (1890), p. 160.

43) Journal of the United States artillery 4 (1895), p. 208; Mitteilungen über Gegenstände des Artillerie und Geniewesens (Vienne) 1896, p. 411.

44) On trouve des Tableaux fournissant les valeurs numériques du coefficient i de résistance de l'air pour des formes données de l'ogive dans *E. Vallier* [Balistique expér.[42])], dans *J. M. Ingals*[43]), dans *F. Siacci* [Balistique extérieure[26]), p. 7], dans *N. Zabudskij* [Vnĕšnĭa balistika (balistique extérieure[1]) 1, p. 57/90], et dans *W. Heydenreich* [Lehre vom Schuss und die Schusstafeln 2, Berlin 1898, p. 109] où ces valeurs numériques sont multipliées par 1000.

45) On peut se proposer de déterminer par l'analyse mathématique la forme la plus favorable à donner à l'ogive (Geschossspitze) dans l'hypothèse, qui est celle de *I. Newton*, que la résistance exercée sur chaque élément de la surface qui pénètre dans l'air est normale et proportionnelle au carré du cosinus de l'angle que fait, avec la normale à l'élément, la direction du mouvement de cet élément. Voir, en particulier à ce sujet, *I. Newton* [Principia math.[3]), livre 2, section 7, prop. 34, scholie; trad. 1, p. 353; Opera, éd. *S. Horsley* 2, Londres 1779, p. 387], *A. M. Legendre* [Hist. Acad. sc. Paris 1786, éd. 1788, M. p. 7/37 surtout p. 21/5] et, parmi les recherches contemporaines, *G. von Lamezan* [Archiv für die Artillerie- und Ingenieuroffiziere des deutschen Reichsheeres 87 (1880), p. 485]; *A. Rutzki* [Theorie und Praxis der Geschoss- und Zünderkonstruktion, Vienne 1871, p. 30/51], *F. August* [J. reine angew. Math. 103 (1888), p. 1/24; Archiv für die Artillerie- und Ingenieuroffiziere des deutschen Reichsheeres 94 (1887), p. 1], *N. von Wuich* [Äussere Ballistik[14]) 1, p. 128], *R. Benzivenga* [Rivista di artiglieria e genio 1897 III, p. 123], *B. V. Lefèvre* [Revue d'artillerie 57 (1900/1), p. 221], *A. Bassani* [La corrispondenza (Livourne) 1 (1900), p. 485], *L. Decepts* [Revue d'artillerie 57 (1900/1), p. 425; cf. La corrispondenza (Livourne) 2 (1901), p. 63]; *E. Armanini* [Ann. mat. pura appl. (3) 4 (1900), p. 131/49]; *E. Lampe* [Verhandlungen der deutschen physik. Gesellschaft 3 (1901), p. 119/24, 151/62]; *A. Kneser*, Archiv Math. Phys. (3) 2 (1902), p. 267.

Ces auteurs se sont rendu compte qu'on ne pourrait ainsi arriver à aucune solution définitive du problème. *E. Vallier* a même constaté que i est loin d'être indépendant de la vitesse v, et varie brusquement entre $v = 280$ et $v = 340$ mètres à la seconde.

Si l'axe du projectile forme avec la direction du mouvement du centre de gravité un angle α différent de 0, il faut considérer d'une part les *composantes de la résistance de l'air* suivant la parallèle et la perpendiculaire à l'axe du projectile, composantes qui dépendent d'ailleurs de α et des dimensions du projectile, et d'autre part la position sur l'axe *du point d'application de la résultante.*

Des calculs considérables ont été faits au sujet de ce problème, spécialement par *P. de Saint Robert*[46]), *M. de Sparre*[47]), *N. V. Maievskij*[48]), *E. E. Kummer*[49]), *A. Rutzki*[50]), *N. von Wuich*[51]); ces trois derniers ont d'ailleurs envisagé différentes formes de l'ogive[52]).

Comme les expériences que fit *E. E. Kummer* (en se bornant d'ailleurs au cas de petites vitesses) relativement à la position du point d'application de la résultante pour contrôler ses calculs accusèrent une différence entre le calcul et l'observation et comme on ne sait pas encore, dans le cas des *grandes* vitesses, quelle loi convient le mieux pour établir la relation entre la résistance normale de l'air et l'angle de la direction du mouvement avec l'élément de surface, il faut faire abstraction des formules relatives à ce sujet, formules d'ailleurs compliquées. Plus tard, du reste, si la solution du problème devient possible, si l'on peut *mesurer* ces composantes de la résistance de l'air dans les *grandes* vitesses, on pourra porter un jugement sur le degré d'exactitude des diverses formules.

---

46) Mémoires scientifiques 1, Turin 1872, p. 251/76.

47) Sur le mouvement des projectiles dans l'air, Paris 1891, p. 64.

48) Balistique extérieure[27]), p. 40; Probleme des direkten und indirekten Schiessens[14]), p. 58.

49) Abh. Akad. Berlin 1875, éd. 1876, math. p. 1/57; id. 1876, math. p. 1/9.

50) Geschoss- und Zünderkonstruktion[45]), p. 68 et suiv.

51) Äussere Ballistik[14]), p. 70/101; en partic. p. 92 avec table; *C. Cranz*, Z. Math. Phys. 43 (1898), p. 135, 169.

52) Voir aussi *F. Siacci*, Balistique extérieure[26]), p. 378 (note 5) [c'est ici que se trouve introduite la notion du potentiel de résistance], *P. Gautier*, Ann. Ec. Norm. (1) 5 (1868), p. 7/65; *G. Wellner*, Zeitschrift für Luftschiffahrt 12 (1893), Beilage, p. 1/48; Z. der österreischen Ingenieur- und Architekten-Vereins 45 (1893), p. 25/8; *H. Resal*, Nouv. Ann. math. (2) 12 (1873), p. 561/5; *J. M. Ingalls*, Journal of the United States artillery 4 (1895), p. 191; *A. von Obermayer*, Sitzgsb. Akad. Wien 104 (1895), p. 963; *Duchemin*, Mémorial de l'artillerie de la marine 5 (1842), p. 65; *P. Touche*, Revue d'artillerie 36 (1890), p. 131.

Ces expériences de *E. E. Kummer* furent exécutées avec des modèles de projectiles en carton suspendus librement à l'extremité d'une tige de 2 mètres de longueur: on faisait tourner cette tige de façon que le projectile fût animé d'une vitesse initiale de 8 mètres par seconde dans un air calme: les plus grands modèles avaient environ 16 cm de long et 4,75 cm de calibre: ils n'étaient animés d'aucun mouvement de rotation autour de leur axe.

D'une manière générale l'action de la résistance de l'air se fait sentir par une diminution de la portée ainsi que de la tension de la trajectoire, toutes choses égales d'ailleurs, comparativement au mouvement dans le vide[53]. *A. von Minarelli-Fitzgerald*[54] a mentionné des cas où les projectiles oblongs ont présenté une augmentation de portée.

Toutes choses égales d'ailleurs, cet écart avec le vide est d'autant plus petit qu'est plus grande la *densité tranversale* (Querschnittsbelastung) du projectile, c'est-à-dire le quotient du poids P du projectile par la surface de la section πR^2, qui subit la résistance de l'air.

Ainsi, par exemple, pour le projectile du fusil d'infanterie allemand M. 88[55] la portée est 1612 mètres (avec $V = 640$ mètres par

---

53) Pour ce qui concerne le mouvement des projectiles dans le vide, aussi bien dans le cas où l'on ne tient pas compte de la courbure de la terre (auquel cas la trajectoire est parabolique) que dans celui où on en tient compte (auquel cas la trajectoire est elliptique), on peut consulter *N. von Wuich*, Äussere Ballistik[14]) 1, p. 45 et suiv.; *Scheer de Lionastre*, Théorie balistique, Gand 1827, en partic. p. 20; *V. A. von Zinner*, Lehrbuch der Ballistik 1, Berne 1834; *A. von Obermayer*, Sitzgsb. Akad. Wien 110 IIa (1901), p. 365; *E. Lampe*, Festschrift L. Boltzmann, Leipzig 1904, n° 29, p. 215; *C. Cranz*, Kompendium der äusseren Ballistik, Leipzig 1896, p. 12/35; (2e éd.) publiée sous le titre: Lehrbuch der Ballistik 1, Leipzig 1910, p. 1/30.

On observera que tandis que dans le vide la hauteur H à laquelle parvient le projectile augmente avec V, dans l'air elle ne saurait, d'après la théorie, dépasser une borne finie, dès que l'on admet une loi de résistance déterminée par la condition de croître plus rapidement que le carré de la vitesse.

P. de Saint Robert [Mém. scientif.[46]) 1, p. 61] montre par exemple par le calcul qu'une sphère en fer de masse égale à 12 kg ne peut en aucun cas s'élever dans un tel milieu résistant à une hauteur dépassant 5800 mètres, quelque grande que soit V.

54) Moderne Schiesswesen[16]), p. 37 [d'après *A. Indra*]; voir aussi *Darapsky*, Archiv für die Artillerie- und Ingenieuroffiziere des deutschen Reichsheeres 69 (1871), p. 256.

On peut aussi mentionner ici le projectile proposé par *P. de Saint Robert* [Mémoires scientifiques 2, Turin 1874, p. 1, 49] qui est discoïde; voir à ce sujet dans *F. Siacci* l'addition due à *F. Chapel.*

55) *A. von Minarelli-Fitzgerald,* Moderne Schiesswesen[16]), p. 37, 38.

seconde, $\varphi = 4^0$, $R = 7,9$ mm, $P = 14,7$ kg); elle n'est que les $\frac{28}{100}$ de celle que l'on obtiendrait dans le vide.

Par contre, pour les obus de 80 kg du mortier allemand de 21 cm ($V = 98$ mètres par seconde, $\varphi = 38^0$) la distance atteinte est de 928 mètres, environ les $\frac{98}{100}$ de la portée correspondante dans le vide.

C'est pour ces raisons que, jusqu'à présent, on recherche pour l'infanterie un maximé de la densité transversale[56]) dans les limites que fixent des considérations pratiques (comme par exemple: l'emploi d'un plus grand nombre de cartouches, le facile nettoyage du canon, le moindre poids de l'arme, etc.). Ainsi la carabine Minié[57]) du calibre de 18,3 mm, où le poids de la balle était de 36 gr, et la vitesse initiale de 300 mètres à la seconde avec 155 tours par seconde, lançait une balle à densité transversale de 0,138 grammes par mm². Les fusils en usage dans les grandes armées, vers 1895, étaient du calibre de 8 mm environ et lançaient des balles de 14 à 15 grammes à une vitesse de 610 à 630 mètres par seconde avec 2400 à 2600 tours par seconde et à densité transversale de 0,30 grammes par mm², ce qui entraîne une flèche de 30 mètres pour une portée de 1500 mètres et une énergie initiale de 300 à 315 kgm, et à 2000 mètres une énergie encore égale à 20 à 30 kgm. Récemment encore, à une nouvelle diminution de calibre vient de correspondre un nouveau petit accroissement de la densité transversale: ainsi dans le fusil de marine de l'Amérique du Nord, de 6 mm de calibre, où la vitesse initiale est de 700 à 730 mètres par seconde, avec 3900 à 4930 tours par seconde, la densité transversale s'élève à 0,31 grammes par mm².

Il y a du reste deux choses à considérer. En premier lieu, le projectile n'a pas toujours son axe longitudinal en coïncidence avec la tangente à la trajectoire; par conséquent, la surface subissant directement l'influence de la résistance de l'air ne coïncide pas avec la section perpendiculaire à l'axe; c'est pourquoi il faut bien distinguer entre la *densité transversale réelle*[58]) et la même densité *réduite* (c'est-à-dire ramenée au cas $\alpha = 0$) et considérer dans les mesures, non pas la dernière, mais la première.

En second lieu pour une vitesse initiale donnée V la tension de la trajectoire dépend non seulement de R et P mais aussi de l'indice balistique; il semble qu'on peut obtenir une augmentation

56) Moderne Schiesswesen[16]), p. 114 et suiv.

57) C'est le modèle du fusil français adopté en 1842. Il est dû à *C. E. Minié.*

58) Voir à ce sujet *N. von Wuich,* Äussere Ballistik[14]) 1, p. 117; *C. Cranz,* Kompendium der äusseren Ballistik[53]), p. 278.

sensible de la tension en construisant d'une façon appropriée l'extrémité arrière des projectiles, du moins des projectiles d'armes portatives.

*On sait que *J. Whitworth* avait proposé des projectiles à arrière tronconique, lesquels présentaient de grands avantages au point de vue des portées sur ceux à culot plat: mais cet avantage n'est acquis qu'au prix d'une diminution de justesse.

On sait aussi qu'actuellement des modèles de balles à culot arrière fuyant sont à l'étude ou en service chez différentes puissances.*

*Sur ces projectiles, *J. de la Llave*[59]) donne les renseignements suivants relatifs à la balle française *D*, à la balle allemande *S* et à deux balles *C* et *E* essayées par la Société allemande „Deutsche Waffen und Munitionsfabriken"

	Balle *D*	Balle *S*	Balle *C*	Balle *E*
Calibre en mm.........	8	7,9	7	7
Poids en grammes	12,8	10	10	9
Longueur en mm	39,3	28	30,8	29,4
Longueur en calibres ...	4,9	3,5	4,4	4,2
Vitesse initiale en mètres par seconde	726	885	895	920
Valeur approchée de i..	0,460	0,800	0,545	0,490

Ces renseignements peuvent être utilisés dans la construction des tables de tir où ils fournissent une première approximation.*

Problème essentiel de la balistique. Principales méthodes d'approximation employées pour le résoudre.

7. Préliminaires. Mouvement dans le vide. *Le mouvement des projectiles dans le vide fournit naturellement des indications utiles et peut même, dans certains cas, comme celui des projectiles très lourds tirés à de faibles vitesses, donner une première approximation. Les équations explicites qui donnent l'expression des divers éléments renseignent sur l'allure des relations correspondant au cas général. Il y a donc intérêt à rappeler les propriétés de ce mouvement et les équations correspondantes.

Dans le vide la force unique agissant sur le projectile est son propre poids: on voit aisément que le centre de gravité reste toujours dans le plan de tir.

Vitesse. La vitesse horizontale est constante. Si l'on prend sur la verticale comme sens positif celui de la composante verticale de la

59) Balistica de las armas portatiles, (2e éd.) Tolède 1909, p. 57. Cf. Zeitschrift für das gesamte Schiess- und Sprengstoffwesen 5 (1910), n° 9, p. 161/3.

vitesse initiale, la vitesse verticale est d'abord positive; on démontre qu'elle diminue constamment, qu'elle s'annule, puis devient négative et croît indéfiniment en valeur absolue. Cela résulte immédiatement des relations

$$v \cos \theta = V \cos \varphi,$$
$$v \sin \theta = V \sin \varphi - gt.$$

Coordonnées et équation de la trajectoire. On a

$$x = tV \cos \varphi,$$
$$y = tV \sin \varphi - \tfrac{1}{2} g t^2,$$

d'où, en éliminant t,

$$y = x \operatorname{tg} \varphi - \frac{g x^2}{2 V^2 \cos^2 \varphi}.$$

La trajectoire est une parabole à axe vertical, elle possède donc une branche descendante symétrique de la branche ascendante et l'angle de chute ω est égal à l'angle de projection φ.

Portée. La portée est fournie par l'expression

$$X = \frac{V^2 \sin 2\varphi}{g}.$$

La valeur de X ne changeant pas quand on remplace φ par $\frac{\pi}{2} - \varphi$ on voit que pour une même vitesse les angles de projection complémentaires donnent la même portée et que l'angle de 45° donne la portée maximum $\frac{V^2}{g}$.

Inclinaison. L'inclinaison est donnée par la formule

$$\operatorname{tg} \theta = \operatorname{tg} \varphi - \frac{g x}{V^2 \cos^2 \varphi}.$$

Éléments du sommet. Pour les coordonnées X_s, Y_s du sommet on a

$$X_s = \frac{X}{2}, \qquad Y_s = \frac{1}{4} X \operatorname{tg} \varphi = \frac{V^2 \sin^2 \varphi}{2g}.$$

Vitesse. La vitesse est donnée en fonction de l'ordonnée par l'expression

$$v = \sqrt{V^2 - 2gy}.$$

Durée de trajet. On a en général pour la valeur de t correspondant à une abscisse quelconque x

$$t = \frac{x}{V \cos \varphi}$$

et par suite au point de chute

$$T = \frac{X}{V \cos \varphi},$$

ou encore

$$T = \sqrt{\frac{2}{g}} \sqrt{X \operatorname{tg} \varphi}.$$

Parabole de sûreté. La parabole de sûreté est l'enveloppe extérieure de toutes les trajectoires que peut décrire un projectile lancé avec une vitesse V sous des angles quelconques: elle a pour équation

$$y = \frac{V^2}{2g} - \frac{gx^2}{2V^2}.$$

Venons maintenant de ces théorèmes et formules à l'examen du cas général.*

8. Exposé du problème et propriétés générales de la trajectoire. Dans ce qui va suivre on admettra que le grand axe du projectile coïncide avec la tangente à la trajectoire, de plus que le projectile ne possède de rotation qu'autour de son grand axe; il est fait enfin abstraction des influences perturbatrices comme la rotation de la terre, le vent, etc.; de plus, la densité de l'air sera considérée comme constante (nous traiterons plus loin [n° **19**] de la variation de δ avec la hauteur où s'élève le projectile).

Le calcul, sous ces conditions restrictives, au moyen des données initiales, des éléments de la trajectoire, constitue un problème simplifié qui n'en est pas moins le problème essentiel de la balistique.

Si maintenant $F(v)$ désigne la contre-accélération due à la résistance de l'air, le problème est défini par les deux équations

$$(1) \qquad \begin{cases} d(v\cos\theta) = -F(v)\cos\theta\, dt, \\ d(v\sin\theta) = -F(v)\sin\theta\, dt - g\,dt. \end{cases}$$

Celles-ci se remplacent facilement par les suivantes:

$$(2) \qquad \begin{cases} g\,d(v\cos\theta) = vF(v)\,d\theta, \\ g\,dx = -v^2 d\theta, \qquad g\,dy = -v^2 \operatorname{tg}\theta\, d\theta, \\ g\,dt = -\frac{v}{\cos\theta}\,d\theta, \qquad g\,ds = -\frac{v^2}{\cos\theta}\,d\theta, \end{cases}$$

où les éléments de la trajectoire sont tous exprimés en fonction de la variable indépendante θ, (ds est l'élément d'arc).

De ces équations différentielles on déduit d'abord [et c'est ce que firent *P. de Saint Robert*[60]), *F. Siacci*[61]), *N. Zabudskij*[62])] plusieurs *propriétés générales de la trajectoire,* indépendantes de la fonction $F(v)$.

Nous mentionnerons les suivantes:

La trajectoire est concave vers le sol et non symétrique par rapport à l'ordonnée du sommet. Le sommet se trouve plus près

60) Mém. scientif.[46]) 1, p. 50, 138 et suiv., 336. Voir aussi *N. V. Maievskij,* Balistique extérieure[27]), p. 52, 71.

61) Balistique extérieure[26]), p. 25.

62) Vněšnïa balistika[1]) 1, p. 118; La corrispondenza (Livourne) 1 (1900), p. 293; 2 (1901), p. 3.

du point de chute (celui-ci étant pris sur l'horizontale menée par la bouche) que de l'origine. L'angle aigu de chute φ' est plus grand que l'angle de projection φ[63]).

L'angle de plus grande portée[64]) n'est pas, comme dans le vide, toujours égal à 45°: il lui est tantôt inférieur, tantôt superieur. Ce dernier cas se présenterait, d'après *E. Vallier*, pour un projectile de fort calibre, au moins de 24 cm; mais pour tout projectile éprouvant du fait de l'air un ralentissement considérable, que cela tienne à un tracé défectueux ou à un faible calibre, l'angle sera moindre que 45° et la différence sera d'autant plus forte que le coefficient balistique sera plus faible, c'est-à-dire le projectile plus léger ou moins bien établi. Il n'existe pas d'ailleurs d'expériences suffisamment contrôlées sur ce sujet: les nombres donnés en grande quantité dans les traités sur le tir et relatifs à la portée maxima du fusil d'infanterie ne doivent être acceptés que sous réserves, comme ne provenant pas d'ordinaire de mesures précises. Il doit en être de même de la donnée indiquant que dans les nouveaux canons Krupp[65]) de 30,5 cm [type L/40] le sommet d'une trajectoire sous l'angle de 44° aurait une altitude de 8635 mètres, c'est-à-dire presque celle du Gaorisankar (8860 mètres).

La composante horizontale de la vitesse décroît avec le temps t. La branche descendante de la trajectoire possède une asymptote verticale. La vitesse tend vers une valeur limite qui est caractérisée par l'égalité entre la résistance de l'air et le poids du projectile. Le point correspondant à la vitesse minimée, pour lequel on a la relation

$$F(v) + g \sin \theta = 0,$$

---

63) Voir encore à ce sujet *F. Siacci*, Rivista di artiglieria e genio 1901 I, p. 287; 1901 II, p. 21; voir aussi *M. de Brettes*, C. R. Acad. sc. Paris 67 (1868), p. 896; 68 (1869), p. 1336; 69 (1869), p. 394, 1239.

64) Les recherches relatives à cet angle ne sont restées jusqu'ici que d'ordre théorique. *F. Astier* [Revue d'artillerie 9 (1876/7), p. 313] démontre qu'il peut être plus grand que 45° ou plus petit que 45° suivant la loi admise pour la résistance de l'air.

Voir à ce sujet *F. Siacci*, Balistique extérieure[26]), p. 42, 393; Mitteilungen über Gegenstände des Artillerie- und Geniewesens (Vienne) 1888, p. 49; *E. Vallier*, Revue d'artillerie 31 (1887/8), p. 362; *A. Guebhard*, Nouv. Ann. math. (2) 13 (1874), p. 436/8; *R. Radau*, C. R. Acad. sc. Paris 66 (1868), p. 1032/4; *M. de Brettes*, C. R. Acad. sc. Paris 66 (1868), p. 896; 68 (1869), p. 1336/8; 69 (1869), p. 394/7, 1239/42; *N. Zabudskij*, O rěšěnii zadač navěsnoj strělÿ i ob uglě naibolšej dalnosti (Sur la solution du problème du tir indirect et sur l'angle de plus grande portée), St Pétersbourg 1888; p. 83 et suiv.; voir aussi *Klussmann*, Archiv für die Artillerie- und Ingenieuroffiziere des deutschen Reichsheeres 96 (1889), p. 376.

65) Voir à ce sujet *F. Krupp*, Düsseldorfer Ausstellung 1902, Geschütze, p. 6 (ouvrage publié sans date, portant le numéro 301).

se trouve au delà du sommet; et entre ce point de vitesse minimée et le sommet il faut chercher le point de courbure maxima qui satisfait à la condition

$$2F(v) + 3g \sin\theta = 0.$$

De plus: la durée du mouvement est plus grande sur la branche descendante que sur la branche ascendante; la composante verticale de la vitesse décroît sur toute la branche ascendante, et pour deux points d'égale ordonnée elle est plus grande sur la branche ascendante que sur la descendante; ces résultats sont indiqués par *N. Zabudskij.*

Comme exemple, citons le fusil allemand M. 1888. Pour une portée de 2000 mètres l'abscisse du sommet est d'environ 1220 mètres, la flèche 86,5 mètres, l'angle initial $6^0 28'$, l'angle de chute $13^0 45'$ environ, la vitesse initiale 640 mètres, celle d'arrivée environ 159 mètres et la durée de trajet 8 secondes, et la zône dangereuse d'environ 7 mètres pour une hauteur de 1,70 mètres [cf. n° **16**].

Lorsque la première des cinq équations (2),

$$gd(v\cos\theta) = vF(v)d\theta,$$

est intégrée, c'est-à-dire quand v est exprimé en fonction de θ, les autres éléments x, y, t et s s'obtiennent par de simples quadratures. Nous allons donc exposer en premier lieu les essais effectués pour donner à la fonction $F(v)$ une forme telle que cette équation (dite équation de l'hodographe) puisse être elle-même intégrée par quadrature.

*On remarquera que les autres équations sont identiques à celles du mouvement dans le vide: c'est donc bien la première qui définit l'allure de la trajectoire, et c'est pourquoi l'étude de l'hodographe décèle nettement la nature de chaque problème balistique et peut être utilement entreprise. Une étude détaillée de ces hodographes a été faite par *P. Charbonnier*[66]).

Dans le vide, l'hodographe est une droite verticale, puisque son équation se réduit à

$$v\cos\theta = V\cos\varphi = \text{constante}$$

et que $v\cos\theta$ est précisément l'abscisse de l'extrémité du vecteur qui décrit l'hodographe.*

**Équation exacte de la trajectoire.* Lorsque l'équation de l'hodographe ne peut être intégrée exactement, il en résulte naturellement des erreurs dans les formules balistiques qui s'en déduisent. Pour

---

66) Traité de balistique extérieure, (2e éd.) Paris 1904, p. 221. Voir aussi *L. Filloux,* Revue d'artillerie 72 (1908), p. 345.

permettre de s'en rendre compte *E. Vallier*[67]) a donné comme il suit l'équation de la trajectoire sous forme mathématiquement exacte d'intégrale définie.

Considérons un point (x, y) de la trajectoire, correspondant à l'inclinaison θ ou à $p = \operatorname{tg} \theta$, et exprimons y et p en fonction de x par la formule de Maclaurin.

Si

$$y = f(x)$$

est l'équation de la trajectoire on a, en s'arrêtant au terme en x^2 pour le développement de y et au terme en x pour le développement de $p = \frac{dy}{dx}$,

$$y = xf'(0) + \frac{x^2}{2} f''(0) + R_1,$$

$$p = f'(0) + xf''(0) + R_2,$$

où les restes R_1 et R_2 ont pour valeurs exactes les intégrales définies

$$R_1 = \frac{1}{2} \int_0^x (x - z)^2 f'''(z) dz, \qquad R_2 = \int_0^x (x - z) f'''(z) dz.$$

En désignant par v la vitesse du point (x, y) on a d'ailleurs

$$y' = f'(x) = p = \operatorname{tg} \theta,$$

$$y'' = \frac{dp}{dx} = f''(x) = -\frac{g}{v^2 \cos^2 \theta},$$

$$y''' = \frac{d^2 p}{dx^2} = f'''(x) = -2g \frac{F(v)}{v^4 \cos^3 \theta},$$

ce qui conduit à écrire, en continuant à se conformer aux notations du n° **1**,

$$y = x \operatorname{tg} \varphi - \frac{g x^2}{2 V^2 \cos^2 \varphi} - g \int_0^x \left[\frac{F(v)}{v^4 \cos^3 \theta}\right]_z (x - z)^2 dz$$

et

$$p = \operatorname{tg} \varphi - \frac{g x}{V^2 \cos^2 \varphi} - 2g \int_0^x \left[\frac{F(v)}{v^4 \cos^3 \theta}\right]_z (x - z) dz,$$

où $\left[\frac{F(v)}{v^4 \cos^3 \theta}\right]_z$ s'obtient en remplaçant dans $\frac{F(v)}{v^4 \cos^3 \theta}$ la variable x par la variable d'intégration z.

Si les intégrales indiquées pouvaient s'évaluer explicitement, le problème balistique serait absolument résolu. En d'autres termes,

67) *Revue d'artillerie 29 (1886/7), p. 11.*

toutes les méthodes de calcul reviennent à estimer directement ou indirectement les dites intégrales, surtout celle de l'équation aux portées, qui revient à

$$X \operatorname{tg} \varphi - \frac{g X^2}{2 V^2 \cos^2 \varphi} - g \int_0^X \frac{F(v)}{v^4 \cos^3 \theta} (X - x)^2 dx = 0,$$

et la précision de ces méthodes peut se déterminer à l'aide de l'intégrale ci-dessus.*

*Pour terminer cet exposé des propriétés générales de la trajectoire dans l'air, rappelons que *P. de Saint Robert* a traité le problème inverse, à savoir: déterminer la loi de la résistance d'après la trajectoire décrite par le projectile, en admettant que la résistance de l'air est uniquement tangentielle et que, par suite, on peut faire application des équations précédentes (2).

Il a ainsi indiqué les relations

$$v \cos \theta = \sqrt{\frac{-g}{y''}},$$

$$v = \sqrt{\frac{-g(1 + y'^2)}{y''}},$$

$$F(v) = -\frac{g y'''}{2 y''^2} \sqrt{1 + y'^2}.$$

Ces relations peuvent être utilisées pour l'interprétation des données fournies par les tables de tir, celles-ci étant considérées comme expérimentales[68]).*

9. Réduction du problème à des équations différentielles intégrables. *J. d'Alembert*[69]) a montré que, pour chacune des formes suivantes de la fonction $F(v)$

$$F(v) = a + b v^n, \qquad F(v) = a + b \log v,$$

$$F(v) = a v^n + R + \frac{b}{v^n}, \qquad F(v) = a (\log v)^n + R \log v + b,$$

le problème se ramène généralement à des quadratures. (Ici a, b, R, n sont des constantes, et a, b, R sont liés par une relation).

Puis *J. d'Alembert* fut amené à rechercher plusieurs autres cas d'intégrabilité.

---

68) Cf. *C. F. Close*, Proc. Artillery Institution (Woolwich) 31 (1904/5), p. 4/5; *A. G. Greenhill*, Journal of the Royal Artillery 32 (1905/6), p. 510; 35 (1908/9), p. 473; *C. E. Wolff*, id. 35 (1908/9), p. 37, 152.

69) *Traité de l'équilibre et du mouvement des fluides, Paris 1744, p. 359.*

En réalité, *F. Siacci*[70]) a récemment fait connaître 14 nouvelles fonctions qui permettent de ramener le problème à des quadratures.

Trois de ces nouvelles fonctions $F(v)$ renferment 4 constantes arbitraires, les autres 11. On n'a pas encore recherché si l'une de ces nouvelles formes était applicable aux buts pratiques de la balistique.

La forme donnée par *C. G. J. Jacobi*[71]) à la solution dans le cas où $F(v) = a + bv^n$ est la suivante:

D'abord, de la première équation (2) résulte, entre v et θ la relation

$$v^{-n} = -\frac{n}{g}(1+\xi^2)^{-n}\xi^{n-\frac{na}{g}}\left[\int b\cdot(1+\xi^2)^n\xi^{\frac{na}{g}-n-1}d\xi + C\right],$$

où l'on pose

$$\xi = \operatorname{tg}\left(\frac{\pi}{4}+\frac{\theta}{2}\right).$$

C se détermine en remplacant v et θ par V et φ.

Les quatre autres équations (2) prennent, grâce à cette substitution, la forme

$$g\,dx = -2v^2\frac{d\xi}{1+\xi^2}, \qquad g\,dy = -v^2\frac{\xi^2-1}{\xi^2+1}\frac{d\xi}{\xi},$$

$$g\,dt = -v\frac{d\xi}{\xi}, \qquad g\,ds = -v^2\frac{d\xi}{\xi}.$$

Pour $a = 0$ et $n = 3$ ou $n = 4$, l'intégration de ces équations conduit à des intégrales elliptiques dont *A. G. Greenhill*[72]) et *N. Zabudskij*[73]) ont tiré parti. *P. A. Mac Mahon*[74]) et *N. Zabudskij*[73]) ont construit des tables pour l'application des formules ainsi obtenues.

**M. de Sparre*[75]) a donné d'autres solutions que celle de *A. G.*

70) C. R. Acad. sc. Paris 132 (1901), p. 1175; 133 (1901), p. 381; Rivista di artiglieria e genio 1901 III, p. 5; id. 1901 IV, p. 5.

71) J. reine angew. Math. 24 (1842), p. 25; Werke 4, Berlin 1886, p. 286. Pour $F(v) = cv^n$ voir déjà *Jean Bernoulli*[93]); *W. Schell*, Theorie der Bewegung und Kräfte (2e éd.) 1, Leipzig 1879, p. 368; *P. de Saint Robert*, Mém. scientif.[46]) 1, p. 94; *F. Siacci*, Balistique extérieure[26]), p. 26.

72) Proc. Artillery Institution (Woolwich) 11 (1882), p. 131, 589; 12 (1882), p. 17; 14 (1886), p. 373; 17 (1889), p. 181.

73) O rěšènii zadač navěsnoj strělĭy[64]), p. 34; Vněšnĭa balistika[1]) 1, p. 550; voir aussi *L. Austerlitz* [Sitzgsb. Akad. Wien 84 II (1881), p. 794] qui envisage le cas où $F(v) = v^4$. Pour le cas $a = 0$ avec $n = 0$ ou $n = 1$, voir *J. M. Ingalls*, Handbook of problems in exterior ballistics, Washington 1900, p. 232/4.

74) Relativement aux tables de *P. A. Mac Mahon*, voir *A. G. Greenhill*, Proc. Artillery Instit. Woolwich 12 (1882), p. 26, 231, 289.

75) *Mémorial de l'artillerie de la marine 27 (1899), p. 427 et suiv. et p. 817 et suiv.

Greenhill pour le cas de $n = 3$, et que celle de *N. Zabudskij* pour le cas de $n = 4$, en faisant usage des notations introduites dans la théorie des fonctions elliptiques par *K. Weierstrass.*

Pour $a = 0$ et $n = 2$, *L. Euler*[76]) avait déjà développé explicitement les formules; si l'on pose pour abréger

$$\operatorname{tg}\theta = p$$

et

$$P(p) = p\sqrt{1+p^2} + \log(p + \sqrt{1+p^2}),$$

il vient

$$v^2 = \frac{g}{b}\,\frac{1+p^2}{A - P(p)}$$

et

$$x = -\frac{1}{b}\int\frac{dp}{A-P(p)}, \qquad y = -\frac{1}{b}\int\frac{p\,dp}{A-P(p)},$$

$$t = -\frac{1}{\sqrt{bg}}\int\frac{dp}{\sqrt{A-P(p)}},$$

où

$$A = P(\operatorname{tg}\varphi) + \frac{g}{b\,V^2\cos^2\varphi} = P(\beta)$$

et où β désigne l'inclinaison sur l'horizontale de l'asymptote correspondant à la branche ascendante de la trajectoire.

L'asymptote (verticale) correspondant à la branche descendante [voir n° 8] est à une distance de l'origine égale à

$$-\frac{1}{b}\int\limits_{\operatorname{tg}\varphi}^{0}\frac{dp}{A-P(p)} + \frac{1}{b}\int\limits_{0}^{+\infty}\frac{dp}{A+P(p)}.$$

10. Solutions approchées des équations différentielles fondamentales. Toute équation différentielle peut naturellement être intégrée en substituant à la courbe réelle une série d'éléments rectilignes, ou bien aussi des arcs de cercle ou de parabole.

C'est ce que fit *L. Euler*[77]) dans ses formules développées au n° **9**, en calculant des tables[78]) pour $P(p)$, où il fit croître θ de 5° en 5° et où il remplaça, d'autre part, les expressions des intégrales de x, y, t par les sommes correspondantes. Il proposa ensuite de calculer toute

76) Hist. Acad. Berlin 9 (1753), éd. 1755, M. p. 321/52; voir aussi *S. D. Poisson,* Traité de mécanique, (1re éd.) 1, Paris 1811, p. 339/52; (2e éd.) 1, Paris 1833, p. 396/415.

77) Hist. Acad. Berlin 9 (1753), éd. 1755, M. p. 348; voir aussi *S. D. Poisson,* Mécan.[76]), (1re éd.) 1, p. 345; (2e éd.) 1, p. 404.

78) *I. Didion* calcula aussi des tables pour $P(p)$; voir *I. Didion*, Traité de balistique, Paris 1848, supplément, p. 8; (2e éd.) Paris 1860, p. 562 (table V).

une série de trajectoires représentées par des suites d'éléments rectilignes suivant les valeurs de A et β.

Cette idée de *L. Euler* fut acceptée par *H. Fr. von Jacobi* et *F. P. von Grävenitz*[79]) (1764) mais surtout par *J. C. F. Otto* (1842) qui calcula des tables étendues; ces dernières, avec quelques modifications, sont encore fréquemment en usage dans le tir sous de grands angles[80]).

A. M. Legendre[81]) substitua, pour

$$F(v) = a + cv^2,$$

aux éléments rectilignes, dans l'établissement de la trajectoire, des arcs de cercle. Mais plus tard *I. Didion*[82]) démontra que ce procédé de *A. M. Legendre* ne donne pas de résultats plus précis que celui de *L. Euler*; *F. Bashforth*[83]), appliquant les idées de *L. Euler*, calcula des tables analogues pour le cas de la loi du cube.

---

79) Abhandlungen über die Bahn der Artilleriegeschosse, Rostock 1764; trad. par *F. X. J. Rieffel*, Paris 1844; voir à ce sujet *G. R. Lardillon*, Revue d'artillerie 32 (1888), p. 437 (tables).

80) *J. C. F. Otto*, Tafeln für den Bombenwurf, Berlin 1842; l'utilisation de ces tables est indiquée p. 40; trad. par *F. X. J. Rieffel*, Paris 1845; *E. Vallier*, Balistique expér.[42]) p. 111 (tables); *S. Braccialini*, Revue d'artillerie 27 (1885/6), p. 237, qui donne une autre ordonnance des tables de *J. C. F. Otto*, et où est envisagé le cas pour lequel le but n'est pas à la même hauteur que la bouche du fusil; voir aussi les tables très commodes de *J. M. Ingalls*, Exterior ballistics in the plane of fire, New York 1886, et Journal of the United States artillery 5[1] (1896), p. 52/74; les tables de *J. C. F. Otto* prolongées par *W. von Scheve*, Archiv für die Artillerie- und Ingenieuroffiziere des deutschen Reichsheeres 92 (1885), p. 529; 93 (1886), p. 97, 271; 103 (1896), p. 236; puis *F. Mola*, Rivista di artiglieria e genio 1892 III, p. 253; Archiv für die Artillerie und Genieoffiziere des deutschen Reichsheeres 100 (1893), p. 1; *N. Zabudskij*, Vněšnía balistika[1]) 1, p. 239, 252; Revue d'artillerie 34 (1889), p. 427; 38 (1891), p. 46: il envisage la diminution de la densité de l'air quand on s'élève au dessus du sol; *N. V. Maievskij*: Probleme des direkten und indirekten Schiessens[14]), p. 34; *A. Bassani*, La corrispondenza (Livourne) 1 (1900), p. 116 (où $P(p)$ est remplacée, pour l'intégration, par une fonction approchée); id. 1 (1900), p. 275.

D'autres tables relatives à la loi quadratique de la résistance se trouvent aussi dans *N. von Wuich*, Äussere Ballistik[14]) 1, p. 215; Mitteilungen über Gegenstände des Artillerie- und Geniewesens (Vienne) 1894, p. 424; voir également *F. Siacci*, Balistique extérieure[26]), p. 84; id. table VII, p. 454; id. table VIII par *F. Chapel*, pour la loi cubique.

81) Dissertation sur la question de balistique proposée par l'Académie des sciences et belles lettres de Prusse, Berlin 1782; réimpr. en partie: J. Ec. polyt. (1) 11, an X, p. 204 (dans un mémoire de *Moreau*) et J. des armes spéciales 1845, p. 537, 600; id. 1846, p. 32.

82) Balistique[78]), (1re éd.), p. 159; (2e éd.), p. 214.

83) Mathematical treatise on the motion of projectiles, Londres 1873, p. 45

F. Hélie[84]), et à son exemple la commission de Gâvre, calculent des trajectoires par arcs successifs, méthode qui, en multipliant convenablement le nombre des arcs, permet d'obtenir les éléments du point de chute avec toute l'approximation désirable, et en tenant compte de la densité variable des couches d'air que traverse le projectile.*

Dans sa „méthode des vitesses", *E. Vallier*[85]) emploie pour l'intégration des équations différentielles exactes une règle généralisée de *C. F. Gauss* et l'applique surtout au calcul détaillé de très grandes trajectoires pour lesquelles la densité de l'air varie.

Enfin, on emploie aussi les *développements en série*[86]) qui donnent y, v et t en fonction de x ou de s; c'est ainsi que firent par exemple *J. H. Lambert* (1767), *J. C. Borda* (1772), *G. F. von Tempelhof* (1791), *J. F. Français*[87]), *J. P. G. von Heim*, *von Pfister*, *P. de Saint Robert*[88]) (ce dernier de la manière la plus générale); ces développements furent employés aussi pour le calcul des erreurs [*Denecke*[89]), *Fr. von Zedlitz*]; les conditions de convergence n'y sont pas précisées.

11. Méthodes graphiques. Les calculs indiqués au n° **10** peuvent être remplacés aussi par des méthodes graphiques.

---

et suiv. Voir aussi *N. V. Maievskij*, Probleme des direkten und indirekten Schiessens[14]), p. 28.

84) *F. Hélie*, Balistique expérimentale[1]), (2e éd.) 2, p. 289. Au sujet du procédé de *F. Hélie*, voir *F. Siacci*, Rivista di artiglieria e genio 1897 IV, p. 5.

85) Balistique expér.[42]), p. 49; Revue d'artillerie 36 (1890), p. 42, 153; 37 (1890/1), p. 273; on y trouve également un aperçu sur le développement des méthodes en balistique.

86) Voir *I. Didion*, Balistique[78]), (1re éd.) p. 162; (2e éd.) p. 218; voir aussi *Ligowski*, Archiv für die Artillerie- und Ingenieuroffiziere des deutschen Reichsheeres 81 (1877), p. 79, 163, 178; 83 (1878), p. 203; *Neumann*, Archiv für die Offiziere der preussischen Artillerie und des Ingenieurcorps 6 (1838), p. 213; 14 (1842), p. 49; 29 (1851), p. 93.

87) *J. H. Lambert*, Hist. Acad. Berlin 21 (1765), éd. 1767, p. 102/88; *J. C. Borda*, Hist. Acad. sc. Paris 1769, éd. 1772, M. p. 247/71; *G. F. von Tempelhof*, Mém. Acad. Berlin 1788/9, éd. 1793, math. p. 216/99; ce mémoire a été publié en tirage à part sous le titre: Der preussische Bombardier, Berlin 1791.

Au sujet des travaux de *J. F. Français*, voir *I. Didion*, Balistique[78]), (1re éd.), p. 168; (2e éd.), p. 224, 247], où l'auteur expose les travaux de *J. F. Français*.

88) Voir *J. P. G. von Heim*, Beiträge zur Ballistik in besonderer Beziehung auf die Umdrehung der Artilleriegeschosse, Ulm 1842, p. 205; *von Pfister*, Archiv für die Artillerie- und Ingenieuroffiziere des deutschen Reichsheeres 88 (1881), p. 489; *P. de Saint Robert*, Mém. scientif.[46]) 1, p. 125.

89) *Denecke* [Archiv für Artillerie- und Ingenieuroffiziere des deutschen Reichsheeres 90 (1883), p. 231, 405] fait en outre des recherches sur la convergence des développements obtenus; voir *Fr. von Zedlitz*, id. 103 (1896), p. 388.

C'est ainsi que *J. V. Poncelet*[90]) construisit la trajectoire, au moyen de plusieurs éléments d'arc, de la manière suivante: si l'on connaît la grandeur et la direction de la vitesse du mobile sur la trajectoire à l'origine du premier arc choisi suffisamment petit, on calcule la nouvelle valeur de la vitesse à l'extrémité de cet arc par le théorème du travail; le rayon de courbure de l'arc s'obtient par le calcul de la composante normale des forces extérieures, et ainsi de suite par éléments successifs.

C. Cranz[91]) construit la trajectoire par des arcs de parabole au moyen des tables de Krupp. *F. Krupp*[92]) lui-même avait établi comme complément à ses tables la courbe balistique par des méthodes d'approximation, telles que celles indiquées dans le n° **10**, où il simplifiait un peu les formules comme *F. Siacci* [cf. n° **14**].

12. Résolution exacte des équations différentielles approchées. Une dernière idée consiste à simplifier les équations différentielles par la suppression ou la modification de certains termes, de telle sorte que l'intégration exacte et l'obtention d'expressions déterminées une fois pour toutes pour une forme plus ou moins particulière de $F(v)$ deviennent tout à fait faciles.

Jean Bernoulli[93]) partit de la loi

$$F(v) = b v^n$$

et obtint pour les éléments de la trajectoire y, θ, t, v des expressions déterminées en fonction de x par le fait qu'il remplaça $\frac{ds}{dx}$, ou $\frac{1}{\cos\theta}$ ou une puissance quelconque de $\frac{ds}{dx}$, par 1.

90) Leçons de mécanique industrielle 2, Metz 1829, p. 55; voir aussi *I. Didion*, Balistique[78]), (1re éd.) p. 196; (2e éd.), p. 252.

91) Z. Math. Phys. 42 (1897), résumé p. 197. Sur l'emploi des méthodes de *M. d'Ocagne* pour la représentation des fonctions, voir *G. Pesci*, Rivista marittima 1899, p. 113; id. 1900, p. 1/52 du supplément; *G. Ronca*, Rivista marittima 1899; La corrispondenza (Livourne) 2 (1901), p. 278; *R. von Portenschlag-Ledermayer*, Mitteilungen über Gegenstände des Artillerie- und Geniewesens (Vienne) 1900, p. 796; id. 1904, p. 769; *G. Ronca*, Manuale del tiro, Livourne 1901, p. 296 et suiv.; *G. Ronca* et *G. Pesci*, Abbachi per il tiro; abbachi generali della balistica, Livourne 1901; *A. Garbasso*, Rivista d'artiglieria e genio 1903 II, p. 387.

92) Mitteilungen über Gegenstände des Artillerie- und Geniewesens (Vienne) 1891, p. 1. La méthode et les tables furent établies et reproduites récemment par *W. Gross*, Die Berechnung der Schusstafeln, Leipzig 1901; *W. Olsson*, Ballistike tabeller for beregning af skydetabeller, Christiania 1904; voir à ce sujet, *W. Heydenreich*, Artilleristische Monatshefte (Berlin) 1908, p. 112.

93) Acta Erud. Lps. 1719, p. 216/26; 1721, p. 228; Opera 2, Lausanne et Genève 1742, p. 393/402 et p. 513.

Si l'on pose pour abréger

$$G = \frac{2m}{m-1} \frac{\left(1+\frac{z}{m}\right)^m - z - 1}{z^2}, \quad G_1 = \frac{m}{m-1} \frac{\left(1+\frac{z}{m}\right)^{m-1} - 1}{z},$$

$$G_2 = \frac{\left(1+\frac{z}{m}\right)^{\frac{m}{2}} - 1}{\frac{z}{2}}, \qquad G_3 = \left(1+\frac{z}{m}\right)^{\frac{2-m}{2}}.$$

où

$$z = (2n-2) b V^{n-2} x$$

et

$$m = \frac{2n-2}{n-2},$$

il vient

$$y = x \operatorname{tg} \varphi - \frac{g x^2}{2 V^2 \cos^2 \varphi} G(z),$$

$$\operatorname{tg} \theta = \operatorname{tg} \varphi - \frac{g x}{V^2 \cos^2 \varphi} G_1(z),$$

$$t = \frac{x}{V \cos \varphi} G_2(z), \qquad v = \frac{V \cos \varphi}{\cos \theta} G_3(z).$$

N. von Wuich[94]) a étendu ce procédé de $n = 2$ à $n = 4$; il donne des tables pratiques pour ces fonctions modificatrices (modifizierenden Funktionen) ainsi appelées parce que, pour le vide, elles deviennent toutes égales à 1 et que les équations se ramènent ainsi aux formes données n° 7.

Relativement au cas $n = 3$, *F. Chapel* et *Fr. von Zedlitz*[95]) ont montré que les formules sont capables d'une assez grande extension. Ce dernier transforme, par l'élimination de bVx, les équations en un autre système qui se prête mieux au calcul des tables de tir.

G. Ronca[96]) avait été conduit à ce système, peu de temps auparavant, en partant d'un autre point de vue.

J. C. Borda[97]) (1772), *A. M. Legendre* et *J. F. Français* firent

94) Äussere Ballistik[14]) 1, p. 199.

95) *F. Chapel*, Revue d'artillerie 17 (1880/1), p. 437; 18 (1881), p. 484 (introduction des facteurs de tir); voir aussi *F. Siacci*, Balistique extérieure[26]), p. 86, 455; *Fr. von Zedlitz*, Archiv für die Artillerie- und Ingenieuroffiziere des deutschen Reichsheeres 103 (1896), p. 388; Mitteilungen über Gegenstände des Artillerie- und Geniewesens (Vienne) 1898, p. 881.

96) *G. Ronca* et *A. Bassani*, Rivista marittima 1895, p. 569; cf. *F. Siacci*, Rivista di artiglieria e genio 1896 II, p. 5; *G. Ronca* et *A. Bassani*, Rivista marittima 1897, p. 217.

97) Voir note 87 et Journal des armes spéciales 1846, p. 49; voir aussi *E. Bézout*, Cours de mathématiques à l'usage du cours royal d'artillerie, Mouvement des projectiles, Paris 1788, p. 128/97.

une série d'autres essais d'approximation pour arriver à séparer les variables.

J. C. Borda recommande, entre autres, de remplacer la densité de l'air δ par une fonction convenable de θ,

$$\frac{\delta \cos \theta}{\cos \varphi},$$

ce qui convient pour le commencement de la trajectoire.

De cette façon, l'intégration relative à la loi de résistance de l'air (dans le cas de la deuxième puissance) est rendue possible.

A. M. Legendre[98]) multiplia la densité de l'air, non par ce facteur $\frac{\cos \theta}{\cos \varphi}$, mais par

$$\cos \theta \left(1 + \frac{\cos \varphi \operatorname{tg}^2 \theta}{1 + \cos \varphi}\right)$$

qui se réduit à l'unité pour $\theta = \pm \varphi$ et pour $\theta = 0$, si bien qu'en trois points de la trajectoire la densité de l'air introduite dans le calcul se confond avec la densité réelle.

J. F. Français objecta à ce procédé de *A. M. Legendre* ce fait que le multiplicateur de *A. M. Legendre* devient infini pour $\theta = \frac{\pi}{2}$; c'est pourquoi il prend comme multiplicateur de la densité de l'air l'expression

$$\frac{1 + a \operatorname{tg}^2 \theta}{\sqrt{1 + b \operatorname{tg}^2 \theta}} \cos \theta,$$

où les constantes a et b sont à déterminer suivant les cas.

I. Didion[99]), qui publia les travaux de *J. F. Français*, montre que le procédé de *J. F. Français*, dans les mêmes circonstances de calcul, est susceptible d'une plus grande exactitude que celui de *A. M. Legendre*.

M. de Sparre[99a]) a résolu l'intégration, dans le cas de $n = 4$, à l'aide de fonctions élémentaires; par un artifice analogue à celui de Borda dont il sera question plus loin il pose

$$\frac{\delta}{\cos^3 \theta} = \delta_0(\lambda - \mu y),$$

δ étant la densité de l'air au point d'ordonnée y et δ_0 la densité de l'air

98) Diss. balistique[81]); J. Ec. polyt. (1) cah. 11 an X, p. 204 (exposé de *Moreau*) et Journal des armes spéciales 1845, p. 537, 600; id. 1846, p. 32.

99) Cf. Balistique[78]), (1re éd.) p. 159; (2e éd.) p. 214 (critique de la méthode de *A. M. Legendre*); et (1re éd.) p. 168, (2e éd.) p. 224, 247 (relativement aux travaux de *J. F. Français*); voir aussi, pour le procédé de *I. Didion* employé récemment de nouveau pour le cas spécial de la loi quadratique, *W. Heydenreich*, Schuss und Schusstafeln[44]) 2, p. 85.

99a) *M. de Sparre*, Mémorial de l'artillerie de la marine 20 (1892), p. 619 et suiv.

au moment du tir, prise au ras du sol; λ, μ sont deux paramètres empiriques.

Le même artifice a été utilisé par cet auteur dans le cas de $n = 2$ de manière à n'employer encore que des fonctions élémentaires. Enfin, dans le cas où la résistance ne peut être représentée par une formule monome, *N. Zabudskij* et *M. de Sparre* partagent la trajectoire en trois arcs dont les deux extrêmes sont calculés avec les formules de $n = 2$ et le grand arc intermédiaire avec celles de $n \doteq 4$*.

13. Méthode de Didion. *I. Didion*[100]) partit du procédé de *Jean Bernoulli*, mais en substituant à

$$ds = \frac{dx}{\cos\theta}$$

non pas simplement dx, mais σdx, où σ est une valeur moyenne de $\frac{1}{\cos\theta}$. Il estime cette valeur moyenne en remplaçant l'axe de trajectoire qui va de θ_0 à θ_1 par une parabole, comme cela peut se faire dans le vide, et en choisissant comme *facteur de courbure* le rapport de la longueur de l'élément d'arc à l'élément d'abscisse

$$\sigma = \frac{\Delta s}{\Delta x} = \frac{1}{2}\,\frac{P(\operatorname{tg}\theta_1) - P(\operatorname{tg}\theta_0)}{\operatorname{tg}\theta_1 - \operatorname{tg}\theta_0},$$

où P est la fonction déjà introduite plus haut au n° **9**.

Il dressa en conséquence des tables de σ et des *fonctions modificatrices de Jean Bernoulli* G, G_1, G_2, G_3 du n° **12** en admettant pour $F(v)$ la forme

$$bv^2 + cv^3.$$

Pour $c = 0$, cette solution revient à celle de *Jean Bernoulli*, sauf que b est affecté du multiplicateur σ.

*Si la loi de résistance de l'air admise par *I. Didion* n'est plus applicable aujourd'hui, sa méthode de séparation des variables, généralisée par *P. de Saint Robert*, n'en conserve pas moins toute sa valeur; elle est encore à l'heure actuelle appliquée par de nombreux balisticiens, tels que *N. Zabudskij*, *J. M. Ingalls*, *A. G. Greenhill* pour n'en citer que quelques uns. Il est donc intéressant de s'y arrêter et de la présenter nettement.

Si dans l'équation de l'hodographe

$$gd(v\cos\theta) = vF(v)d\theta,$$

où nous poserons pour simplifier l'écriture $v_1 = v\cos\theta$, on peut subs-

100) Balistique[78]), p. 59 et suiv.; (2e éd.) p. 80 et suiv.

tituer à la fonction $F(v)$ cette autre fonction

$$\frac{F(\sigma v \cos\theta)}{\sigma \cos\theta} = \frac{F(\sigma v_1)}{\sigma \cos\theta},$$

σ étant une constante choisie convenablement, les variables peuvent être immédiatement séparées, quelle que soit la fonction $F(v)$, car l'équation prendra la forme

$$\frac{d\theta}{\cos^2\theta} = g\sigma \frac{d(\sigma v_1)}{\sigma v_1 F(\sigma v_1)},$$

d'où

$$\operatorname{tg}\theta = \operatorname{tg}\varphi - \sigma \int_{\sigma v_1}^{\sigma V_1} \frac{d(\sigma v_1)}{\sigma v_1 F(\sigma v_1)},$$

et les autres éléments s'obtiendront par des quadratures. On peut faire cette substitution sans grande erreur toutes les fois que l'angle θ, dans toute l'étendue de l'arc considéré, varie dans des limites assez restreintes pour que l'on puisse donner à σ une valeur telle que le produit $\sigma \cos\theta$ s'écarte très peu de l'unité.

Ce procédé fut appliqué par *I. Didion* avec sa loi unique de résistance, sur toute l'étendue de la trajectoire. Plus tard *N. V. Maievskij* en fit usage en sectionnant la dite trajectoire en plusieurs arcs, correspondant aux zônes de résistance, où il représentait la loi par des formules de la forme av^n.

Mais cette solution du problème balistique par *N. V. Maievskij* exigeait des calculs beaucoup trop compliqués pour les besoins de la pratique et l'on devait continuer à faire en général usage de formules semi-empiriques, dont nous allons parler.

14. Formules semi-empiriques. L'emploi de tables numériques comme celles de *L. Euler*, même dans les limites de vitesse où elles sont applicables, comporte l'inconvénient de ne pas présenter à l'esprit sous forme explicite l'allure de la trajectoire, de ne pas faciliter certaines discussions des résultats observés.*

Aussi de nombreux auteurs se sont-ils ingéniés à adopter une forme analytique de la loi de résistance permettant d'en déduire des équations explicites, en y introduisant des coefficients demandés à l'expérience. C'est ainsi que fut substituée à la courbe balistique[101])

101) Voir surtout *M. Prehn*, Ballistik der gezogenen Geschütze, Berlin 1864; Archiv für die Artillerie- und Ingenieuroffiziere des deutschen Reichsheeres 74 (1873), p. 189; *A. Mieg*, Theoretische äussere Ballistik, Berlin 1884; *O. Dolliak*, Mitteilungen über Gegenstände des Artillerie- und Geniewesens (Vienne) 1879, p. 3 des notes; *F. Hélie*, Balistique expérimentale [1]), (2e éd.) 2, p. 262; *E. Vallier*, Balistique expér.[42]), p. 186; relativement à *Piton-Bressant*, voir *Anonyme*, Revue d'artillerie 8 (1876), p. 219.

une courbe algébrique du troisième ou du quatrième degré par *Ch. E. Page* (1848), *Piton-Bressant* (commission de Gâvre en 1849), *M. Prehn* (1864), *O. Dolliak* (1879), *A. Mieg* (1884) (séries arithmétiques), et surtout *F. Hélie* (1884).

On peut, avec une approximation suffisante pour les applications, remplacer la courbe par une hyperbole, d'autant plus que celle-ci possède deux asymptotes (se reporter plus haut à la courbe balistique [nº **9**] pour

$$F(v) = bv^2;$$

ainsi procédèrent *A. Indra*[102]), *E. Ökinghaus, F. Chapel, J. Stauber*[103]).

Le caractère de ces formules est d'emprunter leur forme à une théorie rationnelle et de ne demander à l'expérience que la valeur numérique d'un seul coefficient. Le rôle de ces formules semi-empiriques opposées comme conception aux relations purement empiriques a été nettement précisé par *P. de Saint Robert* qui dit en parlant de leur emploi:

„J'évite de la sorte ces formules empiriques dont on a fait à mon avis un abus regrettable dans les écrits récents sur la balistique, formules que l'on peut comparer à des lits de Procuste, où l'on fait entrer de force les résultats fournis par l'expérience directe.

Pour ma part je pense qu'on ne saurait trop s'élever contre l'abus des formules empiriques. Assurément dans certains cas, elles peuvent rendre des services, mais il ne faut les admettre qu'avec précaution et comme un pis-aller et ne jamais préférer un empirisme grossier qui vous conduit en tâtonnant à une théorie générale qui éclaire votre chemin.“

Ces lignes expliquent et justifient la confiance témoignée durant de longues années à la *formule de Piton-Bressant* ou *formule de Gâvre*, obtenue en faisant $m = 4$ dans les expressions de *Jean Bernoulli* données au nº **12**, et sur laquelle nous reviendrons aux numéros suivants relatifs aux tables de tir.

---

102) Graphische Ballistik, Vienne 1876. *A. Indra* arrive à l'hyperbole au moyen de considérations de géométrie projective; voir à ce sujet: Revue d'artillerie 14 (1879), p. 129.

103) *E. Ökinghaus*, Die Hyperbel als ballistische Kurve [Archiv für die Artillerie- und Ingenieuroffiziere des deutschen Reichsheeres 100 (1893), p. 241; cf. id. 101 (1894); 102 (1895) et jusqu'à 103 (1896), p. 185]; *F. Chapel*, C. R. Acad. sc. Paris 120 (1895), p. 677; *J. Stauber*, Mitteilungen über Gegenstände des Artillerie- und Geniewesens (Vienne) 1897, p. 118; 1909, p. 575; *R. G. Fernandez*, Jahrbücher für die deutsche Armee und Marine 1907, premier semestre, p. 206; *W. Affolter*, Allgemeine schweizerische Militärzeitung 1905, p. 424; 1906, p. 67.

Cette formule ou d'autres analogues étaient presque exclusivement en usage jusque vers 1880, car l'on se heurtait toujours à la difficulté de traduire par des équations relativement simples en x, φ les conséquences d'une loi physique $F(v)$ d'une représentation algébrique très compliquée.*

*Bien au contraire les solutions du problème balistique devraient être établies indépendamment de la forme analytique de la fonction $F(v)$, à l'aide de procédés généraux et non à l'aide d'artifices introduits pour telle ou telle forme de la dite fonction. Elles devraient pouvoir s'établir alors même que l'on n'aurait qu'une série de valeurs numériques de cette fonction.

Ce principe n'avait pas échappé à *P. de Saint Robert*[104]), qui proposait de calculer par quadratures, en fonction de l'angle θ, les divers éléments, ajoutant que „par ce procédé on pourrait déterminer toutes les circonstances du mouvement d'un projectile dans un milieu dont on connaît la résistance en fonction de la vitesse, que cette fonction soit définie analytiquement ou empiriquement."

Ainsi tous les éléments se seraient trouvés exprimés en fonction de la variable auxiliaire θ. Mais puisque la véritable variable indépendante était la vitesse, et que cette dernière figure directement dans l'équation de l'hodographe, le mieux était de la prendre précisément comme variable auxiliaire, ou, si l'on ne pouvait absolument procéder ainsi, de prendre une variable s'y rattachant le plus simplement possible.

C'est là le principe des méthodes de *F. Siacci*.*

15. Méthodes de Siacci. Dans sa première méthode, *F. Siacci*[105]) conserve le procédé de séparation des variables de *I. Didion* comme l'avaient fait *P. de Saint Robert* et *N. V. Maievskij*, mais il prend comme variable indépendante non plus l'abscisse x ou l'angle θ mais la composante horizontale $v \cos \theta$ de la vitesse v, multipliée par le paramètre σ. Cette variable qu'il désigne par u n'est autre que le facteur σv_1 des relations du n° **13** où les variables sont séparées, et comme en dehors de l'équation de l'hodographe toutes les autres fonctions sont ramenées à des quadratures, tous les éléments seront déterminés par des intégrales de fonctions de la variable u.

F. Siacci a calculé des tables de ces intégrales et les auteurs qui font usage de cette première méthode en ont calculé également: tels sont entre autres *N. Zabudskij*, *W. Heydenreich* et *A. G. Greenhill*.

---

104) Mém. scientif.[64]) 2, p. 115.

105) *F. Siacci*, Giorn. d'artiglieria e genio 1880, p. 376; Revue d'artillerie 17 (1880/1), p. 45.

Dans sa dernière méthode (1886), *F. Siacci*[106]) procède comme il suit pour effectuer la séparation des variables. Il commence par remplacer $F(v)$ par un terme

$$\beta \cdot F\left(\frac{v \cdot \cos\theta}{\cos\varphi}\right)\frac{\cos^2\varphi}{\cos\theta},$$

où β est un autre facteur de courbure moyenne[107]) dépendant de φ et de X, qui ne devient identique à σ que dans le cas particulier où

$$F(v) = bv^2$$

et qui s'obtient en évaluant l'erreur commise dans la solution approchée du problème. Il change ensuite de variable en prenant la *pseudovitesse* [Pseudogeschwindigkeit],

$$u = \frac{v\cos\theta}{\cos\varphi},$$

comme nouvelle variable indépendante. Les variables se séparent alors sans difficulté.

Les fonctions spéciales introduites par *F. Siacci*, pour lesquelles il a calculé, ainsi que pour β, des tables numériques, sont les suivantes:

$$T(u) = -\int\frac{du}{f(u)}, \quad J(u) = -2g\int\frac{du}{u f(u)},$$
$$D(u) = -\int\frac{u\,du}{f(u)}, \quad A(u) = -\int\frac{J(u)u\,du}{f(u)}.$$

De plus le ralentissement $F(v)$ dû à la résistance de l'air est pris ici égal à

$$F(v) = \beta\frac{i\delta}{1{,}206}\frac{1000}{P}(2R)^2 f(v),$$

qui est identique, au facteur β près, à la formule du n° 4. Pour le calcul, il tira la valeur de la fonction $f(u)$ de la loi des zônes de *N. V. Maievskij*; ce n'est que récemment qu'il posa en principe sa loi unique de la résistance de l'air[108]) [n° 4], où il considérait encore le facteur β comme variable le long de la trajectoire.

106) Voir *F. Siacci*, Revue d'artillerie 27 (1885/6), p. 315; Balistique extérieure[26]), p. 34; jusque dans ces dernières années, la méthode la plus ancienne de *F. Siacci*, qui date de 1880, était encore en usage dans l'artillerie allemande avec des fonctions secondaires; voir à ce sujet *W. Heydenreich*, Schuss und Schusstafeln[44]) 2, p. 90 et suiv.

107) Relativement au facteur β, voir *F. Siacci*, Balistique extérieure[26]), p. 36; *F. Pouchelon*, Revue d'artillerie 26 (1885), p. 467 (tables); *W. C. Hojel*, Revue d'artillerie 24 (1884), p. 262; *E. Vallier*, Balistique expér.[42]), p. 45; C. R. Acad. sc. Paris 115 (1892), p. 648.

108) *F. Siacci*, Rivista di artiglieria e genio 1896 I, p. 341; sur β, voir Rivista di artiglieria e genio 1897 IV, p. 5 et Revue d'artillerie 35 (1889/90), p. 493;

Avec l'aide de ces fonctions dites *fonctions de Siacci*, et si l'on pose pour abréger le facteur $\beta \frac{\delta i}{1{,}206} \frac{1000}{P} (2R)^2$ égal à $\frac{1}{C_1}$, le système de formules se présente sous la forme simple

$$(1) \qquad x = C_1 [D(u) - D(V)],$$

$$(2) \qquad t = \frac{C_1}{\cos\varphi} [T(u) - T(V)],$$

$$(3) \qquad y = x \cdot \operatorname{tg}\varphi \left\{1 - \frac{C_1}{\sin 2\varphi} \left[\frac{A(u) - A(V)}{D(u) - D(V)} - J(V)\right]\right\},$$

$$(4) \qquad \operatorname{tg}\theta = \operatorname{tg}\varphi \left\{1 - \frac{C_1}{\sin 2\varphi} [J(u) - J(V)]\right\},$$

et ces relations sont d'une grande utilité pour la solution des problèmes de tir.

S. Braccialini a encore étendu l'usage de ce système de formules, surtout dans le calcul de l'indice balistique i en connaissant la portée X, l'angle de départ φ et la vitesse initiale V; à cet effet, il envisage les expressions

$$T(u) - T(V) = T'(u, V), \quad J(u) - J(V) = \Theta(u, V),$$

$$\frac{A(u) - A(V)}{D(u) - D(V)} - J(V) = \Phi(u, V), \quad J(u) - \frac{A(u) - A(V)}{D(u) - D(V)} = \Omega(u, V)$$

comme fonctions à double entrée d'arguments u et V[109]).

Des tables ainsi établies faciliteraient déjà notablement les recherches balistiques et l'application des formules énoncées plus haut d'après *F. Siacci*. Mais on a pu aller plus loin encore dans cette voie.

Adjoignant à ces relations la première des formules Siacci

$$x = C_1 [D(u) - D(V)]$$

et posant $\frac{x}{C_1} = \alpha$, on voit que les fonctions à double entrée de Braccialini peuvent être écrites avec deux arguments α et V de sorte que l'on aura les quatre équations Siacci sous la forme

$$(2)^{\text{bis}} \qquad t = \frac{C_1}{\cos\varphi} T'(\alpha, V),$$

$$(3)^{\text{bis}} \qquad y = x \operatorname{tg}\varphi \left[1 - \frac{C_1}{\sin 2\varphi} \Phi(\alpha, V)\right],$$

$$(4)^{\text{bis}} \qquad \operatorname{tg}\theta = \operatorname{tg}\varphi - \frac{C_1}{2\cos^2\varphi} \Theta(\alpha, V);$$

à ce sujet voir aussi *E. Fasella*, Tavole balistiche secondarie, Gênes 1901; *C. Parodi*, Balistica esterna, Turin 1901, p. 105, 314.

109) *S. Braccialini*, Giorn. d'artiglieria e genio 2 (1883), p. 659; Rivista di artiglieria e genio 1885 II, p. 97; 1885 IV, p. 5, 78; voir aussi *S. Braccialini*, Über die praktische Lösung der Probleme des Schiessens, Berlin 1884.

l'ensemble de ces nouvelles tables étant établi pour une série convenable de valeurs de V (de 10 mètres en 10 mètres habituellement).

De cette manière les équations fondamentales sont ramenées au type des formules de Bernoulli avec cette différence que les fonctions modificatrices T', Θ et Φ sont données sous forme de tableaux numériques et non algébriquement. Par contre, la continuité se trouve assurée, et l'on n'a plus à chercher dans chaque cas particulier à quel type de la loi de résistance de l'air il convient de recourir.

Ce sont ces fonctions de α et de V que l'on nomme couramment les *fonctions balistiques secondaires.**

S. Braccialini et à son exemple divers auteurs calculèrent les tables des dites fonctions.

En particulier *W. C. Hojel*[110]) a donné des tables de fonctions primaires et secondaires en partant de ses propres expériences sur la résistance de l'air.

*Les solutions du problème balistique par les méthodes qui viennent d'être exposées (emploi des tables de *F. Siacci* ou de celles de *S. Braccialini* dérivées des premières) nécessitent une détermination convenable du facteur β qui figure dans l'expression de C_1. En réalité les valeurs de β et par suite celles de C_1 devraient être différentes dans chacune des équations 1, 2, 3, 4. Dans la pratique, on se contente d'ordinaire d'une valeur unique, celle qui convient à la résolution de l'équation (3) pour $y = 0$ (équation aux portées).

E. Vallier[111]) détermine à cet effet β en cherchant à rendre minimum l'erreur commise dans l'estimation de l'intégrale

$$\int_0^X (X-x)^2 \frac{f(v)}{v^4 \cos^3\theta}\, dx,$$

signalée au n° 8.

F. Siacci[112]) prend $\beta = \frac{1}{\cos^2\varphi}$ tant que φ ne surpasse pas 20^0 et l'évalue, pour des angles supérieurs, en considérant la même intégrale.*

C'est dans le même ordre d'idées que *N. Zabudskij*[113]) évalue la valeur moyenne à donner au facteur b, dans le cas de la formule

110) Revue d'artillerie 24 (1884), p. 262; voir aussi *E. Vallier*, Balistique expér.[42]), p. 6.

111) Voir *E. Vallier*, Revue d'artillerie 36 (1890), p. 42, 153; 37 (1890/1), p. 273; Balistique expér.[42]), p. 45.

112) Rivista d'artiglieria e genio 1897, quatrième trimestre, p. 5; *G. Ronca*, Balistica esterna, Livourne 1901, p. 243.

113) Revue d'artillerie 34 (1889), p. 427; voir aussi *E. Vallier*[85]).

bicarrée bv^4 pour laquelle il a construit des tables comme il a été dit au n° 9[114]).

P. Charbonnier[115]) conserve de la méthode *Siacci* l'emploi d'intégrales définies des fonctions de la variable u, de manière à obtenir des expressions traduites en tables numériques continues. Mais, au lieu d'introduire un facteur β pris constamment égal à sa valeur moyenne, il développe en série l'équation de l'hodographe suivant les puissances de C, de $\frac{1}{C}$ ou de θ, selon les cas, et utilisant d'abord le premier, puis les deux premiers termes des dites séries; les conditions de convergence de ces séries ne sont pas précisées, de même du reste que dans les développements énoncés au n° **10**.*

16. Discussion des méthodes ci-dessus. Nous avons déjà dit que toutes les méthodes proposées pour la solution du problème balistique ne comportaient pas de solutions exactes, mais simplement des approximations, et nous avons indiqué pourquoi il ne pouvait en être autrement.

Du reste des questions nouvelles se présentent à chaque instant et nécessitent des formules et des tables nouvelles. C'est ainsi que pour le tir sous de très grands angles (emploi de l'artillerie contre les ballons) *C. Cranz* a donné dans ces derniers temps deux méthodes et calculé les tables correspondantes[116]). Il a en même temps cherché à évaluer l'erreur commise dans les divers procédés de transport de tir par application du principe de la rigidité de la trajectoire.

Le rapprochement des méthodes proposées pour une même série de questions analogues, pour en apprécier l'exactitude, est encore actuellement assez malaisé parce que les observations de la trajectoire sont encore imprécises. Cependant *C. Cranz* a commencé à rechercher quel est le degré d'exactitude qu'offrent les diverses méthodes principales[117]). Il a, en particulier, étudié la partie purement mathématique de l'erreur, c'est-à-dire la partie de l'erreur qui provient de ce qu'on néglige des termes dans l'intégration de l'équation fondamentale. Les recherches ainsi commencées par *C. Cranz* lui ont permis de constater que le procédé de compensation imaginé par *E. Vallier* semble, en général, donner vraiment la plus petite erreur. Ainsi dans une pièce de campagne, et pour des angles de départ de 20°, 34°, 45°, 70°, on a obtenu,

114) Sur diverses tables dont la construction repose sur des fondements analogues, voir *F. Siacci*, Balistique extérieure[26]), p. 66; voir aussi *N. Zabudskij*, Vněšnĭa balistika[1]) 1, p. 345.

115) Mémorial de l'Artillerie de la marine 28 (1900), p. 1.

116) Lehrbuch der Ballistik 1, Leipzig 1910, p. 213/37.

117) Ballistik[116]) 1, p. 189/212.

en calculant avec les formules simples de *E. Vallier*, une erreur, pour la portée, égale respectivement à

$$-0{,}1 \qquad -3{,}4 \qquad -1{,}4 \qquad -1{,}9\ \%$$

et une erreur, pour la hauteur du sommet de la trajectoire, respectivement égale à

$$+1{,}2 \qquad +1{,}6 \qquad +1{,}8 \qquad +4{,}5\ \%;$$

alors que, en employant d'autres méthodes, ces mêmes erreurs prenaient des valeurs parfois très notables. Rechercher les erreurs provenant de l'insuffisance des lois de résistance de l'air et de ce que, en fait, l'axe du projectile effectue des mouvements de nutation, alors que le calcul fait abstraction de l'obliquité du projectile pendant le tir, ne semble pas encore actuellement possible en toute rigueur, parce que nous ne possédons actuellement aucun dispositif pour *l'observation* des trajectoires, qui soit exempt de critique. Cependant on peut dire que la *méthode* suivie par *F. Neesen*[118]) est peut-être à cet égard pleine de promesses.

Une lacune essentielle dans les résolutions du problème balistique obtenues jusqu'ici consiste dans le fait, remarqué plus haut, que l'on est encore mal fixé, en balistique, sur la façon précise dont la résistance de l'air dépend de la forme de l'ogive du projectile et de son inclinaison sur la tangente.

Dans une certaine mesure, on connaît encore la dépendance relative à la forme. Mais la façon exacte dont la résistance de l'air dépend de l'orientation du projectile par rapport à la tangente n'apparaît, le plus clairement, qu'au hasard de certaines expériences de tir, pendant lesquelles le grand axe du projectile est sujet à de fortes oscillations: par contre, dans ces cas, la portée et la justesse sont beaucoup moindres que dans les conditions normales.

Pour la façon dont la résistance de l'air dépend de ces oscillations, on se base chaque fois sur les rayures, sur la forme de l'ogive, l'agencement des ceintures et les moments d'inertie du projectile par rapport à une perpendiculaire à l'axe menée par le centre de gravité.

Le but à atteindre serait de posséder des tables ou des formules au moyen desquelles, étant donnés les éléments ci-dessus, on pût obtenir la résistance de l'air. Cette question constitue un problème capital de la balistique extérieure actuelle.

De sa résolution dépend essentiellement l'extension de cette branche de la science.

---

118) *F. Neesen*, Verhandlungen der deutschen phys. Gesellschaft 11 (1909), p. 441, 724.

Du reste, on est encore bien éloigné de la solution du problème pour cette autre raison que les oscillations du projectile [cf. n° **23**] dépendent de chocs que le projectile reçoit perpendiculairement à son axe à la sortie du fusil ou du canon, et que l'on sait peu de chose sur ces chocs *initiaux*.

Le rapprochement de considérations théoriques avec de nombreuses observations systématiques peut seul rendre possible la détermination des relations ou formules en question.

En tout cas, les méthodes d'approximation constituent en ce moment les seules bases de la résolution par le calcul des problèmes de tir d'étude, et surtout aussi de l'établissement des tables de tir, dont on parlera plus loin.

Déviations régulières des projectiles. Leurs causes.

17. Exposé des causes. Les trajectoires effectives des projectiles ne concordent pas en général avec les indications des tables de tir: on constate presque toujours des *déviations*. Parmi ces déviations nous envisagerons tout d'abord celles qui ont toujours lieu dans le même sens. Les unes sont abordables par le calcul théorique tandis que les autres peuvent être éliminées par des expériences convenablement disposées. Nous étudierons successivement les unes et les autres. Les déviations qui sont calculables proviennent en première ligne des variations de la vitesse initiale V, de l'angle initial φ et de la densité de l'air δ; les variations de V et de δ jouent un rôle prépondérant. Mais il y a encore d'autres causes de déviation: en préparant les tables de tir on ne tient aucun compte [cf. n° 8] de l'influence que peut avoir la rotation de la terre, ni de l'influence du vent, mais il n'en est pas de même pour la dérivation latérale due à la rotation du projectile oblong autour de son grand axe. Nous étudierons sous le nom de mouvements complémentaires et de mouvements secondaires l'effet de ces influences dans la mesure de leur importance relative.

Les déviations qui ne sont guères abordables par le calcul sont généralement éliminées par des méthodes de compensation. Ainsi dans la pratique pour éliminer l'influence de la réflexion de la lumière solaire sur la cible pendant la visée on tire le matin et le soir et l'on prend la moyenne des résultats obtenus. De même, certaines influences relatives à un jour déterminé, telles que la chaleur et l'humidité de ce jour, sont pratiquement éliminées en faisant des expériences de tir l'été et l'hiver; d'ailleurs il faut dire que l'influence des variations dues aux éléments hygrométriques est peu importante. D'une façon générale on a constaté que les causes qui tendent à abaisser le projectile diminuent la portée.

18. Variation de la vitesse initiale. L'influence de cette variation est très simple à calculer, du moins quand elle est *petite*, avec une approximation suffisante pour les besoins de la pratique; il suffit alors en effet de déduire du système d'équations entre les éléments de la trajectoire des formules approchées pour les différences premières des quantités qu'il s'agit de corriger[119]).

En admettant la loi quadratique de la résistance de l'air, la différence ΔX qui corrige la portée X est donnée dans le tir courbe, par la formule

$$\Delta X = \frac{2X \operatorname{tg} \varphi}{\operatorname{tg} \varphi'} \frac{\Delta V}{V}.$$

La variation ΔV de la vitesse initiale a d'ailleurs pour cause première les diverses influences journalières qui atteignent souvent, d'après *W. Heydenreich*[120]) pour ΔV environ $\frac{5}{100}$ de la valeur moyenne V. Puis interviennent successivement, dans la variation de la vitesse initiale:

La plus ou moins grande fatigue du canon qui est la conséquence de l'agrandissement de la chambre à poudre et de l'usure des cloisons; ceci fait baisser la valeur de V.

D'autres déviations provenant de lots de poudres différant du lot-type; on a observé que les différences s'élèvent au plus ici, pour les vitesses initiales, à ± 3 mètres par seconde.

Les modifications de la poudre, résultant d'un long séjour en magasin; par suite d'un commencement de décomposition, la poudre noire donne une valeur un peu plus petite de V, le coton-poudre (poudre en bandes), par suite de la perte d'éléments volatils donne une valeur un peu plus grande de V; la poudre à nitro-glycérine (poudre en grains) est celle qui subit la moindre influence.

Vis-à-vis des causes ainsi énumérées, les variations de V occasionnées par les différences de poids du projectile n'ont pas d'importance.

---

119) *F. Siacci*, Balistique extérieure [26]), p. 105; *E. Vallier*, Balistique expér. [42]), p. 67; *Denecke*, Archiv für die Artillerie- und Ingenieur-Offiziere des deutschen Reichsheeres 93 (1886), p. 1; 94 (1887), p. 226; *N. Zabudskij*, Artilleriskij Journal (St Pétersbourg) 1899, n° 11, p. 941; *Anonyme*, Archiv für die Artillerie- und Ingenieur-Offiziere des deutschen Reichsheeres 93 (1886), p. 74; *P. Charbonnier*, Balistique extér. [66]), (2e éd.) p. 175.

120) Lehre vom Schuss und die Schusstafeln 1, Berlin 1898, p. 53, 54; 2, Berlin 1898, p. 39; *H. Rohne*, Kriegstechnische Zeitschrift 3 (1900), p. 129, 201; 4 (1901), p. 326.

Avec toutes ces causes réunies, mais sans considérer la fatigue du canon, il faut compter sur des variations de $\pm$ 6 mètres par seconde dans les armes à tir courbe (Steilfeuer), et de $\pm$ 10 mètres par seconde dans les armes à tir tendu. De plus, il faut s'attendre pour V à une valeur plus petite en hiver, à une valeur plus grande en été.

Indiquons maintenant, d'après *W. Heydenreich*, quelques expériences intéressant cette question.

De nombreux essais avec les obus lourds de campagne C. 82 du canon lourd de campagne et une charge réglementaire de tir (poudre à canon en bandes), effectués à différents jours et avec des canons différents, ont donné, pour la poudre-type, les valeurs extrêmes suivantes pour la vitesse initiale V (et la pression maximum des gaz)

Valeur maximum: 460 mètres par seconde (et 1520 atmosphères).

Valeur minimum: 432 mètres par seconde (et 1170 atmosphères).

Près de la moitié de ces variations semblent uniquement occasionnées par les différences de température et à peu près autant par de légères modifications dans la chambre à poudre (dans le cas bien entendu où l'on n'opère qu'avec de bons canons). Les variations qui n'ont pas pour cause l'une de celles que nous venons de mentionner s'expliquent par les différents degrés d'humidité, la différence entre les ceintures, certaines erreurs de mesure, etc. L'influence de l'humidité a perdu de son importance depuis l'introduction des nouvelles sortes de poudre sans fumée.

L'influence de la température de la poudre sur la vitesse initiale n'est pas négligeable, *W. Heydenreich*[121]) indique qu'une élévation de 1^0 centigrade dans la température de la poudre élève la vitesse initiale de 0,05 à 0,20% et augmente par suite d'une façon appréciable la portée; il en résulte en été un allongement de la portée de 4% et en hiver un raccourcissement de la portée de 6%.

Ce taux est sujet à discussion dans le cas où l'on tire avec des fusils. Des séries de mesures prises coup par coup sur un espace découvert, avec de nouveaux fusils d'infanterie ont donné, avec le même modèle de fusil et des cartouches de même provenance, les nombres suivants pour V_{25}, c'est-à-dire pour la vitesse initiale à la température de 25^0 centigrades:

---

121) *W. Heydenreich* mentionne qu'en hiver en moyenne 6% des coups tirés portent moins loin, tandis qu'en été 4% des coups tirés portent plus loin que ne l'indiquent les tables de tir.

avec un fusil de 8 millimètres de calibre,

V_{25}: 863. 858. 859. 857. 855. 857. 861. 862. 861. 858 mètres par seconde;

avec un fusil de 6 millimètres de calibre,

V_{25}: 752. 750. 746. 755. 753. 750. 746. 748. 748. 750 mètres par seconde,

Dans le dernier cas, le poids du projectile était

P: 8,70. 8,72. 8,69. 8,73. 8,71. 8,72. 8,70. 8,70. 8,68. 8,71 grammes.

Avec un type de fusil en usage dans l'armée allemande *C. Cranz* et *R. Rothe*[122]) ont trouvé qu'une élévation de 1° centigrade dans la température de la poudre élève la vitesse de 0,055 %.

19. Variation de l'angle de projection. Ici encore quand la variation $\Delta\varphi$ est petite, son influence sur la portée X peut s'obtenir aisément avec une approximation suffisante à l'aide de l'équation différentielle qui lie $\Delta\varphi$ à ΔX, sous les mêmes hypothèses que celles faites au n° **17**. On obtient la relation

$$\Delta X = \frac{2X \operatorname{tg} \varphi}{\operatorname{tg} \varphi' \operatorname{tg} 2\varphi} \Delta\varphi.$$

On obtient d'ailleurs aussi cette même relation par de simples considérations géométriques.

La variation $\Delta\varphi$ de l'angle φ, facile à contrôler, a sa source:

1°) Dans le fait de viser *fin*[123]) guidon au lieu de le prendre *plein*.

2°) Dans la rotation du fusil, laquelle pour les canons a son analogue dans le brusque enfoncement de côté des roues. Le point d'impact est rejeté en avant, et de côté; il est toujours rejeté du côté où le fusil est détourné par le coup ou bien où l'une des deux roues du canon s'enfonce[124]).

---

122) Z. für das gesamte Schiess- und Sprengstoffwesen 3 (1908), p. 301, 327, 474.

123) Ainsi, d'après *A. von Minarelli-Fitzgerald* [Moderne Schiesswesen[16]), p. 3] avec les fusils à répétition autrichiens de 8 millimètres, modèle 1895, on obtiendrait, en prenant *fin* au lieu de prendre *plein* sur une portée de 600 pas, un abaissement du point moyen d'arrivée d'environ 66 centimètres.

124) Voir par exemple *I. Didion*, Balistique[78]), (1e éd.) p. 364; (2e éd.) p. 362 et suiv.; *Anonyme*, Archiv für die Artillerie- und Ingenieur-Offiziere des deutschen Reichsheeres 93 (1886), p. 455; *A. von Minarelli-Fitzgerald* [Moderne Schiesswesen[16]), p. 54]; par exemple pour le nouveau canon de campagne allemand, une inclinaison de 5° de l'axe des roues a pour conséquence, sur une portée de 5000 mètres, une déviation latérale d'environ 160 mètres.

3°) Dans la *fixation de la baïonnette*[125]). Il en résulte généralement une déviation à gauche et un abaissement du point d'impact.

Ce phénomène fut d'abord attribué à la réaction sur le fusil des gaz de la poudre frappant la surface de la baïonnette, mais un peu plus tard on admit qu'il est dû à une rotation du fusil autour d'un centre de gravité général situé hors de son grand axe; cependant le fait qu'il existe pour des baïonnettes fixées à droite des dérivations à droite et que le phénomène s'observe, même pour des fusils *solidement amarrés*, amena *C. Cranz* et de *K. R. Koch*[126]) à donner de ce phénomène une tout autre explication. Des expériences répétées leur permirent d'établir que la déviation envisagée est occasionnée par l'intervention de la vibration transversale résultant de la présence de la baïonnette.

20. Variations du poids spécifique de l'air. Voici la formule approchée qui donne sous les mêmes hypothèses que celles faites au n° **17** la variation ΔX de la portée X quand le poids spécifique de l'air varie de $\Delta\delta$.

On a

$$\Delta X = X \frac{\operatorname{tg}\varphi' - \operatorname{tg}\varphi}{\operatorname{tg}\varphi'} \cdot \frac{\Delta C_1}{C_1},$$

où

$$\frac{1}{C_1} = \beta \cdot \frac{\delta i}{\delta_0} \cdot \frac{1000}{P} (2R)^2.$$

Une première variation résulte des changements de la température de l'air. Une élévation de température de 1° centigrade augmente le poids spécifique δ de l'air d'environ 0,00456 kilogrammes ou le poids spécifique relatif

$$\frac{\delta}{1,206}$$

d'environ 0,00378.

Une autre cause consiste dans la variation de *l'état barométrique*; une différence, dans cet état barométrique, de 1 millimètre fait varier le poids spécifique relatif $\frac{\delta}{1,206}$ de l'air d'environ 0,00134. Il en résulte que, toutes choses égales d'ailleurs, la portée est d'autant plus grande que le *champ de tir*[127]) est plus élevé[128]).

125) Voir en particulier *H. Weygand*, Das Schiessen mit Handfeuerwaffen, eine vereinfachte Schiesslehre, Berlin 1876, p. 188 et suiv.; *F. Hentsch*, Ballistik der Handfeuerwaffen, Leipzig 1873, p. 312; *A. von Minarelli-Fitzgerald*, Moderne Schiesswesen[16]), p. 55. Le fantassin russe tire baïonnette au canon; mais la question n'a plus la même importance que précédemment.

126) Abh. Akad. München 21 (1902), Abt. III (1901/2), p. 572. Voir à ce sujet *F. Kötter*, Sitzgsb. Berliner math. Ges. 2 (1903), p. 65; *C. Cranz*, id. 3 (1904), p. 11; Ballistik[116]) 1, p. 284.

Au sujet de l'influence des variations atmosphériques, voici quelques remarques formulées par *H. Rohne*: dans le tir du fusil, avec une vitesse initiale $V = 630$ mètres par seconde et pour une portée $X = 2000$ mètres, l'accroissement ΔX de portée, pour une élévation de température de 1 degré centigrade, est d'une part de 1,70 mètres à cause de la variation de V, d'autre part de 3,70 mètres à cause de la variation de δ, soit au total un accroissement de portée de 5,4 mètres; dans ces conditions l'élevation du point d'impact est de

$$34{,}3 + 77{,}1 = 111{,}4 \text{ centimètres.}$$

Ainsi en moyenne, par rapport aux prévisions des tables de tir, établies pour $+ 15^0$ centigrades, on tire en juillet, où en moyenne la température dans nos climats est de 20^0 centigrades, trop long de 27 mètres et trop haut de 5,57 mètres, tandis qu'en janvier, où en moyenne la température dans nos climats est de $-0{,}5^0$ centigrades, le tir est trop court de 83,7 mètres et trop bas de 17,4 mètres.

Dans les mêmes conditions si la température était de $-22{,}5^0$ (ce cas s'est présenté en 1884), on tirerait trop court de 202 mètres, soit 10% de la portée[129]).

D'ailleurs les erreurs probables commises dans l'appréciation des distances faite à l'œil nu sont, d'après *H. Rohne*, bien supérieures à cette variation extrême de ΔX. Comme il résulte de 4000 appréciations faites par 2000 tireurs différents, ces erreurs d'appréciation des distances à l'œil nu atteignent environ 17% de la portée. Par contre, l'emploi d'un bon télémètre, pas trop encombrant, ne dépassant pas 60 centimètres de longueur, réduit cette erreur à 3%[130]).

La formule de correction ci-dessus sert également à tenir compte avec une approximation suffisante de la diminution de résistance qu'éprouve

---

127) Pour ce qui concerne les expériences de *F. Krupp*, voir *W. Heydenreich*, Schuss und Schusstafeln[120]) 1, p. 54.

128) On trouve des tables permettant de tenir compte de l'influence de la température de l'air et du poids spécifique de l'air, dans *W. Heydenreich* [Schuss und Schusstafeln[120]) 1, p. 53] et dans *H. Rohne* [Kriegstechnische Zeitschrift 3 (1900), p. 129, 201; 4 (1901), p. 326].

129) *A. von Minarelli-Fitzgerald* [Moderne Schiesswesen[16]), p. 61] donne la règle suivante, applicable avec une grande approximation aux portées d'environ 2000 pas: l'accroissement de la portée estimée en pas est égal à 8 fois l'altitude du champ de tir estimée en hectomètres; c'est ainsi qu'un tir effectué dans les Alpes à l'altitude de 1700 mètres, avec une portée de 2000 pas donnerait un excès de portée de 8×17 ou 136 pas, en sorte que la portée s'élèverait en réalité à 2136 pas.

130) Voir en particulier *V. von Niesiolowski-Gavin*, Das Messen von Entfernungen für Kriegszwecke, Vienne 1898.

le projectile en rencontrant dans l'air des couches de moins en moins denses au fur et à mesure qu'il s'élève.

On admet que le poids spécifique δ_y au point d'altitude y est lié à la densité δ au niveau du sol par la formule suivante due à *P. de Saint Robert*

$$\delta_y = (1 - 0{,}00008 y)\delta.$$

Lorsqu'on calcule une trajectoire par éléments successifs [cf. nº **14**] on peut introduire cette valeur de δ_y dans le calcul relatif à chaque arc.

Mais dans le cas général, on se dispense de compliquer ainsi les opérations et l'on admet que le mouvement s'exécute comme si l'air avait un poids spécifique uniforme δ' égal à celui qu'il possède à une altitude égale à celle des $\frac{2}{3}$ de la flèche de la trajectoire non corrigée, soit

$$\delta' = 1 - 0{,}00008 \times \tfrac{2}{3} Y_s$$

ce qui conduit à prendre dans la formule de correction précitée

$$\frac{\Delta C_1}{C_1} = \frac{2}{3}\, 0{,}00008\, Y_s.$$

Quant à Y_s, on l'évalue avec une approximation suffisante par l'une des relations

$$Y_s = \frac{0{,}55\, X}{\cot\varphi + \cot\omega}$$

ou

$$Y_s = \tfrac{4}{5} T^{2*}$$

ou encore

$$Y_s = \frac{X}{8}(\operatorname{tg}\varphi + \operatorname{tg}\omega).$$

21. Influence du vent. En ce qui concerne les variations que le vent produit sur la trajectoire, de nombreuses formules ont été établies par différentes méthodes. Signalons ici en particulier les méthodes de *I. Didion*[131]), *F. Siacci*[132]), *E. Vallier*, *H. Resal*[133]), *N. von Wuich*[134]), *F. Krupp*, *N. Zabudskij*[135]), par exemple[136]).

---

131) *I. Didion*, Balistique[78]), (1re éd.) p. 311; (2e éd.) p. 392.

132) *F. Siacci*, Balistique extérieure[26]), p. 113.

133) *H. Resal*, Traité de mécanique générale 2, Paris 1873, p. 409 (appendice).

134) *N. von Wuich*, Äussere Ballistik[14]), p. 474.

135) *N. Zabudskij*, Vněšnïa balistika[1]) 1, p. 302.

136) Voir encore *W. Heydenreich*, Schuss und Schusstafeln[120]) 1, p. 57; 2, p. 226; *Denecke*, Archiv für die Artillerie- und Ingenieur-Offiziere des deutschen Reichsheeres 93 (1886), p. 1; 94 (1887), p. 226; *Anonyme*, 97 (1890), p. 274 [expériences faites pendant la guerre du Transvaal].

Voici entre autres les expressions approchées de *F. Siacci*, basées sur des considérations de mouvement relatif:

Soient W' la composante horizontale (évaluée en mètres) de la vitesse du vent parallèle à la direction de tir, W'' la composante perpendiculaire à la direction du tir et T la durée du trajet, évalué en secondes. La variation ΔX de la portée est alors donnée, pour la loi cubique de la résistance de l'air, valable dans le tir direct, par la formule

$$\Delta X = W'\left[T - \frac{X \operatorname{tg} \varphi}{\operatorname{tg} \varphi' \cdot V \cos \varphi}\left\{1 - \left(\frac{\operatorname{tg} \varphi' - \operatorname{tg} \varphi}{\operatorname{tg} \varphi}\right) \cos^2 \varphi\right\}\right]$$

tandis que l'écart latéral est donné par la formule

$$Z = W''\left[T - \frac{X}{V \cos \varphi}\right];$$

dans ces formules X, T, φ, φ' sont les valeurs ordinaires de la portée, de la durée du trajet, de l'angle de projection et de l'angle de chute pour l'air calme.

D'après *W. Heydenreich*, l'influence du vent sur la portée est généralement négligeable vis-à-vis de l'influence des variations de V et de δ. Sauf dans le cas de tir sous de grands angles, il admet que le maximum de la variation de portée par un vent violent est environ un centième de la portée. Mais l'influence du vent sur l'écart latéral peut par contre être assez élevé; ainsi *W. Heydenreich* mentionne pour un vent de tempête, un écart latéral allant jusqu'à 3% de la portée; on aurait ainsi pour un obus C. 88 de 15 centimètres et un canon de 15 centimètres un écart latéral de 287 mètres sur une portée de 9500 mètres.

Remarquons que *W. Heydenreich*, pour établir les conclusions énoncées plus haut, a pu utiliser les nombreux tirs de la commission d'expériences de l'artillerie allemande et que les essais relatifs aux fusils relevés par *Krause*[137]) sur l'influence journalière concordent suffisamment avec le calcul, du moins en ce qui concerne la température et la pression atmosphérique.

Du reste, la correction du vent est toujours fort aléatoire, vu les difficultés que présente l'appréciation de la direction et de la vitesse du vent. Il est bien rare que cette vitesse soit constante et le plus souvent elle ne se fait sentir que par bouffées. En outre les observations ne peuvent être faites que dans le voisinage du sol et fréquemment le projectile s'élève à des hauteurs où les agitations de l'atmosphère peuvent être fort différentes. Tout cela justifie les réserves faites par *H. Rohne*[138]).*

137) Kriegstechnische Zeitschrift 5 (1902), p. 433.

Mouvements complémentaires.

22. Influence de la rotation de la terre. *Le projectile une fois lancé dans l'air est soumis non seulement à son poids (résultante de l'attraction de la terre et de la force centrifuge due au mouvement de rotation de la terre) mais encore à la force centrifuge composée. Sous l'action de ces forces il prend par rapport à la surface de la terre un mouvement relatif qu'il est intéressant d'étudier[139]).*

L'influence du mouvement de translation de la terre dans son mouvement autour du soleil n'est pas appréciable quoique, dans ce mouvement, la vitesse de translation de la terre soit 35 fois celle de la vitesse initiale de nos meilleurs fusils.

Si nous adoptons la loi quadratique de la résistance de l'air en

---

138) D'après *H. Rohne* (expériences de Potsdam de 1893 à 1897), pour un vent debout d'une vitesse horizontale moyenne de 5,5 mètres, une portée de 2000 mètres est raccourcie de 31 mètres et pour une vitesse de 30 mètres, de 240 mètres. Pour la même portée de 2000 mètres un vent de vitesse moyenne n'amène un déviation latérale que de 18 mètres. D'une façon générale, la variation de la portée, par suite des influences journalières, serait d'ordinaire inférieure à l'erreur probable commise sur l'appréciation de la distance, alors même que le vent et la variation de température agiraient dans le même sens, ceci tout au moins dans le cas des fusils et d'une portée inférieure à 1000 mètres. Pour les bouches à feu, l'influence perturbatrice est plus importante: pour le canon de campagne allemand, avec $V = 465$ mètres par seconde, une portée de 6000 mètres, avec un angle de projection $\varphi = 18^\circ 11'$, et $\omega = \varphi' = 28^\circ 30'$, *H. Rohne* calcule qu'à une température de $-22^\circ 5$ centigrades la portée serait réduite de

$$394 + 634 = 1028 \text{ mètres.}$$

139) Voir à ce sujet *G. Galilée*, Dialogo sopra i due massimi sistemi del mondo, Florence 1632; Opere (edizione nazionale) 7, Florence 1897, p. 151/3, 191/2; *S. D. Poisson*, J. Éc. polyt. (1) cah. 21 (1832), p. 187; Recherches sur le mouvement des projectiles dans l'air, Paris 1839, p. 41, 63; *Ch. E. Page*, Nouv. Ann. math. (2) 6 (1867), p. 96, 387, 481; *P. de Saint Robert*, Mém. scientif.[46]) 1, p. 357; *F. Astier*, Revue d'artillerie 5 (1874/5), p. 272; *R. Berger*, Über den Einfluss der Erdrotation auf den freien Fall der Körper und die Flugbahnen der Projektile, Cobourg 1876; *J. Finger*, Sitzgsb. Akad. Wien. 76 II (1877), p. 67/103 et *E. R. E. Hoppe*, Archiv Math. Phys. (1) 64 (1879), p. 96; *W. Schell*, Theorie der Bewegung[71]), (2e éd.) 1, p. 528; *A. W. F. Sprung*, Aus dem Archiv der deutschen Seewarte (Hambourg) 2 (1879), p. 27; Meteorologische Zeitschrift 1 (1884), p. 250; Archiv für die Artillerie- und Ingenieur-Offiziere des deutschen Reichsheeres 103 (1896), p. 13; *H. Resal*, Traité de mécanique générale 1, Paris 1873, p. 107; *E. Öckinghaus*, Wochenschrift für Astronomie (2) 34 (1891), p. 89; Archiv für die Artillerie- und Ingenieur-Offiziere des deutschen Reichsheeres 103 (1896), p. 89; *N. Zabudskij*, Artilleriskij Journal (St Pétersbourg) 1894, n° 2, p. 120; Revue d'artillerie 44 (1894), p. 464; *A. von Obermayer*, Mitteilungen über Gegenstände des Artillerie und Geniewesens (Vienne) 1901, p. 707.

sorte que

$$F(v) = bv^2,$$

de plus si nous négligeons vis-à-vis de l'unité le carré de la vitesse angulaire n de la terre

$$n = 0{,}000073$$

si enfin nous considérons la terre comme une sphère et si nous confondons la direction de la pesanteur avec celle du rayon de la terre, voici le système d'équations différentielles du mouvement qu'on aura à résoudre:

$$\frac{d^2x}{dt^2} = 2n\left(\frac{dy}{dt}\sin\gamma - \frac{dz}{dt}\cos\gamma\right) - b\frac{ds}{dt}\frac{dx}{dt},$$

$$\frac{d^2y}{dt^2} = -2n\frac{dx}{dt}\sin\gamma - b\frac{ds}{dt}\cdot\frac{dy}{dt},$$

$$\frac{d^2z}{dt^2} = 2n\frac{dx}{dt}\cos\gamma - b\frac{ds}{dt}\frac{dz}{dt} - g.$$

Ici γ est la latitude du point de départ, les axes des x, des y, des z sont dirigés vers l'est, vers le nord et vers le zénith du lieu.

L'influence de la rotation de la terre se fait sentir par des écarts latéraux ainsi que par des accroissements ou diminutions de la portée. L'écart latéral, qui est le plus important, s'obtient à l'aide de deux intégrales doubles qu'il faut évaluer. Il est en général plus petit, dans le cas des projectiles oblongs qui sont seuls employés aujourd'hui, que celui provenant du phénomène de la dérivation des projectiles; généralement il peut même être négligé vis à vis de ce dernier écart.

S. D. Poisson et récemment plusieurs auteurs, *N. Zabudskij* entre autres, en ont calculé des valeurs numériques.

En ce qui concerne le sens de l'écart latéral, on observe que cet écart a lieu, dans les expériences de tir ordinaire effectuées dans l'hémisphère boréal constamment du côté *droit* du tireur. Pour ce qui est de sa grandeur, d'après les calculs de *S. D. Poisson*, elle est minima quand on tire vers le nord, maxima quand on tire vers le sud, de valeur moyenne quand on tire vers l'est ou vers l'ouest.

Voici quelques exemples numériques donnés par *S. D. Poisson*:

Si l'on tire une bombe du calibre de 33 centimètres et du poids de 90 kilogrammes à la latitude de Paris sous un angle de projection φ de 45° et avec une vitesse initiale V de 270 mètres par seconde (ce qui donne une portée d'environ 4000 mètres), vers l'est ou vers l'ouest, il doit en résulter un écart latéral vers la droite de 7 à 8 mètres. Une bombe du calibre de 27 centimètres et de masse égale à 51 kilogrammes, tirée avec une vitesse initiale $V = 120$ mètres par seconde, sous un angle $\varphi = 45^0$, pour une portée $X = 1200$ mètres, dévie vers la droite de 0,9 centimètres à 1,2 mètres.

Une balle de fusil, tirée verticalement avec une vitesse initiale de 434 mètres par seconde à la latitude de Paris, atteint une hauteur de 544 mètres (au lieu de 9600 mètres dans le vide) et retombe avec une vitesse à l'arrivée de 49 mètres par seconde (au lieu de 434 mètres par seconde); d'après le calcul, la déviation accidentelle atteint, au moment de la chute, la valeur de 0,1 mètre.

La déviation *vers le sud*, obtenue par la théorie, dans la chute libre et le tir vertical s'explique très simplement d'une façon intuitive. Le mouvement, relatif à la terre, du projectile abandonné sans vitesse initiale, ou lancé suivant la verticale, ne peut manifestement avoir lieu que dans le plan déterminé par la tangente au parallèle du point d'où l'on tire et le centre de la terre [dans le vide, et en supposant $V < 7900$ mètres, cette trajectoire est une ellipse dont un des foyers est au centre de la terre]; dans ce plan, à cause de la force centrifuge composée qui n'est pas nulle, le projectile quitte nécessairement dès le début du mouvement la verticale du point d'où l'on tire.

Mouvements secondaires des projectiles. Conséquences de leur rotation[140]. Dérivation.

23. Mouvements secondaires. *Dans tout ce qui précède nous n'avons envisagé que le mouvement du centre de gravité du projectile,

140) Voir à ce sujet *I. Didion*, Balistique[78]), (1re éd.) p. 304, 319; (2e éd.) p. 401, 418; J. Éc. polyt. (1) cah. 27 (1839), p. 51; *G. Piobert,* Traité d'artillerie, Paris 1839, p. 169; *H. Resal*, Traité de mécanique générale 1, Paris 1873, p. 375; *G. Magnus*, Ber. Akad. Berlin 1852, p. 1/24; Ann. Phys. und Chemie, Zweite Folge (3) 28 (1853), p. 1; *P. de Saint Robert,* Mém. scientif.[46]) 1, p. 277; *M. de Sparre*, Sur le mouvement des projectiles oblongs dans le cas du tir de plein fouet, Paris 1875; Sur le mouvement des projectiles oblongs autour de leur centre de gravité, Paris 1894; id. Paris 1896; id. Stockholm 1904; id. Paris 1911; *R. Timmerhans*, Essai d'un traité d'artillerie 2, Paris 1846, p. 113; *J. C. F. Otto*, Über die Umdrehung der Artilleriegeschosse, Berlin 1843; id. (suite), Neisse 1847; Archiv für die Artillerie- und Ingenieur-Offiziere des deutschen Reichsheeres 11 (1840), p. 118; *J. P. G. von Heim*, Beiträge zur Ballistik in besonderer Beziehung auf die Umdrehung der Artilleriegeschosse, Ulm 1848, p. 169; *Neumann*, Archiv für die Artillerie- und Ingenieur-Offiziere des deutschen Reichsheeres 6 (1838), p. 213; 14 (1842), p. 49; 17 (1845), p. 193; *C. Mondo*, Derivation der Langgeschosse, Munich 1860; *V. von Vieth*, Flugbahn der Geschosse, Dresde 1861; *C. H. Owen,* Proc. artillery Institution (Woolwich) 4 (1863), p. 180; 23 (1896), p. 217; *Brockhusen,* Archiv für die Artillerie- und Ingenieur- Offiziere des deutschen Reichsheeres 15 (1843), p. 93; *A. Rutzki,* Geschoss- und Zünderkonstr.[45]), p. 169; *W. von Rouvroy*, Theorie der Bewegung der Spitzgeschosse, Berlin 1862; Archiv für die Artillerie- und Ingenieur-Offiziere

ce dernier étant assimilé à un point matériel soumis à deux forces à lui appliquées, pesanteur et résistance de l'air, et éventuellement à celle du vent ou encore à la force centrifuge composée provenant de la rotation de la terre. Mais le projectile est un corps solide et est généralement animé d'un mouvement de rotation, de telle sorte que les actions extérieures produisent sur lui l'effet d'un couple perturbateur modifiant son régime dans l'air et par suite le mouvement de son centre de gravité.*

Les déviations résultant de la rotation du projectile dans les *projectiles sphériques* d'autrefois étaient des déviations accidentelles

---

des deutschen Reichsheeres 18 (1845), p. 19; *Dy* (abréviation de *Darapsky*), Derivation der Spitzgeschosse, Cassel 1865; *N. Maievskij*, Balistique extérieure [27]), p. 178, Artilleriskij Journal (St Pétersbourg) 1865, n° 3, p. 11; Revue technologique militaire 5 (1865), p. 1; *P. Gauthier*, Mouvement d'un projectile dans l'air, Paris 1867; *A. Paalzow*, Über die Drehung fester Körper insbesondere der Geschosse und der Erde, Berlin 1867; *F. Astier*, Essai sur le mouvement des projectiles oblongs, Paris 1873; *E. Jouffret*, Revue d'artillerie 4 (1874), p. 245, 547; *P. Haupt*, Mathematische Theorie der Flugbahnen gezogener Geschosse, Berlin 1876; *E. Märker*, Über das ballistische Problem, Progr. Hersford 1876; *E. Muzeau*, Revue d'artillerie 12 (1878), p. 422/43, 495/515; 13 (1878/9), p. 31/63; 14 (1879), p. 38; *J. M. Ingalls*, Handbook of problems in exterior ballistics, New-York 1900; *Anonyme*, Archiv für die Artillerie- und Ingenieur-Offiziere des deutschen Reichsheeres 85 (1879), p. 134; 87 (1880), p. 180; *K. R. Bender*, Bewegungserscheinungen der Langgeschosse, Darmstadt 1888; *Jansen*, Archiv für die Artillerie- und Ingenieur-Offiziere des deutschen Reichsheeres 97 (1890), p. 424; *N. Zabudskij*, Artilleriskij Journal (St Pétersbourg) 1890, n° 7, p. 649, 1891, n° 1, p. 1; Vněšnia balistika [1]) 1, p. 323/93; *A. Briks*, Morskoi sbornik (recueil maritime) 1891, n° 1, p. 25/61; 1891, n° 2, p. 61/94; 1891, n° 3, p. 41/102; *Engelhardt*, Archiv für die Artillerie- und Ingenieur-Offiziere des deutschen Reichsheeres 100 (1893), p. 403, 449; *P. G. Tait*, Nature (Londres) 48 (1893), p. 202; Trans. R. Soc. Edinb. 37 (1895), p. 427; Proc. R. Soc. Edinb. 21 (1895/7), p. 116; *H. Müller*, Entwicklung der Feldartillerie, Berlin 1894; *E. Öckinghaus*, Archiv für die Artillerie- und Ingenieur-Offiziere des deutschen Reichsheeres 103 (1896), p. 185; *J. Altmann*, Erklärung und Berechnung der Seitenabweichungen, Vienne 1897; *A. von Obermayer*, Mitteilungen über Gegenstände der Artillerie und Geniewesens (Vienne) 1899, p. 869; *A. G. Greenhill*, Proc. artillery Institution (Woolwich) 11 (1882), p. 119, 124; *A. von Minarelli-Fitzgerald*, Moderne Schiesswesen [16]), p. 43; *Ludwig*, Studien über Ballistik, Carlsruhe 1853 (appareils); *C. Cranz*, Ballistik [116]) 1, p. 286/345; Z. Math. Phys. 43 (1898), p. 169; Jahresb. deutsch. Math.-Ver. 6[1] (1899), p. 110.

Relativement à l'idée de projectiles allongés sagittiformes dépourvus de rotation, voir surtout *Jansen*, Archiv für die Artillerie- und Ingenieur-Offiziere des deutschen Reichsheeres 97 (1890), p. 424, 497; Mitteilungen über Gegenstände des Artillerie und Geniewesens 1871, p. 85 et *A. Rutzki*, Geschoss- und Zünderkonstr. [45]), p. 62; Grundlagen für neue Geschoss- und Waffensysteme, Teschen 1876.

occasionnées surtout par ce fait qu'il restait toujours un espace libre entre le corps du projectile et la paroi du canon et qu'alors les gaz de la poudre s'échappaient, en partie avec le projectile, en partie à côté de lui, et occasionnaient un roulement du boulet à cause du frottement et occasionnées aussi quelque peu par suite de battements se produisant contre la paroi de l'âme.

Parmi les expériences nombreuses effectuées pour expliquer ces phénomènes (expériences provoquées par un prix de l'Académie de Berlin de 1794), celles de *I. Didion*[141]) et celles de *J. C. F. Otto*[142]) approchaient très près de l'explication juste, donnée plus tard par *G. Magnus*[143]) en se basant sur l'expérience.

Voici cette explication:

Le boulet se meut dans l'air calme, ou, ce qui revient au même, on envisage inversement son centre de gravité comme immobile et l'air comme affluant vers le boulet en sens opposé du mouvement qu'a effectué le centre de gravité; supposons que le boulet se meuve en rotation autour d'un axe horizontal par exemple passant par le centre de gravité, la partie antérieure tournant de haut en bas par devant. Alors la gaine d'air adhérant au boulet et tournant avec lui se meut en dessous du boulet dans le même sens que l'air qui afflue vers le boulet et en sens contraire au dessus.

D'après les équations de l'hydrodynamique, la pression augmente donc en haut, et elle diminue en bas; le résultat est un excès de pression de haut en bas, donc un abaissement du centre de gravité.

S. D. Poisson[144]) avait examiné théoriquement plusieurs causes de déviation, en particulier l'effet produit par le frottement de l'air. Son raisonnement était celui-ci: dans le cas considéré par *G. Magnus*, la densité de l'air est plus grande sur la face antérieure que sur la face postérieure du boulet; on peut en conclure que le frottement entre le boulet et l'air, est, lui aussi, plus considérable en avant qu'en arrière. En conséquence, le boulet doit rebondir vers le haut comme par l'action d'un matelas.

A cette façon de voir on peut actuellement opposer que la loi

---

141) *I. Didion* et *L. F. J. Caignart de Saulcy*, Cours d'artillerie, partie théorique, rédigé d'après les cahiers et les leçons de *G. Piobert*, Paris 1841.

142) Umdrehung der Artilleriegeschosse[140]), p. 109.

143) Abh. Akad. Berlin 1852, éd. 1853, math. Abh. p. 1/24; tirage à part, publié sous le titre: Über die Abweichung der Geschosse, Berlin 1860.

144) Mouvement des projectiles[139]), p. 69 et suiv.; au sujet du frottement dû à la présence de l'air, cf. id. p. 74.

de Newton-Maxwell sur l'indépendance du frottement et de la densité de l'air n'est vérifiée expérimentalement que dans l'intervalle d'une atmosphère: lorsque la densité croît et que la température s'élève, le frottement semble augmenter[145]).

Déjà *S. D. Poisson* lui-même, et après lui *J. P. G. von Heim*[146]) avaient d'ailleurs constaté par le calcul, en se basant il est vrai sur des expériences incomplètes relatives à l'influence de la densité de l'air sur le frottement, que cet effet de la résistance tangentielle de l'air était trop faible pour pouvoir rendre compte de la grandeur de la déviation observée.

Il y avait du reste contradiction entre le sens de la déviation obtenu par *S. D. Poisson* et celui obtenu par *G. Magnus*; dans l'exemple considéré elle devait, d'après la théorie de *G. Magnus,* avoir lieu vers le bas et non vers le haut.

Il convient cependant d'observer qu'on ne saurait affirmer que l'effet du frottement de l'air indiqué par *S. D. Poisson* ne joue pas dans certains cas un rôle dans la tenue des projectiles allongés modernes [cf. n° **24**].

Afin de pouvoir déterminer à l'avance les rotations du boulet et par conséquent régulariser ses déviations, on employa pendant un certain temps à partir de 1830 des *boulets excentriques*[147]). Soit un tel boulet placé dans le canon, avec le centre de gravité en dessous, par exemple; sous l'action de la poudre, le boulet avance en tournant, au moins dans le début, autour d'un axe horizontal, la partie antérieure se mouvant de dessus en dessous (parce que la résultante des pressions des gaz de la poudre était dirigée vers le centre de figure du boulet, qui se trouve au-dessus du centre de gravité et que l'intensité de la résultante des pressions des gaz dépassait de beaucoup celle de la résistance de l'air); mais ensuite, d'après les considérations de *G. Magnus,* il se produit un déplacement du centre de gravité vers le bas, un raccourcissement de la trajectoire, un accroissement de l'angle de chute.

Dans un cas extrême, que rapporte *J. P. G. von Heim* en 1840, on a même constaté une chute du boulet *en arrière* du mortier.

Dans le cas contraire, le centre de gravité était disposé au dessus,

---

145) Voir à ce sujet, *A. Winkelmann*, Handbuch der Physik 1, Breslau 1891, p. 600.

146) Beiträge zur Ballistik[140]), p. 199.

147) Id. p. 169. Voir aussi *W. von Rouvroy*, Archiv für die Artillerie- und Ingenieur-Offiziere des deutschen Reichsheeres 18 (1845), p. 19; *H. Müller*, Die Rotation der runden Artilleriegeschosse, Berlin 1862.

le boulet éprouvait une déviation vers le haut, un allongement de sa trajectoire. Une théorie du mouvement des boulets excentriques a été commencée par *J. P. G. von Heim.*

*En Prusse on avait adopté tout un système d'obus et de bombes excentriques, l'excentricité étant due à un déplacement du centre de la chambre intérieure du projectile, laquelle n'était pas sphérique, mais présentait la forme d'un ellipsoïde de révolution allongé, ayant son grand axe perpendiculaire au plan de tir.

Pour le tir de plein fouet on plaçait le centre de gravité en haut et l'on obtenait des trajectoires ultratendues, l'angle de chute étant même parfois inférieur à l'angle de projection.

Pour le tir courbe on plaçait le centre de gravité en bas et l'on obtenait, avec un angle d'élévation relativement faible, des angles de chute considérables.

N. V. Maievskij[148]) applique la théorie de *G. Magnus* à la discussion de ces résultats. A cet effet, conservant l'équation habituelle de l'accélération tangentielle $\frac{dv}{dt}$, il écrivit celle relative à la force centrifuge sous la forme

$$\frac{v d\theta}{g dt} = -\cos\theta + \varphi(v),$$

où $\varphi(v)$ représente l'accélération provenant du phénomène de *G. Magnus*, laquelle est normale à la trajectoire, et il traite ce système à l'aide de l'artifice de *I. Didion* [voir n° **12**].

Partant de là, il discuta d'autre part la table de tir du projectile excentrique prussien de 0,12 mètres tiré à la vitesse initiale de 450 mètres avec une vitesse de rotation (calculée) de 100 tours par seconde.

Il en déduisit pour $\varphi(v)$ des valeurs numériques pouvant se représenter par une formule unique

$$\frac{\frac{v^2}{b^2}}{1+\left(\frac{v}{l}\right)^6}$$

b et l étant deux constantes, ou par deux expressions de la forme

$$mv^2 + n$$

pour $v < 200$ mètres et au contraire de la forme

$$p + \frac{q}{v^2}$$

148) *Kurs veněšnej balistiki, St Pétersbourg 1870, p. 287 et suiv. [discussion non contenue dans la traduction française [27])].*

pour $v > 200$ mètres, qu'il put introduire dans les équations du mouvement.

Mais les valeurs qu'il donne pour les constantes ne peuvent être acceptées que sous réserves d'autant plus que les vitesses restantes, tant de translation que de rotation, n'ont pas été mesurées. Pour les mêmes motifs les expériences rappelées par *F. Siacci*[149]) n'ont pas permis de formuler de conclusions numériques dignes de foi.*

Les tentatives faites pour obtenir, par l'augmentation de masse du projectile sans augmentation simultanée du calibre, des effets plus puissants, conduisirent naturellement à l'emploi systématique de projectiles allongés; et ensuite, la nécessité de donner, pendant son trajet dans l'air, de la stabilité au projectile, provoqua l'emploi des *rayures helicoïdales* dans le canon, grâce auxquelles le projectile reçoit un mouvement de rotation plus ou moins rapide autour de son grand axe.

Il semble d'ailleurs que, même avant l'invention des armes à feu, les carreaux d'arbalète ou les javelots ont parfois reçu dans le même but des mouvement de rotation autour de leur grand axe.

Actuellement la vitesse de rotation du projectile est déterminée par sa vitesse à la sortie V et par les dimensions des rayures du canon. Elle ne doit être ni trop grande ni trop petite.

Une limite supérieure est imposée, entre autres choses, par des considérations de balistique intérieure, et aussi par ce fait que le projectile d'artillerie ne doit pas en arrivant au but porter par le culot sur le sol, car il en résulterait une perte d'effet utile.

Une limite inférieure est déterminée par la condition que le projectile allongé doit conserver le long de sa trajectoire une stabilité suffisante.

Les lois mathématiques concernant cette stabilité ont été établies par *R. Timmerhans*[150]), *F. Gillion*[151]), *E. Terssen*[152]), mais surtout par *N. von Wuich*[153]), *E. Vallier*[154]), *A. G. Greenhill*[155]), *N. Zabudskij*[156]) et *M. de Sparre*[157]) pour les projectiles d'artillerie.

149) **F. Siacci*, Balistique extérieure[26]), p. 132 et suiv.*

150) Cf. *E. Terssen*, Gezogene Geschütze, Berlin 1861, p. 5.

151) Id. p. 6.

152) Id. p. 9.

153) *N. von Wuich*, Äussere Ballistik[14]) 1, p. 419.

154) *E. Vallier*, Revue d'artillerie 40 (1892), p. 5; voir aussi l'exposé de *Fellmer*, Archiv für die Artillerie- und Ingenieur-Offiziere des deutschen Reichsheeres 102 (1895), p. 26.

155) *A. G. Greenhill*, Proc. artillery Institution (Woolwich) 11 (1882), p. 586 [1879].

156) *N. Zabudskij*, Vnĕšnïa balistika[1]) 1, p. 366.

La résolution théorique exacte du problème, analogue à celle du problème de la toupie, n'est pas encore possible actuellement, parce que l'on manque des bases expérimentales nécessaires relatives à la résistance de l'air et aux circonstances du mouvement, dans le voisinage de la bouche du canon. Le degré de stabilité du projectile dans l'air peut être obtenu, mais d'une façon peu exacte, par l'observation des trous dans les cibles.

On a cité au n° **6** p. 25 quelques données numériques sur la grandeur des vitesses de rotation employées actuellement.

24. Dérivation des projectiles oblongs. Pour les projectiles oblongs il existe des écarts de sens déterminé aussi bien dans la direction du tir que perpendiculairement à cette direction. Ce sont de ces derniers que nous allons parler ici, parce que ce sont de beaucoup les plus importants.

Dans le cas où, pour un observateur placé derrière le canon, la rayure supérieure est tracée dans le canon vers la droite (canons français et allemands et fusil allemand), cas dit de la *rayure à droite*, les écarts ont lieu en général vers la droite. Dans le cas de la *rayure à gauche* (fusils français et anglais, canon de campagne italien) ils ont lieu vers la gauche.

Ils croissent proportionnellement plus vite que la distance du projectile à la bouche du canon, et la trajectoire est une courbe à double courbure qui, dans le cas de la rayure à droite, s'étend à droite du plan de tir (du moins en général et indépendamment de circonstances particulières) et dont la projection horizontale est en général une courbe tournant sa convexité vers la ligne de tir.

Ces écarts latéraux, qui sont relativement grands, sont pratiquement compensés par un déplacement latéral de l'œilleton disposé à cet effet sur une planchette dite planchette des dérives.

Les autres conditions restant les mêmes, ces dérivations, d'après les observations de *W. Heydenreich*, décroissent avec l'allongement du projectile et croissent avec le pas des rayures; elles sont maxima pour les projectiles courts et une petite vitesse initiale.

Ainsi les plus grandes dérivations connues sont données par le shrapnel C. 89 de 21 centimètres dans l'obusier de tourelle, et par l'obus (de 21 centimètres) C. 80 des mortiers, projectiles tous deux courts, lorsque les canons sont à rayure fortement inclinée; et les plus petites dérivations connues sont données par les projectiles du canon lourd de campagne C. 73 rayé à faible inclinaison, projectiles de longueur

---

157) Sur le mouvement des projectiles oblongs autour de leur centre de gravité, Paris 1911.

relativement grande. On trouvera plus loin des données numériques concernant ces dérivations.

Pour l'explication de ces écarts latéraux dans les projectiles oblongs il faut tenir compte de trois phénomènes principaux:

1°) *Le phénomène de la toupie.*

On sait que dans le cas où l'axe du projectile contient le centre de gravité, est axe principal d'inertie et où, au début du mouvement il coïncide avec l'axe de rotation, cet axe garde, dans le vide, la même direction dans l'espace.

Ceci aurait lieu aussi dans le mouvement du projectile dans l'air, si les résistances de l'air qui agissent sur les divers éléments de surface du projectile admettaient une résultante qui fût appliquée sur l'axe au centre de gravité.

Mais ce n'est pas le cas. Dès que l'axe du projectile fait avec la tangente à la trajectoire un petit angle δ, le point d'application A semble être situé très près de l'extrémité antérieure de la partie cylindrique du projectile; et ceci est rendu très vraisemblable par les expériences de *E. E. Kummer*[158]); il convient cependant d'observer que ces expériences ne furent effectuées qu'avec de faibles vitesses, et que pour de très petits angles elles ne donnèrent précisément plus de résultats suffisamment exacts.

Quand δ croît, le point d'application A se rapproche de plus en plus du centre de gravité.

En tous cas, une force extérieure qui ne passe pas par le centre de gravité agit sur le projectile et de là résulte un mouvement genre toupie, ou d'une façon plus précise un mouvement de pendule conique de l'axe du projectile autour du centre de gravité.

Le mouvement de l'axe du projectile autour du centre de gravité a lieu à droite et par devant, dans les canons où fusils munis de la rayure à droite. Dans son mouvement relatif par rapport à la tangente de la trajectoire la pointe du projectile commence par s'élever en allant vers la droite, puis elle s'abaisse; la résistance de l'air agit donc essentiellement sur le côté gauche du projectile comme sur une planche oblique ou une voile et pousse le projectile vers la droite, en dehors du plan vertical de la trajectoire normale.

Sur ce régime de toupie des projectiles allongés *G. Magnus* a fait quelques expériences de laboratoire.

Un courant d'air fut dirigé vers un modèle de projectile tournant

---

158) Abh. Akad. Berlin 1875, éd. 1876, math. Klasse, p. 1/57; id. 1876, éd. 1877, math. Klasse, p. 1/9.

autour de son axe et suspendu à la Cardan: et on observa un régime de toupie de la nature indiquée.

2°) *Le phénomène du matelas gazeux.*

Cet effet a lieu dans les projectiles allongés. Supposons que l'axe du projectile coïncide au début avec la tangente à la trajectoire.

A quelque distance de la bouche du canon, puisque la tangente à la trajectoire s'incline en avançant, il devra se produire un angle croissant entre la tangente et l'axe et par suite le projectile offrira de plus en plus de surface à la résistance de l'air.

Sur la face antérieure, c'est-à-dire sur la face qui est dirigée vers le but, la pression de l'air est plus grande que sur la face postérieure; le frottement de l'air est par suite plus grand en avant qu'en arrière. Le projectile tournant vers la droite roulera alors vers la droite [comme sur un matelas] ainsi que cela été indiqué plus haut pour les projectiles sphériques; il en résulte une dérivation vers la droite.

3°) *Le phénomène de Magnus provenant de l'air entraîné par le projectile.* Représentons-nous la pointe du projectile ne coïncidant plus, comme à l'instant initial, avec la tangente à la trajectoire mais se trouvant, au début du mouvement, un peu au dessus de cette tangente et, dans cette hypothèse, reprenons l'explication donnée par *G. Magnus* dans le cas des boulets sphériques.

Supposons à cet effet que le centre de gravité du projectile soit en repos relatif et que l'air afflue contre la partie antérieure et glisse le long du projectile. Contre ce courant d'air se heurte, sur la partie droite du projectile, l'air qui a été entraîné en tournant et qui adhère avec lui; sur la partie gauche, ce heurt des deux courants est bien moindre. Donc la pression sur la face de droite surpasse celle exercée sur la face de gauche. Il en résulte une dérivation du centre de gravité vers la gauche.

De ces trois phénomènes résultent des dérivations d'intensités inégales. Les deux premiers produisent une dérivation vers la droite; le troisième une dérivation vers la gauche. Comme en réalité, le projectile s'écarte vers la droite, les deux premiers régimes réunis surpassent le troisième. De plus, ce qui vient d'être dit sur les projectiles excentriques rend très vraisemblable ce fait que le troisième régime surpasse le second. Il en résulte que l'effet du premier phénomène surpasse celui de la résultante des deux autres. Tout ceci s'applique pour des angles de projection qui ne sont pas très grands.

L'explication des dérivations des projectiles par une assimilation du projectile à une toupie sur laquelle agissent des forces convenablement choisies est généralement adoptée maintenant.

Dans le cas des projectiles oblongs, cette allure de toupie a été soumise à peu près complètement à la théorie mathématique.

De cette théorie mathématique se sont occupés en première ligne *P. de Saint Robert*[159]), *N. V. Maievskij*[160]), *M. de Sparre*[161]), *N. von Wuich*[162]), *N. Zabudskij*[163]). Les faits expérimentaux relatés ci-dessus sont en accord, du moins en partie, avec les résultats du calcul. La théorie s'écarte de la théorie ordinaire des toupies, parce qu'il s'agit ici d'une force extérieure (celle de la résistance de l'air) dont la grandeur, la direction par rapport à l'axe du projectile et le point d'application sur l'axe sont variables avec le temps.

Le calcul peut être conduit, sous certaines restrictions, par une série d'approximations successives, en suivant la marche ci-après:

On cherche d'abord une première solution approximative des équations de translation, sans tenir compte de la rotation; puis les expressions obtenues pour la position du projectile sont portées dans les équations de rotation, et l'on résout celles-ci approximativement; on utilise enfin les intégrales ainsi obtenues pour déterminer le terme de correction à ajouter aux solutions approchées des équations de translation.

Le résultat du calcul fournit une courbe *gauche* pour la trajectoire du centre de gravité du projectile. La projection horizontale de cette courbe gauche s'écarte de plus en plus du plan initial en tournant sa convexité vers la ligne de tir.

En ce qui concerne le mouvement de la pointe du projectile relativement à la tangente à la trajectoire, cette pointe reste d'abord au-dessus, puis elle vient à droite et vers le bas, et elle reste ou bien tout à fait du côté droit, ou bien davantage du côté droit que du côté gauche du plan vertical passant par la tangente à la trajectoire. C'est dans ce fait que réside vraisemblablement la cause principale de ce que les déviations ne sont pas alternativement à droite et à gauche. La courbe décrite par la pointe du projectile relativement à la tangente à la trajectoire décrite par le centre de gravité est l'analogue du cercle que l'on obtient en étudiant le mouvement de précession d'un solide rigide fixé par un de ses points.

Tels sont les phénomènes qui se manifestent lorsque, en quittant la bouche du canon, le projectile ne possède qu'une rotation autour

159) Mém. scientif.[46]) 1, p. 277 et suiv.

160) Balistique extérieure[27]), p. 178 et suiv.

161) Sur le mouvement des projectiles dans l'air, Paris 1891.

162) Äussere Ballistik[14]), p. 359 et suiv.

163) Vněšnĭa balistika[1]) 1, p. 323 et suiv.

de son grand axe qui est en même temps axe principal d'inertie et prolongement de l'axe du canon. Souvent cependant à sa sortie du canon le projectile *ne semble pas* centré sur l'axe; l'axe primitif de rotation ne coïncide pas avec l'axe de figure, soit que les vibrations du canon, soit que des mouvements de tourbillon des gaz de la poudre interviennent à la sortie.

Si l'on veut tenir compte de ces perturbations[164]) apparaissent, dans l'expression des coordonnées en fonction du temps, de nouveaux termes qui comprennent une nouvelle et plus courte période. Celle-ci est déterminée en première ligne par la vitesse angulaire autour du grand axe et les deux moments d'inertie du projectile autour de ce même axe et d'un axe perpendiculaire mené par le centre de gravité; en seconde ligne par la résistance de l'air.

On peut interpréter géométriquement ces nouveaux termes en les assimilant à un phénomène de *nutation.* La ligne théorique décrite par la pointe du projectile dont on vient de parler, n'est alors qu'un schéma autour duquel sont disposés des arcs de *nutation* décrits successivement par la pointe du projectile: *C. Cranz* a constaté que ces arcs de nutation (qui doivent exister aussi bien dans le vide que dans un milieu résistant) semblent effectivement se présenter à l'observation dès le début du mouvement du projectile[165]).

---

164) Voir à ce sujet et au sujet de ce qui suit *C. Cranz*, Z. Math. Phys. 43 (1898), p. 133, 169; (erratum: p. 151, ligne 10, lire $+\vartheta$ au lieu de $-\vartheta$, avec conséquences à la page 152); Ballistik[116]) 1, p. 301 et suiv.; voir aussi en particulier *A. von Obermayer*, Mitteilungen über Gegenstände des Artillerie und Geniewesens (Vienne) 1899, p. 869, où sont décrites de plus récentes expériences sur l'effet de tourbillon; *K. F. Harris*, Journal of the United States artillery 10 (1901), p. 63, 189, 303 [Fort Monroe Virginia]; *H. Putz*, Revue d'artillerie 24 (1884), p. 293; *H. Müller*, Die Entwicklung der preussischen Festungs- und Belagerungsartillerie von 1815 bis 1875, Berlin 1876, en partic. p. 162, 175.

165) Ce phénomène de nutation était considérable dans des expériences signalées par *W. Heydenreich*; les projectiles employés avaient de 4 à 5 calibres de longueur, tirés à une vitesse de 500 mètres dans un canon rayé à 7°; ils subirent sous l'angle de 9° une perte de portée de 600 mètres environ sur 4000 mètres, ce qui correspond à un indice balistique i égal à 1,77 avec espacement des coups sur une zône de 400 mètres en longueur. Les oscillations de ces projectiles observées à l'œil nu étaient excessivement fortes et rapides, d'environ 4 à 5 par seconde: le projectile ressemblait, vu d'arrière, à un disque tournant rapidement et de section variable. Un des projectiles même se renversa complètement à environ 1000 mètres de la bouche et tomba à 400 mètres en deçà des autres.

Au sujet des observations de projectiles en mouvement faites sans aucun instrument d'optique, voir *W. Heydenreich*, Schuss und Schusstafeln[44]) 1, p. 7; 2, p. 95/8; (2e éd.) Die Lehre vom Schuss für Gewehr und Geschütz 2, Berlin 1908,

Ces mouvements de nutation ont une influence prédominante sur la justesse du tir et la portée tandis que le mouvement de précession qui en est entièrement indépendant, a surtout pour conséquence la dérivation latérale ordinaire.

Il faut enfin remarquer que, avec des canons rayés à *droite*, on a observé à maintes reprises, au début du mouvement, des dérivations à *gauche*; elles peuvent s'expliquer selon toute apparence, par les nutations dont il vient d'être question; de telles dérivations à gauche peuvent aussi apparaître lorsque le culot du projectile a reçu un choc vers le haut ou vers la droite.

Mais ce n'est pas seulement au début que dans le cas des rayures à droite on constate parfois des dérivations à gauche. Lorsqu'avec un canon rayé à droite on tire plusieurs coups avec une même valeur V de la vitesse initiale mais sous des angles de projection φ croissants, on constate généralement que la dérivation à droite qui augmente jusqu'à un certaine valeur Φ de φ, passe brusquement à gauche pour $\varphi = \Phi$; quand φ augmente encore cette dérivation à gauche diminue d'intensité et arrive à être nulle pour $\varphi = 90^0$. On explique cette discontinuité de la dérivation pour $\varphi = \Phi$ en admettant que pour cette valeur de φ, le mouvement de précession de l'axe du projectile autour de son centre de gravité change de sens parce que à l'instant correspondant le culot du projectile est dirigé *en avant*. Suivant le canon employé et le projectile tiré, la valeur de Φ oscille entre 60^0 et 70^0.

La théorie de la dérivation des projectiles présente encore des lacunes fondamentales; jusqu'ici, il a été impossible de contrôler, par des expériences faites avec de grandes vitesses et des projectiles *oblongs* animés d'un mouvement de rotation, les expressions donnant les composantes de la pression résultante de l'air parallèlement et perpendiculairement à l'axe du projectile ainsi que la position du point d'application de la pression résultante sur l'axe.

De plus aucune loi n'a été établie pour la variation de la vitesse angulaire du projectile autour de son grand axe avec le temps. On peut seulement présumer que cette vitesse angulaire décroît moins

---

p. 147. Voir aussi: *A. Rutzky*, Geschoss und Zünderkonstr.[45]); *H. Müller*, Entw. Festungs- und Belagerungsartillerie [164]), p. 162. Pour les observations indirectes faites avec le passage des projectiles sur des disques de papier, voir par exemple; *Jansen*, Archiv für die Artillerie und Ingenieur-Offiziere des deutschen Reichsheeres 97 (1890), p. 425, 497; *F. Neesen* [id. 96 (1889), p. 68; 99 (1892), p. 476; 101 (1894), p. 253] indique un appareil photographique enregistreur logé dans le projectile.

vite que la vitesse de translation[166]). Au sujet des chocs initiaux qui peuvent affecter la rotation du projectile à la sortie du canon, on ne connaît rien de certain, en tout cas aucune loi n'a été trouvée. Enfin, peu sûr est le calcul des deux moments d'inertie indiqués, du moins pour les projectiles d'artillerie. Des expériences ont été commencées à ce sujet par *A. von Obermayer*[167]).

On détermine expérimentalement ces moments d'inertie en utilisant la théorie du pendule composé.

25. Étude analytique de la dérivation. *Voici la série de recherches analytiques signalée plus haut.

La première théorie basée sur des principes scientifiques rigoureux en a été présentée par *P. de Saint Robert*[168]).

P. de Saint Robert toutefois donnait pour la vitesse de rotation de l'axe de figure autour de la tangente une valeur inexacte; le fait fut rectifié par *N. V. Maievskij*[169]) qui, le premier, arriva à faire connaître d'une façon exacte le mouvement du projectile autour de son centre de gravité, en montrant que, si le projectile est uniquement soumis, dans ce mouvement, à un couple situé dans le plan de la tangente et de l'axe de figure, l'axe de figure exécute, dans le cas des vitesses un peu considérables, une série d'oscillations autour de la tangente, l'amplitude de ces oscillations étant moindre que π et l'axe s'éloignant en moyenne de plus en plus de la tangente. Toutefois *N. V. Maievskij* ne put établir ce résultat qu'en intégrant par approximation, pour un exemple numérique particulier, les équations du mouvement.

En 1875, *M. de Sparre*[170]) arriva à ramener à des quadratures et à intégrer sous forme finie, pour le cas du tir de plein fouet, avec

---

166) Voir par exemple les expériences faites par la section médicale du ministère de la guerre prussien et l'ouvrage: Über die Wirkung und kriegschirurgische Bedeutung der neuen Handfeuerwaffen, Berlin 1894 (tirs dans des filets de fil de fer sous l'eau); *Krall* [Mitteilungen über Gegenstände des Artillerie und Geniewesens (Vienne) 1888, p. 118] a proposé des expériences qu'a commencées *C. V. Boys* [id. 1897, p. 836]. Voir aussi *J. Altmann*, Seitenabw. rotierender Geschosse[140]).

167) Mitteilungen über Gegenstände der Artillerie und Geniewesens (Vienne) 1899, p. 869.

168) *Journal des sciences militaires, mai 1859.*

169) Balistique extérieure[27]), p. 206. Cette question est déjà traitée quoique d'une façon moins complète dans l'ouvrage original russe Kurs vněšnej balistiki[27]).

170) Dans un mémoire publié dans le Bulletin de la Société de statistique des sciences naturelles et des arts industriels du département de l'Isère (3) 5 (1876), p. 321/408; Sur le mouvement des projectiles oblongs dans le cas du tir de plein fouet, Paris 1875.

une approximation toujours suffisante, les équations du mouvement, au moyen d'un choix différent d'inconnues et de variables, choix qui a depuis été adopté sauf de légêres modifications dans la plupart des mémoires traitant de la question.

En 1882, *N. V. Maievskij* reprit la question en appliquant la méthode de *M. de Sparre* et en introduisant des fonctions de la vitesse u analogues à celles de *F. Siacci*.

Ces formules supposent que l'angle de l'axe du projectile avec la trajectoire reste très petit et que la vitesse initiale est considérable. En désignant alors par $M(u)$ et $B(u)$ deux fonctions analogues aux fonctions $J(u)$ et $A(u)$ déjà employées, la formule de la dérivation est la suivante:

$$z = HVc'x\left\{\frac{B(u) - B(V)}{\{D(u) - D(V)\}} - M(V)\right\} \sec^2\varphi. \tag{1}$$

Dans cette formule

$$H = \frac{1}{400}\mu^2\psi \operatorname{tg}\eta,$$

où

μ est le rayon de giration du projectile autour de son axe de figure, exprimé en demi-calibre;

ψ est un facteur spécifique, dépendant à la fois de la longueur L du projectile en calibres et de l'exposant moyen n qu'il faudrait admettre pour la vitesse si l'on mettait la résistance de l'air sous une forme bv^n dans la trajectoire considérée (voir p. 3).

(On peut admettre $n = \frac{3}{2}$ si v reste supérieur à 400 mètres, $n = 2$ si v inférieur à 500 mètres est supérieur à 400 mètres, $n = 3$ si v s'abaisse au-dessous: cette évaluation est suffisante dans le problème actuel).

η est l'inclinaison finale des rayures.

Les fonctions M et B sont définies par les relations

$$M(u) = -\int_{u_0}^{u}\frac{du}{u^4 K(u)},$$

$$B(u) = -\int_{u_0}^{u} M(u)\,\frac{uK(u)}{du}.$$

P. Laurent[171]) a calculé une table de la *fonction secondaire de dérivation*, qu'il désigne par $\Delta(\alpha)$ et qui facilite les applications numériques, car l'équation (1) se transforme en

$$z = Ac'^2\Delta(\alpha)\sec^3\varphi,$$

171) Revue d'artillerie 48 (1896), p. 465/9.

A étant une constante qu'il sera prudent de demander à un tir d'expérience et $\Delta(\alpha)$ représentant l'expression

$$\Delta(\alpha) = 2\pi g V[B(u) - B(V) - \alpha M(V)]; \quad \text{ici} \quad \alpha = \frac{x}{c}.$$

Dans sa Balistique Extérieure, *N. Zabudskij*[172]) a traité du mouvement de l'axe de figure en tenant compte de l'abaissement de la tangente, et en admettant que le moment du couple de renversement est proportionnel à la résistance de l'air et à l'angle que fait l'axe du projectile avec la tangente à la trajectoire du centre de gravité. Il conserve les variables angulaires introduites par *M. de Sparre*, mais prend d'autre part pour variable auxiliaire une vitesse q définie par la relation

$$dq = \frac{v f(v)}{C g \cos\theta} d\theta.$$

Dans le cas du tir tendu, cette vitesse q se confond avec la vitesse $u = \sigma v_1$ employée par *M. de Sparre* par application du procédé de *I. Didion* [n° **13**], et l'on retombe par suite sur les méthodes précédentes. Mais dans le cas où l'angle de tir devient considérable, et sous la réserve que l'angle que fait l'axe du projectile avec la tangente à la trajectoire du centre de gravité ne dépasse pas 20^0, l'auteur fait un pas en avant, et, partageant la trajectoire en arcs de 5^0 d'amplitude, en appliquant toujours l'artifice de *I. Didion*, il arrive à calculer théoriquement la dérivation dans un cas plus général.

Dans tous les travaux ci-dessus énumérés, l'action perturbatrice de l'air était déduite de l'effort total exercé par la résistance atmosphérique opposée à la translation. Il y avait là une cause d'erreur. Aussi *M. de Sparre*[173]) est-il revenu sur cette question dans cinq mémoires différents. D'abord pour tenir compte du fait que la résistance de l'air n'est pas uniquement due à la pression dynamique sur la partie antérieure du projectile, mais qu'une partie très importante de cette résistance est, ainsi que l'a fait remarquer *E. Vallier*[174]), due au vide plus ou moins complet qui se produit à l'arrière du projectile. Cette manière de voir a été justifiée récemment par les expériences de *A. G. Eiffel* qui ont montré que pour une plaque rectangulaire de 85 centimètres de long sur 15 centimètres de large la pression moyenne à l'avant n'est que le cinquième de la pression totale. Or

172) Vněšnïa balistika¹) 1, p. 334.

173) Ann. Soc. scient. Bruxelles 15^2 (1890/1), p. 55/199; Mémorial de l'artillerie de la marine 22 (1894); 24 (1896); Archiv math., astron. och fysik (Stockholm) 1 (1904/5), p. 281/316; Sur le mouvement des projectiles oblongs autour de leur centre de gravité, Paris 1911.

174) Revue d'artillerie 29 (1886/7), p. 24.

la force résultant du vide à l'arrière a, tout au moins tant que l'angle de l'axe avec la tangente est faible, une direction qui coïncide avec l'axe du projectile; elle n'intervient donc pas dans le mouvement du projectile autour de son centre de gravité. Dans ce mouvement ce n'est donc pas la résistance totale de l'air qu'il faut faire intervenir mais seulement la pression dynamique sur l'avant du projectile qui en est une fraction plus ou moins considérable. Il a ensuite étudié les conditions de stabilité du projectile et enfin examiné quelle pourrait être l'influence du couple provenant de la force due au principe de *G. Magnus*. Si en effet cette force existe, comme elle ne passera généralement pas par le centre de gravité, elle donnera naissance à un couple dans le mouvement autour de ce point.

M. de Sparre[173]) a montré que l'existence de ce couple permet d'expliquer certains résultats obtenus par *F. A. Journée* en tirant, avec une grande vitesse initiale, des balles de petit calibre à travers des cibles en papier, à diverses distances.*

Il a également examiné l'influence, sur le mouvement du projectile autour de son centre de gravité, de faibles irrégularités soit du projectile lui-même, soit de ses conditions de départ.

Malgré toutes ces recherches, on est encore réduit, dans la pratique, à s'en rapporter à l'expérience.

Déviations accidentelles des projectiles.

26. Déviations accidentelles. Si l'on tire avec le même canon ou le même fusil, avec les mêmes munitions, vers le même but, dans les mêmes circonstances extérieures apparentes, les trajectoires successives ne sont pas cependant identiques. Elles forment une «gerbe» dont le diamètre croît lorsqu'on s'approche du but.

Ces déviations, dont l'ensemble constitue la dispersion des projectiles, ont pour causes les petites variations, impossibles à constater, de l'angle initial φ, de la vitesse initiale V et de la résistance de l'air.

Par exemple les variations de l'angle initial, les autres conditions restant les mêmes, résultent d'erreurs de visée et de direction, et de petites variations dans la vibration et la stabilité du canon, ainsi que dans les pressions latérales exercées sur le projectile par les gaz de la poudre à leur sortie du canon.

Cette dispersion des projectiles s'étudie à l'aide du calcul des probabilités, pour apprécier les chances d'atteindre le but.

Des données numériques sur la dispersion sont généralement insérées dans les tables de tir. Dans la table suivante, très restreinte, on donne à titre d'exemples la hauteur du but, ou sa longueur, ou sa largeur nécessaire pour recevoir 100% ou 50% des coups, ces coups étant tirés avec le fusil d'infanterie sur une cible verticale rectangulaire, et avec le canon de campagne sur le sol horizontal. Pour le fusil, on suppose que le but est suffisamment étendu en profondeur pour qu'il ne puisse pas y avoir de coups manqués dans cette direction, et de plus que le point moyen se trouve au centre de la cible. Les chiffres relatifs au canon de campagne donnent le double écart probable, ou la zone contenant 50% des coups.

Fusil d'infanterie allemand M. 88 Zone de dispersion			Canon lourd de campagne allemand C. 73 50% de coups percutants exigent:			Remarque
Portée	totale en hauteur	totale en largeur	Portée	Largeur du But	Longueur du But.	
50^{m}	6^{cm}	4^{cm}	1000^{m}	0,8^{m}	20^{m}	Dans le cas du fusil, on calcule dans certains pays la zone de 100%, dans d'autres la zone de 50%. Ici il faut faire une distinction entre l'écart propre au fusil et l'écart moyen personnel à un tireur ordinaire. Ces deux écarts se composent suivant les règles connues.
100	11	10	2000	1,8	23	
200	25	20	3000	3,3	27	
400	70	42	4000	5,4	32	
600	130	64	5000	8,0	40	
800	206	112	6000	11,2	52	
1000	289	160	6500	43,0	60	

D'après des expériences de tir françaises, voici le nombre probable de coups au but, sur 100 coups tirés, avec le fusil d'infanterie M. 86—93.

Distance en M.	Sur un fantassin couché	Sur un fantassin à genou	Sur un fantassin debout	Sur un cavalier
200	17	24	24	39
400	4	6	7	14
600	1 ou 2	2 ou 3	2 ou 3	6

Du reste en ce qui concerne la théorie de la dispersion nous nous contentons de signaler quels sont les problèmes considérés en balistique et soumis au calcul avec leur bibliographie:

a) Calcul du centre des moyennes distances des points d'impact et de la dérivation probable de celui-ci au moyen d'un plus ou moins grand nombre de séries d'observations; exactitude de sa détermination; position des axes du groupement[175]).

175) *S. D. Poisson,* Mémorial de l'artillerie de la marine 3 (1830), p. 141; *I. Didion,* Calcul des probabilités appliqué au tir des projectiles, Paris 1858;

b) Chances d'atteindre une surface déterminée, cercle, rectangle, etc, dans le cas où le point moyen se trouve à l'intérieur ou à l'extérieur de la surface.

c) Dispersion en longueur ou en hauteur dans le coup de schrapnel[176]).

d) Recherche de toute cause d'écart qui croît ou diminue pendant le tir[177]).

e) Distinguer si un résultat déterminé doit être considéré comme à rejeter ou non, c'est-à-dire comme devant faire partie ou non de la série d'expériences[178]).

f) Tirs contre des buts échappant à l'observation et contre des buts mobiles, tirs des canons de côte et des canons de bord[179]).

J. Éc. polyt. (1) cah. 27 (1839), p. 51; *F. Hélie*, Balistique expérimentale [1]), (2e éd.) 2, p. 95; *N. von Wuich*, Äussere Ballistik [14]), p. 481; *A. von Minarelli-Fitzgerald*, Moderne Schiesswesen [16]), p. 65; *N. Zabudskij*, Teoria věroïatnostej i primjěnenïa eïa k strělïbě i pristrělkě (Théorie de la probabilité que l'on a d'atteindre le but), St Pétersbourg 1898, p. 1/317 (cet ouvrage donne de grands détails); *K. Endres*, Archiv für die Artillerie- und Ingenieuroffiziere des deutschen Reichsheeres 90 (1883), p. 113; *Giletta*, Rivista di artiglieria e genio 1884, p. 218; *E. Vallier*, Revue d'artillerie 9 (1876/7), p. 201; *A. Percin*, id. 20 (1882), p. 5. En ce qui concerne en particulier la position occupée par l'axe du fusil, voir: *F. Siacci*, Revue d'artillerie 22 (1883), p. 521; 24 (1884), p. 445 (ce dernier article contient des renseignements bibliographiques) avec une remarque de *Ch. M. Schols*; *H. Putz*, Revue d'artillerie 24 (1884), p. 5, 105; 32 (1888), p. 213, 313; *B. Schöffler*, Mitteilungen über Gegenstände des Artillerie und Geniewesens (Vienne) 1901, p. 823; 1902, p. 97, 366.

176) *H. Rohne*, Studie über den Schrapnellschuss der Feldartillerie, Berlin 1894; Schiesslehre für die Feldartillerie, Berlin 1895; Archiv für die Artillerie- und Ingenieuroffiziere des deutschen Reichsheeres 102 (1895), p. 257; *H. Resal*, J. math. pures appl. (3) 1 (1875), p. 121; *Anonyme*, Archiv für die Artillerie- und Ingenieuroffiziere des deutschen Reichsheeres 92 (1885), p. 417; *F. Silvestre*, Revue d'artillerie 18 (1881), p. 409; 19 (1881/2), p. 41; *N. von Wuich*, Fünfzehn gemeinverständliche Vorträge über die Wirkungsfähigkeit der Geschosse, Vienne 1891; Mitteilungen über Gegenstände des Artillerie- und Geniewesens (Vienne) 1892, p. 235; 1895, p. 1; 1897, p. 511; *E. Lombard*, Revue d'artillerie 36 (1890), p. 328, 411; *G. R. Lardillon*, id. 46 (1895), p. 365.

177) *E. Vallier*, Balistique expér. [42]), p. 166.

R. von Eberhard [dans *N. Zabudskij*, Wahrscheinlichkeitsrechnung, Stuttgard 1906, no 79 (ouvrage traduit du russe)] donne une démontration générale qui lui est due.

178) *E. Vallier*, Balistique expér. [42]) p. 160; Revue d'artillerie 9 (1876/7), p. 222. Voir aussi l'article I 22, **15**.

179) *E. Vallier*, Revue d'artillerie 30 (1887), p. 106; *V. Gandolfi*, Rivista di artiglieria e genio 1896 IV, p. 231; Mitteilungen über Gegenstände des Artillerie und Geniewesens (Vienne) 1897, p. 645; *E. Strnad*, id. p. 763; *Indra*, id. p. 163, 291; *A. Ludwig* id. 1901, p. 91, 189; *A. Calichiopulo*, Rivista di artiglieria e genio

g) Théorie de la destruction de l'artillerie à coups de canon par le procédé de réglage à la fourchette[180]).

i) Théorie du tir collectif dans l'infanterie[181]).

Effets des projectiles.

„Les effets des projectiles au but dépendent essentiellement de leur énergie et par suite ne sauraient être omis dans un ouvrage de Balistique.

Ils peuvent être divisés en deux séries: 1°) effets contre les obstacles; 2°) effets contre les êtres animés. Nous allons les passer en revue successivement et terminer par quelques indications sur les effets de perforation."

27. Pénétration du projectile dans un milieu résistant[182]). La résistance de la substance dans laquelle le projectile pénètre et que nous supposerons tout d'abord malléable et par conséquent non

---

1893 I, p. 245, 411; *Dragas,* Streffleur's österreichische Militärzeitschrift (Vienne) 1890, p. 184.

180) *H. Rohne,* Archiv für die Artillerie- und Ingenieuroffiziere des deutschen Reichsheeres 100 (1893), p. 385, 481; 102 (1895), p. 64, 257; 104 (1897), p. 172; Kriegstechnische Zeitschrift 1 (1898), p. 209, 399; 2 (1899), p. 115; *Callenberg,* Über die Grundlagen des Schrapnellschiessens bei der Feldartillerie, Berlin 1898; Kriegstechnische Zeitschrift 2 (1899), p. 27, 93; *Preiss,* id. 3 (1900), p. 81; *E. Strnad* Mitteilungen über Gegenstände des Artillerie- und Geniewesens (Vienne) 1898, p. 825; *B. Schöffler,* id. 1902, p. 97 (voir déjà id. 1900, p. 429; 1901, p. 823). La théorie du réglage a été développée d'une façon particulièrement détaillée par *N. Zabudskij*[177]), trad. *R. von Eberhard,* p. 270/374.

181) *H. Rohne,* Kriegstechnische Zeitschrift 4 (1901), p. 119; *A. von Minarelli-Fitzgerald,* Moderne Schiesswesen[16]), p. 82; *Parst,* Kriegstechnische Zeitschrift 4 (1901), p. 330; *Krause,* Die Gestaltung der Geschossgarbe beim gefechtsmässigen Schiessen, Berlin 1904 (d'après les expériences de la commission d'expériences de tir allemande); *Fr. von Zedlitz,* Kriegstechnische Zeitschrift 6 (1903), p. 129.

182) Cf. *I. Didion,* Balistique[78]), (1re éd.) p. 228; *F. Siacci,* Balistique extérieure[26]), p. 142; *N. Persy,* Cours de balistique 1, Metz 1827; *H. Resal,* C. R. Acad. sc. Paris 120 (1895), p. 397; *H. C. Schumm,* Journal of the United States artillery 4 (1895), p. 620; *M. de Brettes,* C. R. Acad. sc. Paris 75 (1872), p. 1702; 76 (1873), p. 278; *G. Kaiser,* Mitteilungen über Gegenstände des Artillerie und Geniewesens (Vienne) 1885, p. 171; *C. Parodi,* Rivista di artiglieria e genio 1887 I, p. 42; *E. Jouffret,* Les projectiles, Fontainebleau 1881, p. 142; *G. Ronca,* La Corrispondenza (Livourne) 1 (1900), p. 16 et suiv.; *E. V.* id. 1 (1900), p. 200.

En ce qui concerne l'incidence oblique du projectile et l'influence de la rotation voir *N. V. Maievskij,* Revue technologique militaire 5 (1865/6); 6 (1867); *E. Vallier,* Balistique expér.[42]), p. 220; C. R. Acad. sc. Paris 120 (1895), p. 136; *W. Heydenreich,* Schuss und Schusstafeln[44]) 1, p. 8.

cassante (terre, bois, etc.) provient de ce que d'abord les forces de cohésion sont surmontées, en second lieu de ce que les molécules de la substance reçoivent, de la part du projectile une plus ou moins grande quantité de force vive, enfin de ce qu'il y a production de chaleur.

L. Euler[183]), *J. V. Poncelet*[184]) et plus récemment *H. Resal*[185]) ont donné à ce sujet des développements mathématiques qui cependant ne s'accordent pas toujours avec les résultats de l'expérience, du moins dans les nouvelles armes à feu, si bien qu'ils peuvent être laissés de côté ici.

Par exemple la forme du trou produit par le projectile dans le milieu attaqué est, dans beaucoup de cas, essentiellement différente de celle que donne le calcul. De plus un projectile moderne pénètre à une profondeur maxima, dans la terre, le sable, etc., à une distance

A la distance de	Profondeur de pénétration de la balle			
	Sable	Terre arable	Bois de sapin	Bois de chêne
10^{m}	11^{cm}	25^{cm}	90^{cm}	20^{cm}
40	18	39	82	19
100	32	62	70	18
200	45	75	60	18
300	46	77	56	17
400	44	73	53	16
500	40	67	50	15
600	38	63	49	15

En ce qui concerne la *théorie* de ce sujet, voir surtout *N. von Wuich,* Mitteilungen über Gegenstände des Artillerie und Geniewesens (Vienne) 1893, p. 1, 161; *H. Putz,* Revue d'artillerie 34 (1889), p. 138, 193; *N. Zabudskij*, Vněšnĭa balistika [1]) 1, p. 394/420.

On employait autrefois le tir à ricochet; voir à ce sujet *N. Persy,* Cours de balistique 1, Metz 1827; 2, Metz 1831; 3, Metz 1833; *J. von Radowitz,* Archiv für die Artillerie- und Ingenieuroffiziere des deutschen Reichsheeres 1 (1835), p. 41; *Anonyme*, id. 5 (1837), p. 243; 17 (1845), p. 181; 24 (1849), p. 185; 28 (1850), p. 153, 208; *J. L. Lombard,* Théorie du tir à ricochet, Bruxelles 1851; *J. Ph. E. de Fauque de Jonquières,* C. R. Acad. sc. Paris 97 (1883), p. 1278; *J. C. F. Otto,* Mathematische Theorie des Ricochetschusses, Berlin 1833; trad. par *F. X. J. Rieffel*, Théorie mathématique du tir à ricochet, Paris 1845.

Renseignements bibliographiques: Archiv für die Artillerie- und Ingenieuroffiziere des deutschen Reichsheeres 28 (1850), p. 153; *C. Ramsauer,* Über den Ricochetschuss, Diss. Kiel 1903.

183) *B. Robins,* New principles of gunnery, Londres 1742; Neue Grundsätze der Artillerie, trad. par *L. Euler*, Berlin 1745, p. 503 et suiv.; trad. par *J. L. Lombard,* Nouveaux principes d'artillerie, commentés par *L. Euler*, Paris 1773, p. 365 et suiv.

184) Introd. mécan. industr.[1]), p. 619 et suiv.

185) C. R. Acad. sc. Paris 120 (1895), p. 397.

assez grande de la bouche du canon (200 à 400^m) (peut-être à cause du choc des projectiles dans le cas de trop grandes vitesses) comme le montre le tableau ci-dessus relatif au fusil d'infanterie francais[186]).

*Mais il existe, à défaut de théorie, une série de relations empiriques qu'il est utile de connaître et que l'on va rappeler ici.

1°) *Terres, bois et maçonneries.* La pénétration s est donnée par la relation

$$s = KC \lg \left\{1 + \frac{1}{2}\frac{V'^2}{10^4}\right\},$$

C étant le coefficient balistique, V' la vitesse d'arrivée, K un coefficient dépendant de la nature de l'obstacle.

2°) *Effets d'éclatement*[187]). Lorsque les projectiles sont chargés d'explosif, à l'action de leur force vive s'ajoute l'effet de l'explosif: on évalue le résultat comme il suit:

Volume w de l'entonnoir produit dans les terres (en mètres cubes)

$w = 0{,}503\, m\lambda\varpi$ ou $0{,}816\, m\lambda\varpi$ selon que V' est $\lesseqgtr 300^m$

m coefficient spécial à la nature du terrain, variant de 0,3 à 1,2

λ „ „ „ „ de l'explosif, variant de 1 à 2.

ϖ poids de l'explosif en kilogrammes.

Lorsque les points de chute sont trop voisins, les terres soulevées par une explosion peuvent retomber en partie dans les entonnoirs déjà produits.

J. de la Llave évalue le volume total dans ce cas, au bout de n coups, par

$$W = nw\left\{0{,}155 + \frac{0{,}849}{10^{n:400}}\right\}.$$

Maçonneries. $W = 0{,}194 s\lambda\varpi$, les notations étant les mêmes que précédemment et s calculé pour la composante normale de la vitesse réelle d'arrivée.*

28. Effets contre les êtres animés. Dans l'emploi de la balle d'infanterie moderne contre des corps plus ou moins malléables, on observe des effets d'explosion ou d'épanouissement[188]) dont on attend

186) Voir les instructions françaises de tir, table IV. Cf. *A. von Minarelli-Fitzgerald,* Moderne Schiesswesen[16]), p. 143; *R. Wille,* Waffenlehre, (2e éd.) Berlin 1900, p. 173; voir déjà *J. de la Llave,* Balistica abreviada, (1re éd.) Madrid 1884; (2e éd.) Madrid 1894.

187) *E. Vallier,* Balistique expér.[42]), p. 199; *N. Zabudskij,* Vněšnïa balistika[1]) 1, p. 416; *J. de la Llave,* Balistica abreviada[186]), (2e éd.) p. 110.

188) Voir à ce sujet *A. von Obermayer,* Mitteilungen über Gegenstände des Artillerie- und Geniewesens (Vienne) 1898, p. 361; Medizinalabteilung des preussischen Kriegsministeriums, Über die Wirkung und kriegschirurgische Bedeutung der neuen Handfeuerwaffen, Berlin 1894 (avec bibliographie); *E. Rinck,* Revue

encore une théorie satisfaisante. On n'est même pas en meesure de prévoir rationnellement, dans un cas concret, l'intensité des dits effets: on ne possède que quelques indications expérimentales sur l'énergie nécessaire à un projectile pour mettre hors de combat un homme ou un cheval: par exemple 4 kilogrammètres pour le premier, 19 pour le second, ou encore d'après *A. Bassani* 0,1 kilogrammètre par millimètre carré de section droite. L'élévation de température de la balle à l'intérieur d'un but animé ne semble pas susceptible d'amener la fusion (à 90° ou 95°) même sous l'effort de résistance des os les plus gros.

En ce qui concerne les projectiles de l'Artillerie, ils agissent soit par leurs éclats soit par les balles qu'ils renferment. D'après *H. Rohne*[189]), la force vive de la balle serait seule à considérer et d'une manière générale, il suffirait d'une énergie de 8 kilogrammètres pour mettre un homme hors de combat. Il résulterait, dit *F. G. Nimier*, d'expériences de tir que la balle de plomb du schrapnel de campagne allemand, balle sphérique du poids de 13^{gr} et du calibre de 13^{mm} met un homme hors de combat lorsqu'elle est animée d'une vitesse de 110^{m}. D'autre part il a été expérimentalement établi qu'une levée de terre de très faible épaisseur arrête les projectiles secondaires: un fantassin assis dans une tranchée abri et dont la tête ne dépasse pas le plan de défilement est peu menacé par un tir fusant. Autrement à défaut d'autre abri le havresac garantit presque complètement l'homme couché sur le sol, surtout si le terrain est incliné dans le sens de la trajectoire du canon ennemi. Le havresac frappé normalement du côté du dos résiste à peu près dans toutes ses parties sauf aux angles lorsque la force vive de la balle est inférieure à 60 kilogrammètres, ce qui correspond pour une balle de:

15 grammes à une vitesse au choc de 260 mètres
13 „ „ „ 301 „
11 „ „ „ 327 „

Il est donc intéressant de se rendre compte au point de vue balistique des conditions dans lesquelles fonctionnent les projectiles

d'artillerie 25 (1884/5), p. 550; *A. von Minarelli-Fitzgerald,* Moderne Schiesswesen[16]), p. 141; *C. Cranz* et *K. R. Koch,* Ann. der Physik 3 (1900), p. 247.

D'après des expériences faites en France il faudrait un travail de 4 kilogrammètres pour mettre un homme hors de combat et de 19 kilogrammètres pour un cheval; voir à ce sujet *R. Wille* [Waffenlehre, (1re éd.) Berlin 1896, p. 279] et *A. von Minarelli-Fitzgerald* [Moderne Schiesswesen[16]), p. 145.

189) Neue Studie über den Schrapnellschuss, Berlin 1911.

après leur éclatement. En vertu d'un theorème connu, tous les éclats ou balles forment une gerbe dont le centre de gravité continue à décrire sensiblement la même trajectoire que l'obus entier.

Les balles se meuvent toutes à l'intérieur d'un cône dont l'axe est le dernier élément de la trajectoire et dont l'ouverture se calcule comme il va être dit.

La vitesse des balles est la résultante de trois vitesses:

1⁰) la vitesse restante V' du projectile au moment de l'explosion;

2⁰) la vitesse de rotation u du même projectile;

3⁰) la vitesse w due à l'action de la charge intérieure, laquelle est surtout normale à l'axe dans le cas de schrapnel à charge centrale, et parallèle au contraire dans le cas d'obus à charge arrière ou à diaphragme.

D'après cela, dans un obus à charge centrale, la vitesse dans le sens de la trajectoire est V', la vitesse normale est $\sqrt{u^2+w^2}$; dans un obus à diaphragme, la première est $V'+w$, la deuxième est u.

Enfin, dans l'un et l'autre cas, la vitesse u est reliée aux vitesses V et V' et à l'angle η de la rayure par la relation due à *Andrew Noble*

$$u=\frac{V+V'}{1{,}8}\operatorname{tg}\eta.$$

Par suite, en appelant β l'angle d'ouverture du cône, on écrira

1⁰) pour les obus à charge centrale,

$$\operatorname{tg}\frac{1}{2}\beta=\frac{\sqrt{u^2+w^2}}{V'};$$

2⁰) pour les obus à diaphragme,

$$\operatorname{tg}\frac{1}{2}\beta=\frac{u}{V'+w}.$$

H. Rohne indique la formule générale

$$\operatorname{tg}\frac{1}{2}\beta=\frac{a}{V'+b},$$

a et b étant deux constantes à déterminer par l'expérience.

Calcul de w. *J. de la Llave*[190]) a donné pour calculer w les deux formules empiriques suivantes:

Soient:

ϖ, le poids de la charge en kilogrammes;

p, le poids total du projectile en kilogrammes;

p_1, le poids d'une balle en grammes;

p_2, le poids total des balles en kilogrammes.

---

190) Balistica abreviada[186]).

On a:

1⁰) pour les obus à charge centrale

$$w = 3000\,\varpi^{0,6} p_2 : p p_1^{0,4}.$$

2⁰) pour les obus à diaphragme

$$w = 620\,\varpi^{0,6} : p_2^{0,4}.^*$$

29. Perforation. Relativement à l'épaisseur des plaques de blindage que traverse un projectile donné animé d'une vitesse donnée on a déjà établi de nombreuses formules empiriques[191]) qui sembleut s'accorder plus ou moins avec les résultats de l'expérience (*G. Ronca* compte 36 de ces formules et en ajoute lui-même une nouvelle). L'introduction de nouvelles substances et de nouvelles constructions, (plaques de nickel durcies[192]) à la place des plaques de fer forgé, etc, a pourtant mis au jour des relations essentiellement différentes qui se rattachent provisoirement à chaque formule mathématique. Par exemple, les projectiles en acier pénètrent à peine ou ne pénètrent pas du tout dans les nouvelles plaques blindées, quand ils ne sont pas revêtus d'une coiffe de fer forgé, d'acier trempé, par exemple.

*Sous le bénéfice des observations qui précèdent nous donnons ci-dessous les relations les plus couramment employées.

Soient a le calibre en décimètres et p le poids du projectile en kilogrammes, et soit e l'épaisseur de la plaque en décimètres; on aura pour les plaques en acier doux

$$p v^2 = [6{,}3694]\, a^{1,5} e^{1,4} \text{ (expériences de Gâvre).}$$

Pour les plaques en acier harveyé, cette énergie pv^2 doit être multipliée par un facteur λ variant entre 1,50 et 1,75.

Pour les plaques cémentées, *F. Krupp* admet la relation

$$p v^2 = 5800000\, a e^2.$$

Ces formules s'appliquent au cas habituel d'attaque des plaques par les projectiles en acier-nickel. Il conviendrait de les affecter d'un coefficient dans le cas de projectiles à coiffe ou autres: de même, lorsque l'incidence n'est pas normale il faut remplacer v par $v \sec \theta$

---

191) Cf. *G. Ronca,* La corrispondenza (Livourne) 1 (1900), p. 16; *E. Vallier,* Revue d'artillerie 45 (1894/5), p. 312; *G. Kaiser,* Mitteilungen über Gegenstände des Artillerie und Geniewesens (Vienne) 1885, p. 171 des notices (avec renseignements bibliographiques); Konstruktion der gezogenen Geschützrohre, (1re éd.) Vienne 1892; (2e éd.) Vienne 1900, p. 17.

192) Les renseignements les plus récents à ce sujet sont contenus dans *R. Wille,* Waffenlehre[186]), (2e éd.) p. 353, 857 et dans une brochure de *F. Krupp,* [Düsseldorfer Ausstellung 1902, Panzer] distribuée à la dernière exposition de Düsseldorf.

(*Gâvre*) ou v sec $\frac{3}{2}\theta$ (*Louël*), θ étant l'angle d'incidence avec la normale à la plaque.*

Effet probable d'un projectile sur un but donné. A l'aide de toutes les formules des n^{os} **27** à **29** on calcule l'effet probable d'un projectile sur un but donné, c'est-à-dire le produit de son effet par la probabilité qu'il a d'atteindre ce but.*

Tables de tir.

30. Généralités. *D'une manière générale, les tables de tir d'un canon sont l'ensemble des tables numériques renfermant toutes les données nécessaires à l'exécution des tirs avec ce canon, et propres à juger de leurs effets. Ces tables numériques sont parfois accompagnées de tableaux graphiques. Elles s'établissent soit par des formules d'ordre théorique s'appuyant autant que possible sur la balistique rationnelle, tout au moins en ce qui concerne les principaux éléments, angles de projection et de chute, vitesses et temps, et pour la détermination des autres quantités sur les relations empiriques établies expérimentalement, soit par la multiplicité des épreuves et leur compensation plus ou moins satisfaisante. On insistera plus particulièrement ici sur la méthode rationnelle. Notons toutefois que l'examen des tables obtenues par la deuxième marche, surtout de celles établies jadis à défaut de toute théorie, et pouvant être envisagées comme de simples constatations expérimentales, peut quelquefois fournir de précieuses indications.

Dans toutes les tables de tir, l'argument, c'est-à-dire l'élément qui varie en nombres ronds, est la portée.

Les tables de tir des armes portatives et des bouches à feu de campagne ont généralement été établies par le deuxième procédé, en utilisant la multiplicité des essais à faire pour l'établissement du matériel dans tous ses détails Les tables des bouches à feu lourdes de siège et de place, et surtout de côte et de bord, ont dû, vu le prix élevé des tirs d'expérience, être établies de préférence par la méthode rationnelle.*

Ainsi, en ce moment, pour le tir tendu, on emploie en première ligne le procédé de *F. Siacci*, *W. C. Hojel* et *S. Braccialini*, en partie modifié par *E. Vallier*[193]); on le retrouve aussi en particulier pour l'établissement des tables de tir du fusil, par exemple dans les tables de *von Burgsdorff* et de *von Recklinghausen*[194]).

---

193) *Balistique extérieure, avec des tables calculées jusqu'à $V = 1200^m$ [Encyclopédie scientifique des Aide-mémoire], Paris 1895.*

Pour le tir courbe, on utilise, outre les tables déjà mentionnées de *J. M. Ingalls*, de *J. C. F. Otto* et de *F. Chapel*, les tables très étendues de *N. Zabudskij* et de *F. Bashforth*.

Pour le tir sous des angles de projection très considérables de 60° à 90°, *M. de Sparre*[195]) et *C. Cranz* ont donné des formules spéciales.

*A côté de la méthode rationnelle que l'on vient d'indiquer, il convient de revenir sur les méthodes semi-empiriques auxquelles il a été fait allusion plus haut, tant parce que leur connaissance est nécessaire pour l'étude des tables ainsi établies que parce qu'elles permettent de se représenter approximativement la trajectoire et de solutionner certains problèmes par les seules ressources de l'algèbre et sans nécessiter le recours à des tables de fonctions que l'on peut ne pas avoir sous la main.

La plus connue de ces méthodes est l'emploi de la formule dite *formule de Gâvre* ou *formule de Piton-Bressant*, où la trajectoire est représentée par l'équation du troisième degré déjà mentionnée au n° **13**

$$y = x \operatorname{tg} \varphi - \frac{g x^2}{2 \cos^2 \varphi}\left(\frac{1}{V^2} + Kx\right).$$

Si l'on admet cette représentation, le calcul permet d'en déduire des expressions de tous les autres éléments à l'aide des fonctions modificatrices du facteur $\xi = KV^2X$ dont des tables numériques ont été calculées.

La valeur du paramètre K était fournie par des tirs d'expérience, et compensé s'il y avait lieu.

Lorsque les vitesses initiales étaient voisines de 500 mètres, cette méthode donnait des résultats satisfaisants parce que la loi de résistance de l'air diffère peu numériquement de celle qui justifierait les dites formules. Mais aux grandes vitesses actuelles on ne peut les employer qu'avec des paramètres de correction obtenus soit par des calculs fort laborieux soit par la multiplication onéreuse des expériences.*

Dérivation. Pour la dérivation, la théorie doit encore céder le pas à l'expérience.

On se contentera donc de donner ici seulement la formule empirique de *F. Hélie*[196]) qui est généralement employée dans la pratique pour le calcul de la dérivation finale Z du projectile au point de chute:

$$Z = A V^2 \sin^2 \varphi;$$

194) Des tables très détaillées des dites fonctions ont été publiées par *C. Felix*, Revista d'artillerei (Bucarest) 1899.

195) Mémorial de l'artillerie de la marine 23 (1895), p. 631; Ann. Soc. scientif. Bruxelles 25^2 (1900/1), p. 204/17.

196) Balistique expérimentale[1]), (2e éd.) 2, p. 94, 309.

A est une constante dépendant à peu près uniquement du canon; par exemple, pour l'obusier de tourelle allemand avec des schrapnels de 21 centimètres, on a $A = 0,0166$; pour le gros canon de campagne allemand C. 73 on a $A = 0,0030$.

Pour le canon français de 16 centimètres et une charge de 3,5 kilogrammes, un calibre de 0,1623 mètres, une longueur de 0,371 mètres et un poids de 30,4 kilogrammes pour le projectile, avec une vitesse initiale $V = 334$ mètres par seconde, *F. Hélie*[197]) donne les nombres suivants:

Angle de départ φ	Portée X en mètres	Dérivation en mètres	Nombre de coups
5° 24 18″	1806	7,2	70
10° 17′ 43″	3108	29,0	90
25° 12′ 0″	5688	182,0	80
35° 12′ 0″	6579	324,5	60

Lorsque l'angle du départ est *très*-grand, il semble d'après des observation de *A. Rutzki* que des dérivations à *gauche* aient parfois lieu, au lieu de dérivations à *droite*.

Quand on tire vers le zénith on ne peut parler de dérivation ni à droite, ni à gauche. De là résulte déjà que la formule citée de *F. Hélie* ne saurait avoir qu'une application *restreinte*.

Cette formule de *F. Hélie* n'est du reste plus guère employée en France aujourd'hui. On fait de préférence usage de l'une ou de l'autre des deux formules suivantes proposées par *P. Charbonnier*:

$$z = k_1(\varphi + \varphi')T \quad \text{ou} \quad z = k_2 T^2;$$

dans ces formules k_1 et k_2 désignent deux paramètres déterminés dans chaque cas par l'expérience.

On emploie aussi la formule due à *E. Muzeau*:

$$z = HX\delta \operatorname{tg} \varphi;$$

dans cette formule H est un paramètre expérimental; δ est une fonction algébrique du terme KV^2X qui figure dans la *formule de Piton-Bressant* citée plus haut; en écrivant pour abréger

$$\xi = KV^2X$$

on a

$$\delta = \frac{4}{15\xi(1+\xi)}\left[2\frac{(1+\xi^{7/2})-1}{\frac{21}{2}\xi} - 1\right].$$

197) Balistique expérim.[1]), (2ᵉ éd.) 2, p. 67, 88 (essais de tir effectués en 1860).

Des tables de la fonction δ, comme du reste de toutes les fonctions auxiliaires de la *formule de Gâvre*, ont été calculées pour les applications numériques.

Enfin, on fait aussi utilement usage des formules de *N. V. Maievskij* et des tables de *P. Laurent* [cf. n° **25**].*

En ce qui concerne les balles de fusil, la mesure de leur dérivation est difficile et l'on ne dispose que de peu d'observations à leur sujet. On estime qu'avec le fusil allemand modèle 1888 la dérivation est d'environ 1 mètre pour une portée de 1000 mètres.

31. Différents genres de tir. *Le genre de tir varie avec le but à atteindre. Suivant la courbure de la trajectoire on distingue le tir *de plein fouet* ou tir *direct* qui s'exécute avec la plus forte charge et par suite la plus grande vitesse initiale possible, et le tir *courbe*, qui comporte de grands angles de départ et des charges de poudre réduites.

Les qualités du tir de plein fouet sont une grande tension de la trajectoire, une vitesse restante horizontale considérable, enfin une grande précision. C'est essentiellement le tir des armes portatives et des canons longs. Dans la guerre de campagne et dans la lutte navale, son emploi est presque exclusif.*

Nous donnerons d'abord des exemples de ces divers genres de tables, en commençant par les tables de tir d'un fusil d'infanterie et celles d'un canon de campagne allemand.

Table de tir sommaire pour le fusil d'infanterie allemand M. 88

Calibre $2R = 7^{mm},9$.

Poids du projectile $P = 14^{gr},7$.

Vitesse initiale $V = 640 \frac{\text{mètre}}{\text{sec}}$.

Densité de l'air $\delta = 1{,}225$.

Angle de relèvement $= 3',4$ (différence entre l'angle de projection et l'angle d'inclinaison de l'axe de l'âme.

Portée X	Angle de départ φ	Angle de chute φ'	Zone dangereuse pour une hauteur de but de $1{,}70^m$	Vitesse du projectile v	Durée de trajet
100^m	$0^\circ\ 4',5$	$0^\circ\ 5'$	tout l'espace	$564\ \frac{m}{s}$	$0{,}17^{sec}$
200	$0^\circ\ 9',9$	$0^\circ\ 11',7$	″	495	0,36
300	$0^\circ\ 16',2$	$0^\circ\ 20',8$	″	437	0,57
1000	$1^\circ\ 42',5$	$3^\circ\ 0',5$	34^m	252	2,80
2000	$6^\circ\ 28',3$	$13^\circ\ 45'$	7	159	8,01

Ordonnées y de la trajectoire, en mètres.

Pour la portée X	pour une distance x (en mètres) de:										
	0	100	200	300	400	500	600	700	800	900	1000
500^m	0	0,83	1,34	1,47	1,07	0					
1000	0	2,85	5,39	7,54	9,16	10,12	10,27	9,48	7,64	4,48	0

Table sommaire pour le canon lourd de campagne C. 73.

Calibre $2R = 8^{cm},8$; poids P de l'obus complet et du schrapnel: $7^{kg},5$.

Vitesse initiale $V = 442 \frac{m}{sec}$; angle de relèvement $+\frac{6^0}{16}$.

Portée X	Angle d'élévation	Divisions de Dérive	Angle de chute φ'	Durée du trajet T	$\frac{1}{16}$ de degré déplace le point d'impact vers le haut de:	$\frac{1^0}{16}$ fait varier la portée de:	Vitesse restante	Zône dangereuse pour une hauteur de but de 1,70^m
100^m	0	30	$\frac{3}{16}^0$	0,2^s	0,1^m	25	424 $\frac{m}{sec}$	tout l'espace
200	0	30	$\frac{6}{16}$	0,5	0,2	42	407	"
1000	$1\frac{8}{16}$	31	$2\frac{5}{16}$	2,7	1,1	27	319	43^m
2000	$4\frac{4}{16}$	32	$6\frac{4}{16}$	6,2	2,2	20	268	16
3000	$7\frac{14}{16}$	34	12	10,3	3,2	15	233	9
4000	$12\frac{9}{16}$	37	$19\frac{12}{16}$	15,2	4,2	12	208	6
5000	$19\frac{2}{16}$	41	$30\frac{15}{16}$	21,4	4,8	8	190	3
6000	$28\frac{5}{16}$	49	$46\frac{2}{16}$	30,3	4,7	4	188	

Remarques. La donnée de l'angle de chute (dans l'artillerie), sert à évaluer l'effet sur un but abrité; la connaissance de la durée de trajet facilite l'observation du moment de l'arrivée de l'obus et sert pour l'étude des fusées.

La vitesse d'arrivée sert à la mesure de l'énergie du projectile au but; les indications: $\frac{1^0}{16}$ $\left(\text{c'est-à-dire variation de l'élévation de } \frac{1^0}{16}\right)$ déplace le point d'impact vers le haut de .... ou: fait varier la portée de ... servent aux corrections. Relativement à l'angle de relèvement voir plus loin, n° **35**. Toutes les données supposent que le but se trouve à la même hauteur que la bouche du canon ou du fusil. Les angles sont donnés, dans l'artillerie allemande, en $\frac{1}{16}$ de degré, parce que de cette façon on obtient une simplification dans les calculs (du fait que $\operatorname{tg} \frac{1^0}{16} = 0{,}001$ environ). Pour remédier à l'écart latéral résultant de la dérivation [voir n° **24** et suiv.], le milieu du curseur de hausse correspond à 30 au lieu de 0, afin d'éviter d'être obligé de distinguer le côté droit du côté gauche et le signe + du signe —.

On admet comme règle qu'un écart, au curseur de hausse, de une division de dérive déplace le point d'impact, latéralement, d'un milième de la portée. Ainsi pour 4000^m le déplacement latéral est de 28^m (si on suppose que 4000^m est la portée totale de la trajectoire) car

$$(37 - 30)\frac{4000}{1000} = 28.$$

Aux tables sont généralement adjointes aussi des données sur la probabilité d'atteindre le but et parfois aussi sur l'effet au but, comme on le verra plus loin.

En ce qui concerne le *calcul des tables de tir*, celles-ci s'obtiennent, de la façon suivante (abstraction faite de quelques procédés de moindre valeur employés en partie encore aujourd'hui).

On mesure pour une série de valeurs de l'angle de tir φ [cf. n° **35**] les valeurs moyennes correspondantes des portées X; puis on détermine séparément la vitesse du projectile dans le voisinage de la bouche du canon environ entre 0 et 50^m, ou V_{25}; on ramène par le calcul cette valeur à la bouche ce qui donne V. Enfin les éléments météorologiques servent à fixer la valeur de δ.

Si l'on fait par exemple dans l'équation (3) du système de Siacci [cf. n° **15**] $y = 0$, on obtient une relation entre les grandeurs données X, φ, V, u et C_1. De plus on a l'équation (1) entre X, V, u et C_1. De cette façon, C_1 et u sont déterminées par approximations successives (le calcul se fait beaucoup plus facilement avec les fonctions secondaires et les tables correspondantes, et c'est d'ailleurs la raison principale qui les a fait introduire). On procède ainsi pour chacune des portées X mesurées. Les valeurs ainsi obtenues pour C_1 donnent, puisque R, P et δ sont connus, la valeur de βi. Ces valeurs de βi sont ensuite représentées graphiquement comme fonctions de X. De cette façon, on peut calculer ensuite pour chaque portée X les éléments balistiques, savoir: de (2) on tire la durée de trajet t, de (3) les ordonnées x, de (4) l'inclinaison θ de la tangente à la trajectoire, et de $u \cos \varphi = v \cos \theta$, où maintenant u, φ et θ sont connus, on tire la vitesse restante v; ordinairement, on calcule les éléments seulement pour des portées de 200 en 200 ou de 500 en 500^m et on fait graphiquement pour les autres, une interpolation.

Comme vérification, on calculera dans l'artillerie, mais pas toujours forcément, quelques vitesses finales v, quelques durées t et angles de

198) *F. Hélie*, Balistique expérimentale[1]), (2e éd.) 2, p. 267 et suiv.; *E. Vallier*, Balistique expér.[42]), p. 186.

chute φ', et dans l'infanterie, au moyen de cibles intermédiaires établies jusqu'à environ $X = 600^m$, les ordonnées de la trajectoire à plusieurs distances de la bouche.

Du reste, il faut remarquer que si une table de tir d'infanterie contient encore les éléments balistiques pour 3000m et 4000m de portée, ces éléments ne sont en tous cas pas obtenus par des mesures exactes, mais fréquemment par des calculs d'extrapolation fort contestables.*

32. *Tables de tir d'artillerie navale. Donnons maintenant à titre de renseignement des exemples de tables de tir pour l'artillerie navale française, obtenues à Gâvre comme il vient d'être dit au n° 29.

On remarquera qu'ici le coefficient K est constant ce qui justifie les opérations de différentiation employées pour calculer les divers éléments: dans l'exemple qui suit, K varie avec X, et de là résulte une erreur théorique, mais négligeable en pratique pour les dits éléments.

Enfin dans les tables

Distance X	Inclinaison φ	Dérivation D	Écarts moyens en			Flèche de la trajectoire	Durée du trajet T	Vitesse restante	Angle de chute	Hausse	Correction pour vent de 8m	Dérive	Correction pour	
			portée	direction	hauteur								vent de 8m	vitesse de 10 nœuds
	degrés	mètres	mètres	mètres	mètres	mètres	sec.	mètres	degrés	millim.	millim.	millim.	millim.	millim.
500	0 35	0,03	14,8	0,4	0,2	1,3	1,1	460	0 38	6,2	—	0,1	—	—
1000	1 17	0,17	14,8	0,7	0,4	6,0	2,4	415	1 30	18,3	0,3	0,2	3,4	10,1
2000	2 57	0,91	15,0	1,5	1,0	30	5,1	341	3 50	47,7	1,0	0,5	4,8	10,1
3000	5 03	2,6	15,9	2,2	1,9	79	8,2	—	6 50	84,4	2,5	0,9	6,1	10,2
4000	7 56	5,9	18,2	2,9	3,5	163	11,6	—	10 40	129,1	4,3	1,5	7,5	10,3
6000	14 13	20,8	28,6	4,5	11,0	486	19,6	—	21 10	249,0	11,4	3,5	10,3	10,8
8000	24 07	57,0	46,3	6,4	33,1	1180	30,1	—	35 30	442,8	34,5	7,8	14,1	12,1
9400	37 42	127,0	62,0	8,6	79,0	2440	44,9	—	51 40	766,5	94,5	17,0	—	—

Canon de 10cm modèle 1875 M., et canon de 10cm modèle 1881.

Obus de 14kg. $V_0 = 510^m$. Angle de relèvement $+14'$. $10^{10} K = 7{,}074$.

$$T = 0{,}503 \sqrt{X \operatorname{tg} \varphi}.$$

Tables pour le tir à boulet ogival ou à obus de rupture.

Distance X	Inclinaison φ	Dérivation D	Écarts moyens en			Flèche de la trajectoire	Vitesse restante	Épaisseur de plaque traversée sous l'incidence de		Hausse	Dérive	Correction pour	
			portée	direction	hauteur			0°	30°			vent de 8^m	vitesse de 10^m
	degrés	mètres	mètres	mètres	mètres	mètres	mètres	millim.	millim.	millim.	millim.	millim.	millim.

Canon de 16cm *modèle* 1881 (*lourd*).

Projectile de 45kg; Vitesse initiale 600m; Angle de relèvement + 4′4″; $10^{10} K = 3{,}14 + 7{,}4 \frac{X}{10^4} - 5\left(\frac{X}{10^4}\right)^2$.

$D = 1800 \sin^2 \varphi$; $T = 0{,}500 \sqrt{X \operatorname{tg} \varphi}$.

Distance X	Inclinaison	Dérivation	portée	direction	hauteur	Flèche	Vitesse restante	0°	30°	Hausse	Dérive	vent de 8^m	vitesse de 10^m
0	—	—	—	—	—	—	600	248	198	—	—	—	—
500	0 21	0,09	14,1	0,45	0,11	0,9	554	219	175	9,1	0,3	—	—
1000	0 49	0,43	14,2	0,90	0,25	4,1	511	194	154	21,5	0,6	3,6	12,9
1500	1 22	1,1	14,2	1,35	0,42	10	472	171	135	35,8	1,1	—	—
2000	2 00	2,3	14,3	1,80	0,64	20	436	150	118	52,2	1,7	5,4	12,9

Probabilité du tir. — Pour cent de coups atteignant

Distance X	La muraille d'un cuirassé de 1er rang se présentant		Le pont d'un cuirassé de 1er rang se présentant		La muraille d'un cuirassé de 2ième rang se présentant		Le pont d'un cuirassé de 2ième rang se présentant		La muraille d'une canonnière se présentant		Le pont d'une canonnière se présentant		La muraille d'une embarcation se présentant		Le pont d'une embarcation se présentant	
	en travers	en long	en travers	en long	en travers	en long	en travers	en long	en travers	en long	en travers	en long	en travers	en long	en travers	en long

Canon de 27cm *modèle* 1870; *Charge de combat.*

Distance X	en travers	en long	en travers	en long	en travers	en long	en travers	en long	en travers	en long	en travers	en long	en travers	en long	en travers	en long
1000	100	100	50	100	100	100	38	100	100	100	25	93	60	60	10	35
2000	100	100	49	100	100	100	36	100	83	83	24	92	28	27	9	34
4000	84	84	39	100	68	68	30	99	31	31	19	81	8	5	8	17
6000	34	33	24	94	24	21	18	82	10	7	11	42	2	1	4	5
8000	12	10	15	59	9	5	11	41	4	2	7	15	1	—	1	2
10000	5	2	9	27	3	1	7	17	1	—	4	6	—	—	—	1

de tir figurent les probabilités d'atteindre à diverses distances la muraille ou le pont d'un batiment d'un type déterminé, le but se présentant en long ou en travers: ci-contre un spécimen de ces tableaux.*

33. Tir courbe. *Lorsque l'angle de tir dépasse 20°, le tir est dit *courbe*.

Il comprend:

1°) le tir *plongeant* que l'on emploie quand on cherche à obtenir un angle de chûte assez grand pour atteindre un objectif caché derrière une masse couvrante.

Les calculs balistiques pour ce genre de tir s'effectuent à l'aide des tables de *J. M. Ingalls*, de *J. C. F. Otto* et de *F. Chapel*, ainsi que celles très étendues de *N. Zabudskij* et de *F. Bashforth*.

Ces tables de tir, à charge constante, ont pour en tête chacune une charge ou une vitesse initiale.

2°) Lorsque l'angle de tir atteint ou dépasse 30°, le tir est dit *vertical*. Il s'emploie lorsque l'objectif est à peu près horizontal et doit être soumis à des efforts d'écrasement.

Ce tir s'exécute sous des angles fixes, 30°, 45°, 55° et 60° d'ordinaire: ce sont les vitesses initiales qui varient en fonction des portées. Les tables indiquent les vitesses ou les charges correspondantes. Les calculs balistiques s'effectuent à l'aide des méthodes et tables indiquées plus haut.

3°) *Tir au vol*. Enfin l'apparition des ballons dirigeables et des aéroplanes a nécessité l'emploi de nouveaux tirs sous de grands angles et en même temps avec de grandes vitesses initiales.

Pour les tirs de ce genre, sous des angles de projection très considérables, *M. de Sparre*[199]) a donné des formules spéciales utilisant les fonctions de Siacci.

C. Cranz[200]) reprenant une idée émise par *P. de Saint Robert* résout le problème à l'aide de tables de fonctions spéciales obtenues comme il suit.

L'équation de l'hodographe [cf. n° 8] pouvant être intégrée exactement lorsque l'on emploie pour expression de la résistance les formules monomes des zônes de *N. V. Maievskij* et *N. Zabudskij* [cf. n° 4] on peut, pour des valeurs données du coefficient balistique, construire exactement, en fonction de l'angle θ, les courbes des fonctions v^2, $v^2 \operatorname{tg} \theta$, $\frac{v}{\cos \theta}$ qui sont les différentielles de x, y et t; et à l'aide d'un intégromètre, on obtiendra les dites valeurs x, y et t avec autant d'approximation numérique que l'on voudra.

On peut même procéder ainsi en intégrant l'hodographe par approximation, lorsqu'elle est représentée par la loi unique de *F. Siacci*

199) Ann. Soc. scient. Bruxelles 25^2 (1900/1), p. 204/17.

200) Ballistik[116]) 1, p. 189 et suiv.

(voir n° 4, p. 16). Pour le tir sous de très grands angles et aux grandes vitesses, *C. Cranz* a pu calculer ainsi des tables de fonctions auxiliaires (Hilfsfunktionen) par une simplification analogue à celle de *I. Didion.*

Ces méthodes de calcul s'appliquent à la branche ascendante de la trajectoire, utilisée seule dans ces tirs spéciaux.

Mais à notre connaissance, il n'existe pas encore de tables de tir dûment établies pour ce tir au vol.*

34. Trajectoire purement empirique. *On a pu, comme il a été fait surtout lorsque l'on ne pouvait mesurer la vitesse initiale, déterminer simplement par l'expérience les portées X correspondant à une série d'angles φ_x. Ces résultats compensés graphiquement ou par la méthode des moindres carrés se traduisent par une formule

$$\sin 2\varphi_x = \frac{g}{V^2} X + aX^2 + bX^3$$

et l'on admet que dans toute l'étendue de ces expériences la trajectoire sous un angle φ se représente par

$$y = \frac{x}{2\cos^2\varphi}(\sin 2\varphi - \sin 2\varphi_x) = \frac{x}{2\cos^2\varphi}\left(\sin 2\varphi - \frac{g}{V^2}x - ax^2 - bx^3\right).$$

Des différentiations donnent ensuite les autres éléments; comme dans les formules de Gâvre, mais sans qu'il soit introduit de paramètres de correction.

Ce système revient à admettre qu'il n'y a pas d'erreur sensible à considérer les coefficients a et b comme indépendants de l'angle de projection. Cette hypothèse, dite de la *rigidité de la trajectoire,* revient à considérer comme des portions d'une trajectoire unique toutes celles que l'on peut obtenir avec une arme à feu et une charge données. Elle n'est admissible que pour des angles φ ne dépassant pas 15° (cas où β peut être pris égal à l'unité dans les formules du n° **15**).

Sous ces réserves, lorsque l'on dispose d'une table de tir, on peut représenter les éléments d'une trajectoire par les formules

$$y = \frac{x}{2\cos^2\varphi}(\sin 2\varphi - \sin 2\varphi_x), \quad \operatorname{tg}\theta = \frac{\sin 2\varphi - \sin 2\varphi_x - 2\operatorname{tg}\omega_x \cos^2\varphi_x}{2\cos^2\varphi},$$

$$v = V_x' \frac{\cos\omega_x \cos\varphi}{\cos\theta\cos\varphi_x}, \qquad t = T_x \frac{\cos\varphi_x}{\cos\varphi}$$

et résoudre ainsi sans tables balistiques les problèmes courants.

Enfin lorsque l'on dispose d'une table de tir à angles fixes (tir de mortiers) on peut, dans le même ordre d'idées, employer les relations suivantes:

$$y = \operatorname{tg}\varphi\left(1 - \frac{V_x^2}{V^2}\right), \quad \operatorname{tg}\theta = \operatorname{tg}\varphi\left[1 - \left(\frac{\operatorname{tg}\omega_x}{\operatorname{tg}\varphi}\right)\frac{V_x^2}{V^2}\right],$$

$$v = V_x' \frac{V}{V_x}\frac{\cos\varphi}{\cos\theta}, \qquad t = T_x \frac{V_x}{V}$$

dans lesquelles V_x est la vitesse initiale donnée par la table pour la portée x.*

Appareils et méthodes de mesure de la balistique extérieure[201]).

35. Mesure de l'angle de relèvement ε. La direction de l'axe du canon, immobile avant le coup n'est pas *la plupart du temps* identique à celle de la tangente primitive de la trajectoire; elles font ensemble un angle ε, dit angle de relèvement. Pour les fusils, il faut en voir la cause totale ou prédominante dans une violente vibration du canon[202]).

Ces oscillations, dans leur durée passagère, ont d'abord été fixées et étudiées expérimentalement par *C. Cranz* et *K. R. Koch*[203]), ainsi que la courbe de déformation du canon à un moment déterminé. Les oscillations du canon ressemblent beaucoup à celles d'une baguette pincée à une extrémité; le canon vibre en même temps dans le ton fondamental et les harmoniques supérieurs. Ce sont surtout les *harmoniques* qui donnent au projectile sa direction à la sortie.

On peut aussi rendre visible le nœud du premier harmonique au moins, en étalant du sable sur une bande de carton fixée le long du canon. Dans les mêmes circonstances plus la charge est petite, plus les vibrations du canon sont accentuées, jusqu'à ce que le projectile sorte du canon. Quand cette sortie s'effectue ensuite, la phase de vibration et l'amplitude ont changé et par suite l'angle de déviation à la sortie ε se modifie avec la charge.

Dans les nouveaux fusils d'infanterie, dont les vitesses à la bouche sont très élevées, ε est très petit, parce qu'au moment de la sortie du projectile les oscillations du canon se trouvent encore dans le début de leur formation. Dans un fusil de 6^{mm}, la sortie du projectile avait lieu un peu avant la fin du premier quart d'oscillation du second harmonique qui apparaît alors pour la première fois; le second harmonique est ici prédominant; dans un fusil de 7^{mm} environ dans le premier quart lui-

---

201) Cf. *C. Cranz*, Kompendium[53]), p. 404/46.

202) *A. Weigner*, Mitteilungen über Gegenstände des Artillerie und Geniewesens (Vienne) 1889, p. 41; *C. Cranz*, Kompendium[53]), p. 340; *W. Heydenreich*, Schuss und Schusstafeln[44]) 1, p. 41 (en note); *N. Zabudskij*, Vněšnĭa balistica[1]) 1, p. 438 et suiv.; *Anonyme*, Archiv für die Artillerie- und Ingenieuroffiziere des deutschen Reichsheeres 73 (1873), p. 272; *Jansen*, id. 97 (1890), p. 424.

203) Sur la vibration du canon voir *C. Cranz* et *K. R. Koch*, Abh. Akad. München 19 (1899) Abt. III (1898/9), p. 747/75; 20 (1900) Abt. III (1900), p. 591/611; 21 (1902) Abt. III (1901/2), p. 559/74 (avec renseignemnts bibliographiques).

même; dans un fusil de 8^{mm}, un peu après la fin du premier quart d'oscillation de ce second harmonique, pendant qu'apparaît déjà la première oscillation du premier harmonique; dans un fusil de 11^{mm} le projectile de charge normale quitte le canon quand la première oscillation du premier harmonique (qui donne ici la direction de la sortie) se trouve au second quart de sa phase.

Les vibrations du canon sont en général *elliptiques*. Elles sont occasionnées essentiellement par le choc dû à l'explosion; cependant il est qui se produisent lorsque le percuteur est poussé en avant.

L'angle vrai au départ et par conséquent ε est ou bien calculé, le plus souvent au moyen des mesures de V et X, ou bien obtenu en cherchant d'abord l'erreur angulaire ε par un tir spécial, ayant pour objet les mesures des hauteurs des trajectoires sur deux cibles établies à une faible distance de la bouche.

F. Siacci[204]) recommande d'établir aux distances x_1 et x_2 de la bouche deux cibles verticales; si la vitesse moyenne entre ces cibles et la bouche, considérée comme constante, est v_m, si a_1 et a_2 représentent les quantités dont les points où la balle a traversé les cibles sont distants au dessous de la ligne de mire naturelle, et bien prise (ligne de mire parallèle à l'axe de l'âme):

$$\operatorname{tg} \varepsilon = -\frac{g}{2} \frac{x_1 + x_2}{v_m^2} + \frac{a_1 - a_2}{x_2 - x_1}.$$

D'après des expériences allemandes l'emploi d'une *seule* cible est plus avantageux.

En ajoutant algébriquement l'erreur angulaire initiale ε à l'angle d'élévation (que donne l'observation), on obtient l'angle vrai au départ φ tel qu'il est donné dans les tables de tir.

36. Mesure de la vitesse initiale par les appareils anciens et nouveaux. Parmi les anciens appareils [cylindre de bois de *Mathey*, roue de *J. F. L. Grobert*, disque de *J. Debooz*, et pendule balistique[205])], il faut surtout retenir ce dernier, inventé par *Jacques Cassini*[205a]) en 1707 et *B. Robins* en 1740, et considérablement perfectionné plus tard

---

204) Rivista di artigleria e genio 1891 IV, p. 240; Archiv für die Artillerie- und Ingenieuroffiziere des deutschen Reichsheeres 99 (1892), p. 509.

205) Cf. *I. Didion*, Balistique[78]), (1re éd.) p. 261; *H. Sonnet*, Dictionnaire des mathématiques appliquées, Paris 1900, (article pendule balistique), p. 925/8. Au point de vue pratique voir: *Anonyme*, Archiv für die Artillerie- und Ingenieuroffiziere des deutschen Reichsheeres 23 (1848), p. 211; 25 (1849), p. 73, 87, 145.

205a) „Hist. Acad. sc. Paris 1707, H. p. 3/4."

par *Maguin* et la commission *Didion-Morin-Piobert* (1838). Sa description est bien connue.

D'après *I. Didion*[206]) le pendule balistique permet d'obtenir les vitesses initiales à quelques décimètres près.

Le pendule balistique a récemment été rappelé à l'attention par *M. Radakovič*, *A. von Minarelli-Fitzgerald*[207]).

Il peut être considéré comme le seul appareil enregistreur spécial à la mesure directe des vitesses des projectiles.

Les anciens appareils mécaniques de *Mathey*, *J. F. L. Grobert* et *J. Debooz* de même que les nouveaux appareils électriques sont des *chronoscopes*. On mesure exactement une distance AB et on détermine le temps que met un projectile pour aller de A en B.

Ces nouveaux appareils[208]), tous électriques sauf *une* exception, reposent sur divers principes.

1°) Dans les uns on mesure la durée de trajet AB soit par la chute d'un poids (*Ch. Wheatstone*, *P. Le Boulengé*, *Watkin*, *B. U. Bianchi*), soit par le fonctionnement d'un pendule ou d'un balancier (*Navez-Leurs*, *M. Caspersen*, *J. Schmidt*) ou encore d'une aiguille de galvanomètre (*C. S. M. Pouillet*), ou bien par la vibration d'un diapason (*W. Beetz*, *La Cour-Caspersen*, *H. Sébert*, *Jervis Smith*, *C. Créhore*, *O. Squier*); on emploie aussi un tambour ou disque tournant (*L. F. C. Bréguet*, *Ch. Wheatstone*, *Cl. L. Mathieu*, *E. W. Siemens*, *F. Bashforth*, *A. Noble*, *M. de Brettes*) ou bien (en évitant, et ici seulement, tout mouvement de masses visibles) on mesure le temps pendant lequel un condensateur se décharge (*M. Radakovič* et *E. Sabine*).

2°) Dans un autre genre d'appareils, on marque le commencement et la fin du temps à mesurer; d'une façon générale électromagnétique, soit directement, par les étincelles d'induction (*E. W. Siemens*, *A. Noble*, *M. de Brettes*, *Watkin*), soit indirectement par la rotation du plan de polarisation de la lumière dans le champ magnétique d'une bobine (*C. Créhore* et *O. Squier*), soit optiquement par un effet d'ombre du projectile (*A. F. Zahm*)[209]).

---

206) Cf. *I. Didion*, Balistique[78]), (1re éd.) p. 261.

207) *A. von Minarelli-Fitzgerald*, Mitteilungen über Gegenstände des Artillerie und Geniewesens (Vienne) 1901, p. 269; *M. Radakovič*, Sitzgsb. Akad. Wien 110 IIa (1901), p. 511.

208) Cf. *C. Cranz*, Kompendium[53]), p. 432/46 (avec bibliographie note 160); Archiv für die Artillerie- und Ingenieuroffiziere des deutschen Reichsheeres 30 1851)), p. 145; *Jervis Smith*, The Tram-chronograph, Londres 1897; *H. von Helmholtz*, Wiss. Abh. 2, Leipzig 1883, p. 865 [1850].

209) *A. F. Zahm*, London Edinb. Dublin philos. mag. (6) 1 (1901), p. 530.

3°) Enfin, au commencement et à la fin de l'expérience, le flux électrique peut être interrompu ou arrêté; ce qui s'obtient soit par l'action mécanique du projectile lui même, qui coupe un fil, transperce un treillis de fil, resserre deux plateaux, fait retourner un plateau, etc., soit plus récemment, par l'effet mécanique de l'onde de tête qui (pour $V > 340^{m}$) accompagne le projectile (appareil enregistreur du choc de l'air (Luftstossanzeiger) ou interrupteur acoustique (Knallunterbrecher) de *F. Gossot*[210]) et *W. Wolff*).

La mesure de la plus petite distance AB (distance de $8{,}5^{m}$) a été, jusqu'à maintenant effectuée par *M. Radakovič*[211]): relativement à l'exactitude de sa méthode, *M. Radakovič* donne comme terme d'une comparaison avec l'appareil à chute de *Hiecke* qu'on peut encore mesurer avec certitude $0{,}0^{(5)}8^{sec}$.

Actuellement c'est encore l'appareil Le Boulengé qui est le plus généralement employé pour la mesure des vitesses initiales; les observations se font le mieux avec le pendule de comparaison de Wolff-Helmholtz. *W. Wolff*[212]) trouva que ce spécimen d'appareil Le Boulengé donne les intervalles de temps avec une exactitude uniforme de 0,0001 de seconde, et que, par suite de certaines erreurs constantes et difficilement mesurables, qui ont des valeurs différentes avec des exemplaires différents, on peut compter pour un appareil Le Boulengé quelconque, une exactitude moyenne absolue de $0{,}001^{sec}$ environ dans la mesure des temps. *C. Cranz*[213]) a publié dernièrement une étude méthodique sur l'exactitude relative ou absolue des instruments servant à la mesure des durées du trajet des projectiles.

Il faut encore mentionner que la vitesse du projectile ne semble pas atteindre sa valeur maxima à la bouche, mais croître sur une certaine distance à partir de ce moment, d'une façon dont on n'a pas encore trouvé la loi.

C. Crehore et *O. Squier*[214]) trouvèrent dans leurs expériences avec

---

210) *E. Vallier*, Balistique expér.[42]), p. 152.

211) *M. Radakovič*, Sitzgsb. Akad. Wien 109 (1900) IIᵃ, p. 276, 941.

212) *W. Wolff*, Mitteilungen über Gegenstände des Artillerie und Geniewesens (Vienne) 1895, p. 381; Ann. Phys. und Chemie (3) 69 (1899), p. 339; *E. Sarrau*, C. R. Acad. sc. Paris 119 (1894), p. 1058.

213) *C. Cranz*, Zeitschrift für das gesamte Schiess- und Sprengstoffwesen 3 (1908), p. 7.

214) *C. Crehore* et *O. Squier*, Journal of the United States artillery 4 (1895), p. 409; Archiv für die Artillerie- und Ingenieuroffiziere des deutschen Reichsheeres 102 (1895), p. 481; Mitteilungen über Gegenstände des Artillerie und Geniewesens (Vienne) 1895, p. 839; id. 1900, p. 811; *A. von Minarelli-Fitzgerald*, id. 1901, p. 269; *A. Indra*, id. 1898, p. 1.

des canons un maximum à 2^m environ de distance de la bouche; *M. Radakovič* obtient avec un fusil un minimum à $0^m,75$ et un maximum à $1^m,5$ environ de distance de la bouche.

C. Cranz a montré, par la photographie, que, pour les armes à feu portatives, peu après la sortie du projectile, les gaz de la poudre étaient animés d'une vitesse bien supérieure à celle de la balle.

37. Mesure d'autres grandeurs. Il nous est impossible de parler ici des méthodes de mesure du temps total T du parcours de la trajectoire (compteur de *F. L. Löbner*, téléphone, etc.), de l'angle de chute φ', etc.

On fera abstraction aussi d'appareils et de méthodes de météorologie et de géométrie pratique, de moyens mécaniques auxiliaires pour effectuer les calculs balistiques, de moyens de démonstration, etc.

Mentionnons encore que dans ces derniers temps les méthodes photographiques, en particulier celles de la photographie instantanée, ont pris une grande importance en balistique. Ainsi *E. Mach* a rendu possible la photographie d'un projectile en mouvement avec l'air environnant. D'autre part *F. Neesen*[215]) a montré qu'on peut obtenir les éléments d'une trajectoire, y compris l'angle de départ, l'angle d'arrivée, la vitesse de rotation du projectile, etc., par la photographie, en pratiquant latéralement, dans le projectile, une cavité remplie d'une matière photographiquement éclairante. C'est *C. Cranz*[216]) qui, le premier, a appliqué la photographie électrique instantanée à l'étude dans le tir des armes à feu de phénomènes de perforation, de combustion de poudres et autres faits analogues. Il a dernièrement construit un cinématographe[217]) qui permet d'obtenir par exemple plusieurs centaines d'images d'un projectile pénétrant un corps, ou encore des mouvements de fermeture d'une arme automatique; ces images se succèdent à un cinq millième de seconde les unes aux autres. Ce même appareil permet aussi de mesurer des vitesses et des pertes de vitesse de projectiles sur des trajets courts et à travers des obstacles.

D'autres appareils seront décrits dans la Balistique intérieure [IV 22].

---

215) Verh. deutsch. phys. Ges. 4 (1902), p. 380; 5 (1903), p. 110; 6 (1904), p. 220. La méthode de *F. Neesen* semble mieux que toute autre permettre de déterminer sans contestation possible les éléments balistiques d'une trajectoire; elle serait donc actuellement préférable dans les recherches concernant la loi de résistance de l'air.

216) Anwendung der elektrischen Momentanphotographie auf die Untersuchung von Schusswaffen, Halle 1901; Ann. der Physik 3 (1900), p. 217; Z. für das gesamte Schiess- und Sprengstoffwesen 2 (1907), p. 320.

217) Cf. *C. Cranz*, Lehrbuch der Ballistik 3, Leipzig 1912, n°s 187 à 190.

Résumé et conclusions.

38. Sur la position actuelle du problème balistique. Les études et expériences rappelées plus haut permettent de se rendre compte de la position actuelle du problème balistique, ainsi que de l'évolution des méthodes successivement employées par les savants pour le résoudre. C'est ce que nous allons essayer de résumer ici.

On a vu au n° **3** que pour les projectiles oblongs tels qu'on les établit actuellement, de même que jadis pour les boulets sphériques, l'expérience a montré que l'on pouvait admettre que la résistance de l'air était dirigée suivant la tangente à la trajectoire décrite par le centre de gravité. Mais la valeur de cette résistance, au lieu d'être proportionnelle au carré de la vitesse comme le supposait *I. Newton*, est beaucoup plus complexe. La courbe figurative de cette résistance

$$R = mR',$$

où la résistance serait l'ordonnée et la vitesse l'abscisse, a l'allure générale d'une hyperbole passant à l'origine; mais cependant cette forme hyperbolique ne saurait être considerée comme suffisamment exacte, et l'expression la plus plausible est actuellement la suivante

$$(1) \qquad R = 338 r^2 i \delta f(v);$$

la résistance R s'exprime en kilogrammes et le rayon r en mètres; enfin

$$f(v) = 0{,}2002v - 48{,}05 + \sqrt{(0{,}1648v - 47{,}95)^2 + 9{,}6} + \frac{0{,}0442\, v\,(v - 300)}{\left(371 + \frac{v}{200}\right)^{10}}$$

ainsi qu'il est indiqué au n° **4** p. 16.

La courbe $z = f(v)$ se confond sensiblement de $v = 0^m$ à $v = 240^m$ avec une parabole tangente à l'axe des vitesses; elle présente deux points d'inflexion, un vers $v = 340^m$ l'autre vers $v = 430^m$, et au delà elle se rapproche rapidement de l'hyperbole, obtenue en supprimant le dernier terme du second membre, et de son asymptote

$$f_1(v) = 0{,}365\, v - 96$$

qui peut sans erreur sensible lui être subtituée dans les applications. Elle est figurée ci-contre (fig. 2).

Quelle fut, en présence des découvertes progressives qui sont réunies aujourd'hui dans la formule empirique ci-dessus, l'évolution correspondante de l'analyse?

Il ne faut pas perdre de vue que le problème a dû et doit encore être traité non seulement au point de vue théorique, mais aussi par des méthodes moins exactes, mais avec une approximation suffisante pour les applications.

L'hypothèse admise que la résistance était dirigée suivant la tangente se traduit par la relation

(2) $$v^2 d\theta = g dx$$

à laquelle il convient d'adjoindre l'équation de l'hodographe

(2bis) $$g d(v \cos \theta) = R' v d\theta.$$

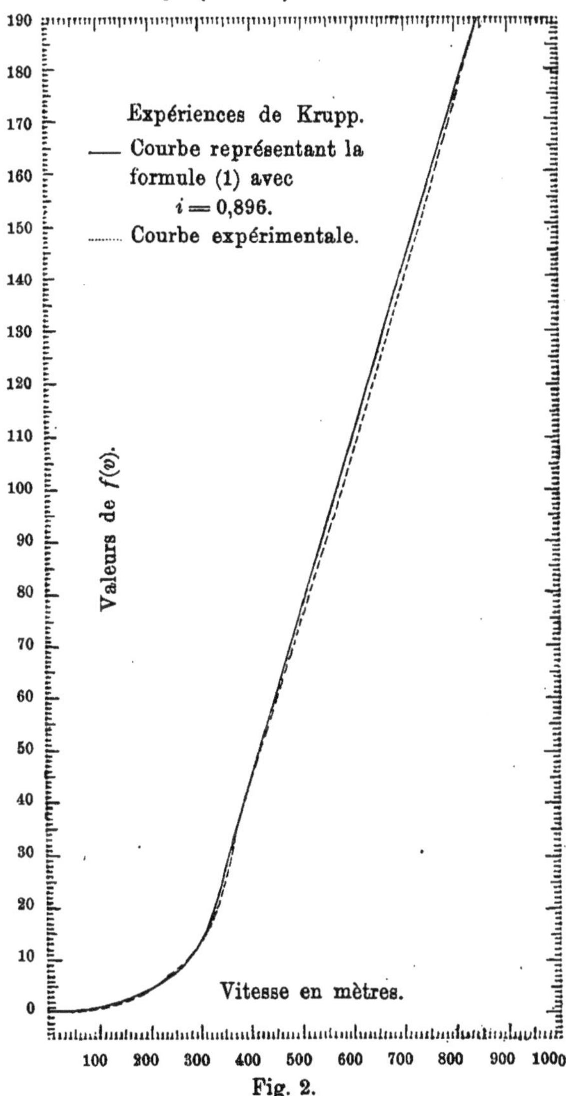

Fig. 2.

I. Newton, L. Euler, A. M. Legendre traitèrent d'abord la question en supposant la résistance de l'air proportionnelle au carré de la vitesse comme il est indiqué au n° **9**, p. 34.

Mais bientôt d'autres procédés analytiques s'imposaient, l'expérience ayant montré que la résistance croissait plus vite que le carré de la vitesse et que l'on devait recourir à de nouvelles expressions. La nécessité d'assurer la séparation des variables conduisit à l'adoption de formules monomes proportionnelles à une certaine puissance entière de la vitesse. L'exposant de cette puissance fut choisi par les auteurs comme égal à 3 pour les boulets sphériques et à 4 pour les projectiles oblongs, et l'on s'efforça ainsi d'obtenir une équation approchée de la trajectoire suffisante pour la solution des problèmes du tir, les anciennes méthodes analytiques étant étendues au cas de projectiles oblongs par application de la même hypothèse de résistance tangentielle.

[Dans toutes ces recherches, les auteurs étaient dominés par l'idée qu'il était indispensable d'obtenir sous forme explicite une équation de la trajectoire.]

Aussi dut-on recourir à des approximations, car les équations finies exactes du mouvement ne s'obtiennent que dans la supposition de la résistance de l'air proportionnelle à la première puissance de la vitesse. La méthode couramment adoptée fut celle proposée par *I. Didion* basée sur la substitution, au rapport variable $\frac{ds}{dx}$ de l'élément de l'arc de la trajectoire à sa projection horizontale, d'une certaine valeur moyenne σ de ce rapport, comme il est expliqué en détail au n° **13**.

Tant que les vitesses ne dépassèrent pas 500^m ni les angles de tir 15^0, on put appliquer les formules ainsi déduites de la loi de la $4^{\text{ième}}$ puissance aux problèmes relatifs aux obus oblongs, formules qui présentaient l'avantage de conduire à une trajectoire du $3^{\text{ième}}$ degré, ne comportant qu'un coefficient que l'on déterminait par la condition de reproduire les portées expérimentales [cf. n° **28**].

La raison de ce fait est la suivante: l'équation mathématiquement exacte de la trajectoire étant

$$(3) \qquad y = x \operatorname{tg} \theta_0 - \frac{g x^2}{2 v_0^2 \cos^2 \theta_0} - g \int_0^x (x - z)^2 \frac{R'(v)}{v^4 \cos^3 \theta} dz,$$

on peut, dans des limites de vitesses comprises entre 500^m et 250^m et pour des angles θ_0 moindres que 15^0, considérer sans erreur sensible le rapport $\frac{R'}{v^4 \cos^3 \theta}$ comme égal à une constante $\frac{3K}{2 \cos^3 \theta_0}$, ce qui donne par intégration immédiate pour la trajectoire, l'équation

$$(3^{\text{bis}}) \qquad y = x \operatorname{tg} \theta_0 - \frac{g x^2}{2 \cos^2 \theta_0}\left(\frac{1}{V_0^2} + Kx\right)$$

représentant une courbe du troisième degré et, pour la formule des portées, en faisant ci-dessus $y = 0$, l'équation bien connue, dite *formule de Gâvre*

$$\sin 2\theta_0 = gX\left(\frac{1}{V_0^2} + KX\right), \tag{4}$$

le coefficient K étant déterminé expérimentalement, en admettant comme suffisamment exact de calculer tous les éléments de la trajectoire à l'aide de l'équation (3bis).

Plus tard, cette loi de la 4ième puissance a également été utilisée analytiquement par *N. Zabudsky.*

Pour serrer le phénomène de plus près *N. V. Maievskij* dut en 1870 scinder la représentation en trois zones, la résistance de l'air étant prise proportionnelle au carré de la vitesse au-dessus de 360^m, à la sixième puissance entre 360^m et 280^m, et au-dessous de 280^m à une fonction binome de la forme

$$av^2 + bv^4.$$

Dans ces conditions, on calculait une trajectoire par trois arcs, en recourant à l'artifice de *I. Didion*, et changeant de formules lorsque la vitesse passait par les valeurs de 360^m et de 280^m.

Ces méthodes, laborieuses et d'une précision douteuse, furent les dernières où l'on ait adopté l'abscisse x comme variable indépendante, et, comme nous l'indiquions plus haut, l'équation empirique dite *équation de Piton-Bressant* ou *équation de Gâvre* lui était généralement à préférer.

L'expérience ayant montré que l'expression monome ne pouvait représenter la loi de la résistance de l'air que dans des cas particuliers, il fallait rechercher d'autres solutions que celles précédemment adoptées.

Sans doute, en développant l'équation de la trajectoire par la formule de Maclaurin, on pouvait obtenir une série de termes aussi prolongée que l'on voudra, mais cette solution restait encore illusoire à moins d'un calcul démesurément prolongé et même d'une convergence douteuse. On ne peut aujourd'hui retenir de ce procédé que la forme de l'équation (3), en nombre de termes fini, comme méthode spéciale de discussion et de recherches.

Mais, comme l'a fait remarquer *P. de Saint Robert*, l'équation (2) offre toujours le moyen de calculer numériquement, avec une approximation illimitée, la valeur de v correspondant à une valeur donnée de θ pourvu que la fonction $f(v)$ soit continue dans les limites de l'intégration.

Reste à trouver le moyen d'effectuer utilement les calculs nécessaires. On remarquera pour cela que la fonction $f(v)$ n'intervient dans les calculs que sous le signe $\int$. On est donc conduit comme dans toutes les méthodes de quadratures, à lui substituer une ou plusieurs fonctions successives, donnant, pour les intégrales correspondantes, des valeurs numériques équivalentes.

Une première application de ce principe a été faite par *E. Bashforth* en écrivant

$$f(v) = dv^3,$$

où le paramètre d, considéré comme constant dans l'analyse, reçoit différentes valeurs moyennes, l'une par exemple pour v variant de 600^m à 550^m, la seconde entre 550^m et 500^m et ainsi de suite. On peut ainsi obtenir des formules analogues à celles de *L. Euler*, mettant les divers éléments de la trajectoire sous forme d'intégrales définies, et en déduire des tables numériques. Mais cette méthode ne fut établie à l'époque que pour des vitesses inférieures à 600^m. Elle nécessiterait trop de changements numériques pour le paramètre d dans le cas des grandes vitesses actuelles.

Cette méthode de représentation numérique de $f(v)$ étant insuffisante, on fut conduit à remarquer qu'il n'était pas nécessaire, pour la séparation des variables et les quadratures consécutives, que l'exposant fût entier et que l'on pouvait affecter dans ces conditions à la représentation numérique de $f(v)$ une série de paraboles de degré fractionnaire telles que leur suite reproduisît la dite fonction expérimentale avec des écarts moindres que les variations dérivant des causes accessoires, telles que l'état atmosphérique, les modifications au tracé des projectiles qui se traduisent par des variations de i, etc.

Dans ces conditions, l'équation de l'hodographe conservant la forme

$$g d(v \cos \theta) = c v^{(n+1)} d\theta$$

peut s'écrire en posant $u = \sigma v \cos \theta$

$$g \frac{du}{u^{n+1}} = \frac{c\, d\theta}{\sigma^n \cos^{(n+1)} \theta},$$

où les variables sont séparées, σ étant une constante convenablement choisie pour la facilité du calcul.

Il ne faut pas confondre cette constante σ avec celle de *I. Didion* qui sert à masquer, pour ainsi dire, la courbure de la trajectoire, tandis qu'ici cette courbure est réellement représentée dans l'analyse.

Si donc il existe des tables numériques des deux transcendantes

$$T(u) = g \int \frac{du}{u^{n+1}} = -\, g \frac{1}{n u^n}$$

et

$$N(\theta) = \int \frac{d\theta}{\cos^{(n+1)}\theta},$$

que n soit entier ou fractionnaire, on aura pour chaque problème particulier, entre les limites définies par les indices p et q,

$$T(u_p) - T(u_q) = \frac{c}{\sigma^n} \{ N(\theta_p) - N(\theta_q) \}. \tag{4}$$

Cela fait, si l'on détermine un certain nombre de valeurs de u en fonction de θ, pour un problème donné, on voit par l'équation (1) que l'on peut écrire

$$g\,dx = -\frac{u^2}{\sigma^2}\frac{d\theta}{\cos^2\theta},$$

qu'une simple quadrature donnera la valeur de x, et des substitutions analogues donneront les autres éléments également par quadratures. Ces quadratures s'opéreront par le calcul ou graphiquement.

Dans ces conditions, remarquant que la loi de résistance dont on n'a que des valeurs expérimentales peut être numériquement traduite par une série de valeurs paraboliques cv^n où n varie comme il suit

v	0^m	240	295	375	419	550	800	1000
n	2	3	5	3	2	1,70	1,55	

on obtiendra toute espèce de trajectoires, étant donnés les éléments initiaux, en prenant d'après l'équation (4) quelques valeurs de u en fonction de θ et effectuant les quadratures, soit en construisant pour x la courbe $\frac{-u^2}{g\cos^2\theta}$, pour y la courbe $\frac{-u^2\operatorname{tg}\theta}{g\cos^2\theta}$ etc. et sommant à l'aide d'un intégromètre, comme le fait *C. Cranz*, lequel a précisément fait calculer à cet effet des tables de la fonction $N(\theta)$ ainsi qu'il a été dit au n° **32**, soit en sommant les dites intégrales par le calcul.

Cette méthode permet de calculer avec toute la précision désirable une trajectoire quelconque, en s'astreignant seulement à prendre pour limite des arcs les points où la vitesse atteint les valeurs où changent les paraboles, soit 800^m, 550^m etc., puisqu'en ces points changent les tables de la fonction $N(\theta)$.

Elle serait sans doute trop laborieuse pour les applications courantes mais elle peut servir de critère pour apprécier le plus ou moins d'exactitude des méthodes approximatives employées.

Si à la courbe hyperbolique on substitue pour les vitesses supérieures à 330 mètres l'asymptote de ladite courbe, comme l'a proposé *F. Chapel* et comme l'a fait *E. Vallier* dans sa Balistique extérieure, on peut de même obtenir des expressions donnant x, y et t sous forme d'intégrales définies, sans aucune altération des équations initiales. Il suffit de faire $n = 1$ dans les formules de la page 33, mais les tables de ces intégrales n'ont pas été calculées.

On voit que par ces procédés le problème balistique, dans un milieu de densité homogène, est numériquement résolu avec toute l'approximation jugée nécessaire. Malheureusement il n'en est rien dans la pratique en raison de la variation de la densité de l'air avec l'altitude, d'où suit la nécessité d'attribuer à l'air une densité moyenne pour chaque arc calculé et par suite de réduire l'amplitude de ces derniers, ce qui allonge notablement les calculs. Mais l'emploi de ces méthodes comme calcul d'un cas concret intéressant, ou comme critère des procédés simplifiés, n'en est pas moins recommandable.

On ne saurait rappeler ici en détail ces procédés simplifiés, mais seulement leur principe fondamental.

Le plus courant est le procédé de *I. Didion*, modifié par *F. Siacci* exposé en détail au n° **15**, où la fonction $f(v)$ est remplacée par une fonction $f(u)$ en introduisant un paramètre moyen auxiliaire désigné couramment par β et dont la détermination s'obtient, soit par le développement en série de l'équation de l'hodographe comme *F. Siacci* l'a fait au début, soit par la discussion de la variation que produit cette substitution dans la valeur de l'intégrale

$$\int_0^x (X-\xi)^2 \frac{f(v)}{v^4 \cos^3\theta} d\xi$$

comme l'a fait *E. Vallier*, puis *F. Siacci* dans sa dernière méthode.

Il était logique en effet de prendre pour variable indépendante, au lieu de l'angle θ, la vitesse v, qui est l'élément essentiel du problème ou mieux encore la vitesse horizontale, qui figure directement dans l'équation de l'hodographe si l'on admet des expressions paraboliques pour la loi de résistance.

La méthode de Siacci a du reste été utilement transformée par *S. Braccialini* par la création de tables de fonctions secondaires à deux variables, à argument v et x. L'emploi de ces tables est la base de la méthode de *E. Vallier* signalée au n° **29** pour la construction de tables de tir.

Une autre méthode consiste à développer l'équation de l'hodographe mise sous la forme

$$g(\cos\theta\, dv - v \sin\theta\, d\theta) = R' v\, d\theta$$

en prenant pour argument, suivant les cas, soit l'angle θ, soit le rapport $\frac{c}{g}$ ou son inverse. *P. Charbonnier* et *C. Cranz* y ont eu utilement recours.

Comme il a été dit au n° **16**, la précision relative de toutes ces méthodes s'apprécie aisément en comparant les résultats obtenus avec ceux que donne le procédé d'estimation des intégrales par quadrature.

En somme, on obtient ainsi la solution des problèmes balistiques avec toute l'approximation désirable.

Pour l'avenir, les recherches sur les causes physiques de la résistance de l'air permettront sans doute de perfectionner la théorie de la dérivation, exposée aux n^os^ **23** et **24**, d'expliquer l'allure singulière de la courbe expérimentale qui sert de base à la balistique actuelle: mais il ne semble pas possible d'espérer que de ces recherches puissent résulter des formules se prêtant à une nouvelle méthode analytique, à une représentation explicite des trajectoires, et que, pour les projectiles oblongs tout au moins, l'intégration de l'équation de l'hodographe puisse jamais s'effectuer par des procédés et se traduire par des équations différant notablement des résultats actuellement acquis.

IV 22. BALISTIQUE INTÉRIEURE.

EXPOSÉ, D'APRÈS L'ARTICLE ALLEMAND DE **C. CRANZ** (CHARLOTTENBOURG),
PAR **C. BENOIT** (PARIS).

Introduction.

1. Problème de la balistique intérieure. Parmi les forces que l'on utilise ou que l'on utilisait autrefois pour lancer les projectiles nous citerons:

les forces musculaires (l'engin est une lance, une massue, une fronde, une machine basée sur la fronde);

les forces d'élasticité (le projecteur est un arc, une arbalète, un baliste, une catapulte);

la force élastique de l'air comprimé (le projecteur est un fusil pneumatique, un canon à dynamite de *Zalinski*, ou de *Graydon*, ou de *Rix* etc.);

les forces électriques;

les forces chimiques.

Comme les trois premières de ces forces ne sont plus guère employées ou ne sont employées qu'exceptionnellement, et comme l'utilisation des forces électriques en est encore à ses débuts, nous nous contenterons de parler dans cet article de *l'énergie chimique* que possèdent les *matières explosives*[1]).

Une matière explosive éprouve par inflammation ou bien par choc et secousse une transformation chimique, d'où résultent en peu de temps une grande quantité de produits gazeux à haute température. Si ces gaz sont enfermés dans un petit volume, ils exercent du fait de

1) Sur les propriétés chimiques et le mode de fabrication des matières explosives, voir surtout *M. Berthelot* [Sur la force des matières explosives d'après la thermochimie 1, Paris 1883; 2, Paris 1883] et *O. Guttmann* [Die Industrie der Sprengstoffe, Brunswick 1895] ainsi que *J. Daniel*, Dictionnaire des matières explosives, Paris 1902. On trouve aussi des renseignements bibliographiques à ce sujet dans *R. Wille*, Waffenlehre, (1re éd.) Berlin 1896; (2e éd.) Berlin 1900, p. 873

cette compression, jointe au dégagement de chaleur qui se produit pendant la réaction chimique, une pression qui peut fournir du travail.

Dans la technique de l'explosion[2]) le travail fourni par la matière explosive consiste à vaincre les forces de cohésion; c'est pourquoi il importe avant tout de produire de hautes tensions maxima des gaz, qui n'agissent qu'un temps très court. Ce but est atteint au moyen de matières explosives brisantes qui permettent, par exemple, de faire sauter des masses de pierre et, en même temps, de ne pas trop les fracasser, d'une part, et de ne pas les projeter trop loin, d'autre part.

Au contraire, dans la *balistique du canon et du fusil* que nous traiterons[3]) seule ici, la pression des gaz doit être employée à donner au projectile à l'intérieur du canon, et progressivement, une force vive, surtout de translation, sans compromettre la résistance du canon et du projectile. Pour atteindre ce but, il faut évidemment faire usage de matières explosives qui se décomposent plus lentement et, par conséquent, produisent des effets moins brusques qu'on ne les envisage dans la technique des modes d'éclatement.

On a reconnu que les meilleurs modes d'explosion ne sont pas les meilleurs modes de lancement du projectile. La vitesse du projectile, qu'il y a intérêt à avoir, toutes choses égales d'ailleurs, aussi grande que possible à la sortie du canon, ne croît pas en général avec la force brisante d'une matière explosive. Le plus souvent même à la production de la plus petite tension maxima des gaz correspond la vitesse initiale maxima.

Les gaz de la poudre doivent aussi, autant que possible, produire

---

2) Sur le mode d'éclatement, voir *O. Guttmann,* Handbuch der Sprengarbeit, Brunswick 1892; Schiess- und Sprengmittel, Brunswick 1900; Sprengvorschrift für die Pioniere, Berlin 1896.

Pour la théorie mécanique des explosions voir *E. Mach* [Sitzgsb. Akad. Wien 92 II (1885), p. 625] et *R. Blochmann* [Marine-Rundschau 9 (1898), p. 197]; voir aussi *E. Rudolph*, Beiträge zur Geophysik 3 (1897), p. 273. *E. Mach* traite en particulier la question de savoir pourquoi une cartouche de dynamite placée librement sur une plaque métallique produit au-dessous d'elle un trou dans la plaque. *R. Blochmann* étudie expérimentalement les effets des explosions sous l'eau; il se produit deux poussées qui sont tout à fait distinctes et qu'il ramène: la première à l'action des vagues de pression, la seconde à la translation de la masse d'eau.

3) On constitue la charge des *obus explosifs* (surtout quand ils sont chargés en acide picrique) de façon qu'à l'explosion l'obus soit fragmenté et que les fragments servent comme projectiles. Dans les *shrapnels*, on fait sauter la paroi du projectile de façon que les balles qui le remplissent ainsi que les éclats contribuent ensemble à la formation de la gerbe.

une pression uniforme sur le projectile. Or si toute la poudre était transformée en gaz avant le départ du projectile, la pression du gaz irait constamment en décroissant pendant le trajet du projectile dans le canon, parce que l'espace réservé aux gaz de la poudre et situé entre le culot du projectile et le fond de l'âme croît au fur et à mesure que le projectile s'avance vers la bouche du canon. Il faut donc faire en sorte que la poudre ne soit transformée que progressivement en gaz de façon que la diminution continuelle de pression du gaz provenant de l'augmentation de volume et de la production de travail soit compensée, autant que possible, par de continuels appoints de gaz propulseur.

Dans ce but, il est nécessaire d'employer une poudre brûlant avec une lenteur suffisante; le mode de combustion de la poudre doit être réglé d'après la valeur de la charge, l'espace de combustion, le calibre et la longueur du canon, enfin d'après la force d'inertie du projectile, de telle façon que la poudre continue à brûler jusqu'au moment où le projectile quitte le canon; mais de façon aussi que la poudre soit alors complètement brûlée et que le projectile possède son maximum d'énergie à sa sortie.

Il est clair que pour parvenir à ce résultat, au moins d'une façon approchée, il doit exister, entre les grandeurs précitées, poids du projectile, longueur, calibre du canon ou fusil, etc, des relations bien déterminées. Il est de même nécessaire, lorsqu'on établit un projet, ou encore lorsqu'on examine un type déterminé de canon ou de fusil, de connaître ce qui se passera dans l'âme pendant le tir. Les techniciens des armes à feu établissent ces rapports par des considérations mi-pratiques, mi-théoriques.

On a été ainsi amené à formuler *le problème spécial de la balistique intérieure* de la manière suivante:

Dans un cas déterminé quelconque, *exprimer en fonction du temps ou du trajet déjà accompli par le projectile dans le canon, d'une part la pression qui règne dans l'âme du canon, d'autre part l'accélération et la vitesse du projectile, et enfin la température des gaz de la poudre.*

A côté de ce problème essentiel, s'en présentent d'autres de caractère plus particulier. Ils se rapportent à l'échauffement du canon, au choix du canon et de l'affût, aux méthodes de mesure de la balistique intérieure, etc.

Le problème essentiel de la balistique intérieure met cette branche de la science en rapport avec la *thermochimie* et avec la *thermodynamique.*

L'idéal serait, étant donnés le canon ou le fusil, le projectile, le poids de la charge de poudre, les propriétés physiques et chimiques de la poudre, d'établir, uniquement par la théorie, des formules fournissant, à chaque instant, la pression du gaz, le mouvement du projectile dans le canon et la température des gaz. La grande complication du problème et l'insuffisance de bases expérimentales font que la balistique intérieure est encore très éloignée de ce but et l'on peut dire qu'elle se trouve actuellement encore plus dans l'enfance de son développement que la balistique extérieure.

En s'appuyant sur la thermochimie et la thermodynamique, le problème ne peut être résolu complètement que sous certaines hypothèses spéciales de nature telle que les solutions obtenues théoriquement ne sont pas applicables en général dans la pratique.

Cependant ces solutions donnent, dans un certain nombre de cas, des premières valeurs approchées des grandeurs cherchées: de même que les formules de balistique extérieure, relatives au mouvement dans le vide, sont parfois utilisables, dans une première approximation, pour le tir indirect et le tir des bombes.

D'autre part, il existe des formules et des tables empiriques qui permettent de résoudre approximativement le problème de la balistique intérieure, du moins dans des cas tels que, pour un système de canon et de projectile déterminés, quelques-unes des grandeurs dont la mesure n'est pas trop difficilement abordable, comme la tension maxima des gaz et la vitesse initiale, soient données expérimentalement.

Ces formules et ces tables jointes aux formules de résistance ainsi qu'aux méthodes et aux formules qui servent pour l'étude de la poudre sous volume constant, constituent actuellement le bagage le plus important de la balistique intérieure en fait de résultats vraiment utilisables dans la pratique.

2. **Notations.** Voici les notations que nous adopterons pour désigner les diverses grandeurs dont il sera question dans cette étude:

ω désignera la section de l'âme évaluée en cm^2;

J désignera l'espace variable entre le culot du projectile et le fond de l'âme évalué en dm^3; J_0 désignera spécialement le volume de la chambre, J_e celui de l'âme entière;

q désignera le poids de la charge de poudre évalué en kg;

Q désignera le poids du projectile évalué en kg;

x désignera le trajet parcouru par le culot du projectile à l'intérieur du canon dans le temps t, ce trajet, évalué en mètres, étant compté à partir de la position de chargement du projectile, et le temps t à partir du moment où le projectile se met en mouvement; en particulier x_ξ désignera le parcours du projectile jusqu'à la production du maximum de pression du gaz, ce parcours étant évalué en mètres, et L le trajet total du projectile jusqu'à la sortie, ce trajet étant aussi évalué en mètres;

v, v_ξ, V désigneront les valeurs, correspondant respectivement à x, x_ξ, L de la vitesse (évaluée en mètres à la seconde) du projectile dans le canon;

p, p_ξ, P désigneront les valeurs de la pression (évaluée en atmosphères) du gaz correspondant respectivement à x, x_ξ, L; enfin p_m désignera la valeur moyenne de la pression du gaz.

Bases thermochimiques et thermodynamiques de la balistique intérieure.

3. Qualités des poudres. Un problème préparatoire à la résolution du problème de la balistique intérieure est la recherche *de la sorte de poudre à employer au point de vue de ses qualités balistiques* (capacité calorifique, vitesse de combustion, volume spécifique, pression spécifique, covolume, etc.).

Ces propriétés interviennent d'une manière différente, suivant que la combustion de la poudre a lieu à volume constant comme dans la bombe d'essai ou bien dans l'âme du canon pendant le tir. Il n'a été possible d'obtenir jusqu'ici d'une façon à peu près satisfaisante que la manière dont se comporte une poudre dans le cas du *volume constant*, en faisant d'ailleurs à cet effet usage de méthodes mi-expérimentales, mi-théoriques. Cependant les résultats auxquels on est parvenu fournissent au moins quelques indications concernant les circonstances qui se produisent *pendant le tir* et permettent ainsi de s'orienter dans le choix de la poudre à employer.

4. Capacité calorifique et énergie des poudres. Par *capacité calorifique réduite* W_r d'une poudre, on entend la quantité de chaleur, évaluée en grandes Calories, qui résulte de la transformation de 1 kilogramme de la poudre considérée, dans le cas où il n'y a pas production de travail.

La capacité calorifique réduite W_r s'obtient de préférence *expérimentalement*[4]; elle peut aussi être *calculée* d'après les lois de la thermochimie[5]), lorsque la matière explosive est au point de vue chimique

4) Sur les appareils correspondants (bombe calorimétrique, etc.) voir surtout *M. Berthelot*, Force des matières explosives[1]) 1, p. 221.

5) Voir *M. Berthelot*, Force des matières explosives[1]) 1, p. 174, 387; 2, p. 3/129. Les calculs sont effectués dans le cas de la nitroglycérine, et l'on trouve des indications sur l'exactitude de ces calculs contrôlés par des mesures directes dans

un corps défini (ce qui n'est pas le cas pour toutes les poudres récentes) et lorsque les produits de combustion qui résultent de l'explosion sont exactement connus.

La capacité calorifique n'est autre chose que l'excès de la chaleur de formation des produits de la combustion sur la chaleur de formation de la poudre, pour un kilogramme de poudre.

Le procédé de calcul est mis en évidence par l'exemple suivant concernant la nitroglycérine:

Pour la combustion sous pression constante (par exemple à l'air libre), on admet l'équation de réaction

$$2C_3H_5N_3O_9 = 6CO_2 + 5H_2O + 3N_2 + 0{,}5\,O_2.$$

Les chaleurs de combinaison sont respectivement

94000 pour CO_2, 69000 pour H_2O (liquide) et 98000 pour $C_3H_5N_3O_9$. Le poids moléculaire de $C_3H_5N_3O_9$ est 227. Donc l'explosion de 2×227^{kg} de nitroglycérine dégage un nombre de Calories égal à

$$(6 \times 94000) + (5 \times 69000) - (2 \times 98000) = 713000.$$

Par conséquent on a tout d'abord

$$W_r = \frac{713000}{454} = 1570 \text{ Calories environ.}$$

Mais pendant l'explosion l'eau se transforme en vapeur; ce qui emploie

$$5 \times 18 \times 540 \text{ Calories};$$

on a donc en réalité

$$W_r = \frac{713000 - 48600}{454} = 1460 \text{ Calories environ.}$$

Dans le cas où la réaction s'effectue sous volume constant (par exemple dans l'espace clos de la bombe calorimétrique), il faut légèrement forcer le nombre obtenu[6]), parce que le travail fourni pour résister à la pression atmosphérique n'intervient plus. Dans l'exemple précédent de la nitroglycérine par exemple, au lieu de 1460 Calories on devra prendre 1480 Calories, et au lieu de 1570 Calories on devra prendre 1590 Calories.

Il faut du reste considérer que le mode de transformation chimique et par conséquent la composition de l'équation chimique

---

M. Berthelot, Force des matières explosives[1]) 1, p. 32, 33. Voir aussi *W. Nernst*, Theoretische Chemie, (3e éd.) Stuttgard 1900, p. 543 et suiv; *E. Vallier*, Balistique des nouvelles poudres [dans l'Encyclopédie scientifique des aide-mémoire], Paris (s. d.), p 42 et suiv.

6) *M. Berthelot*, Force des matières explosives[1]) 1, p. 32; *J. H. van't Hoff*, Vorlesungen über theoretische und physikalische Chemie 1: Chemische Dynamik; (2e éd.) 1, Brunswick 1901, p. 241.

changent avec la façon dont la réaction chimique se produit (on reviendra sur ce point un peu plus loin), et avec la grandeur de l'espace de combustion, par conséquent avec la pression du gaz[7]; de même, il faut considérer que les produits de la combustion au moment de l'explosion ne sont pas nécessairement les mêmes (à cause peut-être des dissociations qui se produisent) que ceux que l'on trouve après le refroidissement dans la bombe calorimétrique[7a]). Pour toutes ces raisons et, en outre, parce que la mesure de la chaleur dégagée pendant la combinaison offre quelque incertitude, le calcul de W_r peut comporter certaines inexactitudes.

La connaissance de la capacité calorifique sert au calcul de la température de combustion des gaz de la poudre [voir à ce sujet n° 5] et aussi au calcul de l'effet utile qu'un canon ou un fusil, considéré comme machine thermodynamique, produit pendant le tir, effet dont nous allons parler dans un instant.

Souvent, la capacité calorifique est donnée en mesures mécaniques; elle prend alors le nom *d'énergie* ou *potentiel*; si l'on désigne cette quantité par A_r, on a

$$A_r = W_r \times 427 \text{ kilogrammètres.}$$

Évidemment cette notion de capacité calorifique perd beaucoup de son importance quand on essaie de l'appliquer au cas du tir; cela tient à ce que, dans ce cas, il y a une réaction chimique avec production de travail: il s'agit en effet de la combustion de la poudre à l'intérieur de l'âme entre la culasse et le culot du projectile, sous un volume et une pression dont les variations sont brusques.

Néanmoins, en balistique, on appelle simplement *rendement* d'un système de canon ou de fusil le rapport

$$\frac{E}{A_r \times q}$$

de l'énergie E, utilement employée, à l'énergie totale $A_r \times q$ emmagasinée dans la charge de poudre q; et l'on appelle *énergie utile* celle relative au mouvement de translation du projectile au moment où il passe à la bouche; elle est égale à

$$\frac{QV^2}{2g};$$

on l'appelle souvent aussi force vive *à la bouche*.

---

7) *E. Vallier*, Balistique des nouvelles poudres[5]), p. 43.

7a) Cf. *O. Poppenberg* et *E. Stephan*, Z. für das gesamte Schiess- und Sprengstoffwesen 5 (1910), p. 266, 291, 310, 452, 474.

En résumé, au moment du passage du projectile à la bouche du canon, l'énergie contenue dans la charge de poudre est répartie de la manière suivante:

a) énergie du mouvement de translation du projectile ou force vive à la bouche du canon;

b) énergie du mouvement de rotation du projectile [dans les différents systèmes de canons allemands elle est égale à 0,24 au minimum et à 2,26 % au maximum[8]) de l'énergie a]; énergie du mouvement des gaz de la poudre [elle est estimée de 0,03 à 0,33 % de a]; énergie du recul du canon et de l'affût (ce mouvement de recul est essentiellement

8) Cf. *W. Heydenreich* [Lehre vom Schuss und die Schusstafeln 2, Berlin 1898, p. 9] et *N. von Wuich* [Mitteilungen über Gegenstände des Artillerie- und Geniewesens (Vienne) 1901, p. 67].

Voici une série de nombres correspondant à un même canon, le *canon lourd de campagne* allemand *C. 73/88:*

Poids du canon avec fermeture de culasse = 445 kg; poids de l'affût vide = 525 kg.

calibre = $8^{cm},8$; longueur du canon = $2^m,100$ = 23,9 calibres;

rayure constante = $3\frac{1}{10}$ degrés; longueur des rayures = $4^m,40$ = 50,0 calibres;

capacité de la cavité de l'âme = $12^{litres},17$;

capacité de la chambre de combustion = $1^{litre},83$;

rapport d'expansion $= \dfrac{\text{capacité de l'âme}}{\text{capacité de la chambre de combustion}} = 6,6$;

charge = $0^{kg},64$ de poudre à canon en bandes;

rapport de chargement $= \dfrac{\text{poids du projectile}}{\text{poids de la charge}} = 11,0$;

densité de chargement $= \dfrac{\text{poids de la charge en kg}}{\text{capacité de la chambre de combustion en litres}} = 0,35.$

Projectile: obus lourd de campagne C. 82 avec ceinture en cuivre. Poids du projectile chargé = $7^{kg},04$;

charge de section réduite = 116 grammes par cmq;

longueur du projectile avec la fusée = 2,8 calibres;

parcours du culot du projectile dans le canon = 18,6 calibres.

vitesse de translation du projectile à la bouche du canon = 452 mètres par seconde;

énergie correspondante E = 73 200 kgm;

rendement de la poudre $= \dfrac{E}{\text{charge}} = 114$;

rendement 32 %;

pression maxima des gaz = 1350 atmosphères environ;

pression moyenne = 719 atmosphères environ;

rapport de pression $= \dfrac{\text{pression moyenne}}{\text{pression maxima}} = 0,52$;

nombre de tours du projectile à la bouche du canon = 103 par seconde;

énergie de la rotation du projectile = 145 kgm;

énergie du recul = 580 kgm.

un mouvement de translation et l'énergie correspondante est environ 0,7 à 2 % de a). Depuis quelques années cette énergie a pu être utilisée au moins en partie;

c) énergie nécessaire pour vaincre la résistance de l'air dans le canon ou le fusil; énergie employée pour annuler l'effet de la pesanteur sur le projectile dans le cas où le canon est incliné; énergie employée pour forcer le projectile dans les rayures, autrement dit, en ce qui concerne les pièces, pour vaincre la résistance que la ceinture oppose à la première pénétration des cloisons; énergie résultant du travail de frottement de l'enveloppe du projectile, autrement dit, de la ceinture et du bourrelet contre la paroi de l'âme; travail d'ébranlement et de déformation; production de son; abandon de chaleur au canon et à l'air.

Une certaine quantité d'énergie reste inutilisée à la bouche du canon.

L'énergie du mouvement de rotation du projectile peut se calculer lorsque le pas des rayures et la vitesse à la bouche V sont connues; comme sa valeur ne constitue au maximum que 2,3 % de l'énergie à la sortie (la vitesse V à la sortie ne varie que de quelques mètres quand l'inclinaison des rayures varie dans des limites assez étendues), on considère en général, dans les questions de balistique intérieure, le mouvement de translation du projectile comme indépendant du mouvement de rotation.

L'intensité du recul est, elle aussi, susceptible d'être calculée approximativement; mais ce calcul est sujet à des erreurs, du fait du frottement et du fait de l'action des gaz de la poudre qui s'échappent avec le projectile à la bouche et qui, en partie aussi, vont vers l'arrière. Dans ce calcul approché on fait d'ailleurs souvent l'hypothèse assez arbitraire qu'une moitié de la charge de poudre s'en va vers l'arrière avec le canon, tandis que l'autre moitié se porte vers l'avant avec le projectile.

On ne connaît qu'avec peu de précision la grandeur des autres formes de l'énergie qui entrent ici en ligne de compte.

La résistance des cloisons contre la matière employée pour guider le projectile dans l'âme a été mesurée dans des expériences faites autrefois en France[9]) avec un canon de $7^{cm},5$ dans l'âme duquel on avait forcé les projectiles; d'après ces expériences la résistance varierait de $28^{kg},3$ (pour les cordons de plomb) à $271^{kg},5$ (pour la ceinture de cuivre).

9) Voir à ce sujet *G. Kaiser*, Konstruktion der gezogenen Geschützrohre, (1re éd.) Vienne 1892; (2e éd.) Vienne 1900, p. 71.

L'intensité du frottement du projectile contre les parois de l'âme est beaucoup plus petite.

Dans les canons, le rendement varie entre 17% et 35%; on ne peut dépasser 35% parce que la longueur du canon est imposée par des considérations pratiques, telles que des conditions de légèreté, de mobilité, de service et de maniabilité. La vitesse V croîtrait dans la plupart des cas si la longueur du canon pouvait être augmentée.

Il convient d'ailleurs d'indiquer dès maintenant que, quelque nombreuses que soient les analogies entre la théorie des machines à vapeur ou des moteurs à gaz et celle du mouvement du projectile dans un canon ou un fusil, le rendement joue un rôle beaucoup moins important dans la balistique du canon et du fusil que dans les machines qui utilisent la force des gaz[10]. Le but qu'on se propose, dans la construction des canons, n'est pas d'obtenir un maximum du rendement ou de l'utilisation de la poudre (travail utile du projectile pour une charge de 1^{kg}).

On ne cherche pas à faire des économies de poudre, puisque chaque pièce ne comporte qu'un nombre déterminé, relativement faible, de coups (60 à 80). Mais, comme on en a déjà fait la remarque, on désire, en ménageant autant que possible le canon, obtenir la plus grande force

---

10) Pour comparer les effets respectifs on établit parfois les calculs de la manière suivante:

a) Un projectile de 917^{kg}, lancé par un canon de 100 tonnes avec une vitesse initiale de 523 mètres par seconde possède une énergie à la bouche de $12\,772\,000^{kgm}$; ce travail est fourni par les gaz de la poudre en $0^{sec},01$ environ; en une seconde le travail fourni serait donc d'environ 1300 millions de kilogrammètres, ce qui correspond à une puissance de 17 millions de chevaux-vapeur. Toutefois, comme le canon devient inutilisable après 100 coups, il n'a travaillé de cette façon, si on le considère comme une machine à gaz, qu'une seconde en tout.

Ces 100 coups coûtent environ 375000 francs; pour effectuer le même travail de 1300 millions de kilogrammètres, une machine à vapeur de 100 chevaux met 44 heures et exige 4400^{kg} de charbon valant environ 90 francs; et elle reste chargée.

b) S'il s'agit d'un plus long tir effectué par le même canon et s'il est tiré un coup par minute, le travail fourni *en moyenne* par seconde est d'environ 213000 kgm, ce qui correspond à 2840 chevaux.

Voir Rivista di artiglieria e genio, 1900 I, p. 123 et *R. Wille*, Waffenlehre[1]), (2e éd.) p. 791.

De ces résultats on peut conclure qu'il n'y a guère d'intérêt à comparer l'énergie mécanique développée dans un canon à celle développée dans une machine à vapeur, étant donné que les objectifs sont très différents et vu le contraste entre l'action de forces, dont les unes s'exercent presque avec continuité tandis que l'impulsion des autres est presqu'instantanée.

vive possible dans le mouvement de translation du projectile, c'est-à-dire *un maximum de V pour un minimum de pression maxima du gaz* p_ξ.

A cet effet, pour une valeur aussi petite que possible de p_ξ, la pression moyenne du gaz p_m doit être aussi grande que possible; le *rapport de pression*

$$\eta = \frac{p_m}{p_\xi}$$

doit être maximum, l'expression de p_m étant

$$p_m = \frac{QV^2}{2gL \cdot 1{,}0333\,\omega} \text{ atmosphères.}$$

Plus η est grand, plus le rendement de la poudre est avantageux, dans la limite toutefois de la résistance du canon.

5. Température de combustion des gaz de la poudre. La connaissance de la *température maxima* des gaz de la poudre est très importante, non seulement à cause de la pression maxima qui en dépend [cf. n° 7] mais encore et surtout à cause de l'érosion des tubes (la température de fusion de l'acier varie de 1300° à 1500° centigrades).

Dans la combustion de la poudre sous volume constant, cette température maxima t' évaluée en centigrades [ou T' en unités absolues] s'obtient aisément quand on connaît la capacité calorifique réduite W_r. La chaleur spécifique C_v des gaz de la poudre est, comme on sait, fonction de leur température t[11]; si, comme on le suppose habituellement

$$C_v = a + bt,$$

et si l'on part de la température initiale $t^0 = 0$, on a

$$W_r = \int_0^{t'} (a + bt)\,dt;$$

ceci posé, on obtient t' par la formule

$$t' = \frac{1}{b}\sqrt{a^2 + 2bW_r} - \frac{a}{b}.$$

On peut vérifier l'ordre de grandeur de t' en calculant la température de combustion d'après des mesures de pressions en vase clos [cf. n° 7].

Comme les coefficients a et b qui figurent dans l'expression de C_v ne sont connus que d'une façon peu précise, et que les mesures de pression prêtent à maintes objections, les nombres obtenus pour

---

11) Voir à ce sujet *J. H. van't Hoff*, Chemische Dynamik[6]), (2e éd.) p. 242; on y trouve aussi quelques renseignements bibliographiques.

t' sont peu certains; leurs valeurs peuvent différer de plusieurs centaines de degrés. Pour les nouvelles poudres, les valeurs de la température de combustion varient entre 2000° et 4000° centigrades.

La valeur t' ainsi obtenue ne fournit naturellement qu'une limite supérieure pour la température des gaz de la poudre *dans le tir.*

Une mesure directe de la température des gaz de la poudre pendant le tir n'a pas encore été faite jusqu'à présent; mais on peut espérer y parvenir par les nouveaux moyens que les progrès de la balistique intérieure mettent à notre disposition.

6. Volume spécifique; pression spécifique; covolume; densité de chargement. Ces grandeurs nouvelles sont employées dans le calcul de la pression maxima qui résulte de la combustion d'une matière explosive en vase clos [cf. n° 7].

Le *volume spécifique* $\mathfrak{v}_0$ d'un gaz est l'inverse de la densité de ce gaz; c'est donc le volume qu'occuperait le gaz provenant d'un kilogramme de poudre à la température 0° et sous une pression de 760^{mm} (l'eau étant supposée réduite en vapeur). C'est encore expérimentalement que l'on mesure le mieux cette grandeur.

Pour en déterminer la valeur par des procédés théoriques, on se sert de méthodes empruntées à la stœchiométrie. Ainsi pour la nitroglycérine par ex., on part de l'équation (théorique) de décomposition

$$2\,C_3H_5N_3O_9 = 6\,CO_2 + 5\,H_2O + 3\,N_2 + \tfrac{1}{2}O_2$$

et l'on en déduit, pour un kilogramme de gaz à 0° centigrade et sous une pression de 760^{mm},

$$\mathfrak{v}_0 = \frac{(6 + 5 + 3 + 0{,}5)\,2000}{2 \cdot 227 \cdot 0{,}0896} = 713 \text{ litres};$$

pour les poudres noires on a de même

$$\mathfrak{v}_0 = 285 \text{ litres par kilogramme.}$$

Comme il subsiste de l'incertitude sur l'équation théorique de décomposition, la valeur obtenue par ce procédé théorique pour $\mathfrak{v}_0$ est, elle aussi, incertaine.

Par *force* ou *pression spécifique de la matière explosive*[12]), on entend l'expression

$$f = \frac{p_0'\,\mathfrak{v}_0\,T'}{273},$$

où p_0' est la pression atmosphérique et où f est la pression que produisent les gaz fournis par l'unité de charge de poudre à la tem-

12) *E. Sarrau*, Recherches théoriques sur le chargement des bouches à feu, Paris 1882, p. 4; *M. Berthelot*, Force des matières explosives[1]) 1, p. 61.

pérature de combustion lorsqu'ils occupent un volume égal à l'unité [cf. n° 7].

Le *covolume* α est une fraction (comprise entre 0,5 et 0,92) qui indique quelle portion de la charge forme résidu après la combustion complète; la locution „résidu“ est prise ici au sens le plus large du mot, en y comprenant la somme des molécules du gaz: quand on comprime un volume $\mathfrak{v}_0$ à la température 0^0 et sous une pression de 760^{mm}, le volume à considérer n'est en effet que celui qu'on obtient en faisant déduction du volume des molécules restantes, c'est-à-dire environ

$$0{,}001\, \mathfrak{v}_0.$$

Dans les matières explosives qui ne donnent pas ou presque pas de résidus solides, on a donc

$$\alpha = 0{,}001\, \mathfrak{v}_0 \text{ litre par kilogramme;}$$

par exemple 1^{kg} de nitroglycérine donne, comme on l'a dit plus haut, 713 litres de gaz à la température de 0^0 et sous une pression de 760^{mm}; donc, pour la nitroglycérine, α est égal à 0,71 environ.

Par contre, pour les poudres à résidu solide, α est la somme du volume du résidu solide provenant de 1^{kg} de charge et du covolume des produits de combustion gazeux correspondant à 1^{kg} de charge; par exemple 1^{kg} de poudre noire donne, d'après *E. Sarrau,* 279 litres de gaz en sorte que

$$\mathfrak{v}_0 = 279 \text{ litres par kilogramme;}$$

de plus 1^{kg} de poudre noire fournit 0,209 litre de résidu solide; donc

$$\alpha = 0{,}209 + 0{,}279 = 0{,}488 \text{ litre par kilogramme.}$$

Densité de chargement[13]). On donne à cette locution trois sens différents qu'il importe dans la pratique de distinguer avec soin les uns des autres:

1°) c'est, pour les uns, le rapport, *au volume* total J_0 de la chambre de combustion, du volume que la charge de poudre occuperait, mais sans interstices;

2°) pour d'autres, c'est le rapport à J_0 de l'espace que la charge de poudre occupe en réalité avec les interstices;

3°) c'est enfin souvent le rapport Δ de la charge q évaluée en kilogrammes à l'espace J_0 évalué en litres.

Nous adopterons, conformément à l'usage allemand, la troisième de ces définitions: il sera donc bien entendu que la *densité de charge-*

---

13) Voir à ce sujet *N. von Wuich,* Mitteilungen über Gegenstände des Artillerie- und Geniewesens (Vienne) 1888, p. 337, 381.

ment est

$$\Delta = \frac{\text{charge en kilogrammes}}{\text{volume de la chambre en litres}}.$$

La capacité calorifique, ou si l'on veut l'énergie correspondante, la température de combustion, le volume spécifique, la pression spécifique et le covolume sont ce qu'on appelle dans la pratique les *constantes de la poudre.* Cela n'implique d'ailleurs pas que ces grandeurs soient en fait rigoureusement constantes pour la même matière explosive, mais seulement que leurs valeurs varient peu.

Le tableau suivant donne ces valeurs et quelques autres pour plusieurs matières explosives souvent utilisées en Allemagne; les nombres qui y figurent sont ceux qui ont été adoptés par le Service des expériences militaires allemand[14]).

Tableau A.

Constantes de la poudre

pour la combustion de la poudre sous un volume constant

	Volume spécifique v_0 (l'eau étant en vapeur)	Température de combustion t'	Capacité calorifique W_r (l'eau étant en vapeur)	Pression spécifique f	Covolume α	Constantes de la chaleur spécifique $c_v = a + bt$		Poids spécifique du grain de poudre s
	Litres par kg.	Degrés centigr.	Calories par kg.	Atmosphères.	Litres par kg.	a	b	
	environ	environ	environ	environ	environ			
Poudre noire	285	2000	680	3250	0,49	—	—	1.65
Poudre en bandes	920	2400	770	7800	0,92	0,22	0,000075	1,56
Poudre cubique	840	3300	1190	9100	0,84	0,21	0,000085	1,63
Charge d'obus C. 88	869	2840	800	9900	0,87	0,20	0,000057	1,74
Coton-poudre sec.	850	3100	1000	8400	0,85	0.20	0,000076	1,50
Coton-poudre humide (20%)	848	2400	690	7600	0,85	0,20	0,000071	—
Nitroglycérine	713	3870	1480	10800	0,71	0,20	0,000094	1,60
Dynamite à la gélatine	709	4000	1535	11100	0,71	0,19	0,000095	1,60

7. **Pression du gaz sous volume constant.** Si la poudre est brûlée dans la bombe d'expériences et si la fraction ε du poids de la charge forme des gaz (à la température absolue d'explosion T'), la pression du gaz a atteint sa valeur maxima; celle-ci, d'après la loi de Mariotte et de Gay-Lussac et en introduisant les constantes de la poudre, s'obtient par la relation

$$p_\xi = \frac{f\varepsilon\Delta}{1 - \alpha\Delta},$$

à laquelle on a donné le nom d'*équation d'Abel.*

14) Cf. *W. Heydenreich,* Lehre vom Schuss und die Schusstafeln 2, Berlin 1898, p. 7.

Cette équation a été étudiée par *A. Noble*, *F. Abel*, *E. Sarrau*, *M. Berthelot*, et plus récemment par *W. Wolff*[15]). Elle permet d'obtenir la pression du gaz avec une approximation suffisante dans la pratique, au moins pour les nouvelles matières explosives solides et fluides dont on fait usage. Il n'est donc pas nécessaire, dans ce cas, de pousser l'approximation plus loin en apportant à la loi de Mariotte et Gay-Lussac la correction de van der Waals.

Pour l'*acide picrique* $C_6H_2(NO_2)_3(OH)$, par exemple, avec l'équation (hypothétique) de décomposition

$$2C_6H_2(NO_2)_3(OH) = CO_2 + HO_2 + 11CO + 2H_2 + 3N_2$$

on a

$$W_r = 468 \text{ calories}, \quad \mathfrak{v}_0 = 877 \text{ litres}, \quad T' = 2700, \quad \alpha = 0{,}877;$$

il en résulte, si l'on compare aux résultats observés par *E. Sarrau*,

pour $\Delta = 0{,}1$: $p_\xi = 983$ kg par cm², au lieu de $p_\xi = 927$ observé;
pour $\Delta = 0{,}5$: $p_\xi = 7982$ kg par cm², au lieu de $p_\xi = 7662$ observé;
pour $\Delta = 0{,}9$: $p_\xi = 38310$ kg par cm².

Le résidu des poudres, pour lesquelles ε est plus petit que 1, doit, d'après *M. Berthelot*[16]), se trouver sous forme gazeuse à cause de la haute température qui règne au moment de l'expérience; *R. W. Bunsen* et *L. Schischkoff*, *A. Noble* et *F. Abel*[17]) estiment, au contraire, que ce résidu doit être à l'état liquide.

8. Mode et vitesse de combustion de la poudre. Les nouvelles poudres brûlent en vase clos *par couches parallèles*, si bien que la forme du grain se conserve: la forme cubique reste cubique, la forme cylindrique reste cylindrique.

G. Piobert croyait pouvoir établir cette loi pour les poudres noires mais, d'après les récentes recherches de *P. Vieille*[18]), elle ne s'applique

15) Voir là-dessus *M. Berthelot*, Force des matières explosives[1]) 1, p. 53 et suiv.; *E. Sarrau*, Introduction à la théorie des explosifs, Paris 1894; Mémorial des poudres et salpêtres 7 (1893/4), p. 148; *A. Noble* et *F. Abel*, Researches on explosives, Londres 1874; *W. Wolff*, Kriegstechnische Zeitschrift 6 (1903), p. 1. Des renseignements bibliographiques très complets concernant les résultats obtenus autrefois sur la pression des gaz se trouvent dans *Callenberg*, Die Fundamentalwerke der inneren Ballistik (autographié) [Bibliothek der vereinigten Artillerie- und Ingenieurschule, Berlin 1887].

16) Force des matières explosives[1]) 1, p. 63.

17) Voir *R. W. Bunsen* et *L. Schischkoff*, Ann. Phys. und Chemie, Zweite Folge (4) 12 (1857), p. 321; voir aussi *J. Link*, Ann. der Chemie und Pharmacie 109 (1859), p. 53; *A. Noble* et *F. Abel*, C. R. Acad. sc. Paris 79 (1874), p. 204; *A. Noble*, Heat action of explosifs, Londres 1884.

18) *P. Vieille*, Mémorial des poudres et salpêtres 6 (1891/2), p. 256.

pas aux poudres noires en général, et n'a lieu que dans le cas où la poudre a été, par la fabrication, comprimée de telle façon que son poids spécifique soit plus grand que 1,85 alors que d'ordinaire il est plus petit. Par contre, d'après *P. Vieille*, la loi s'applique aux nouvelles poudres. On en trouve la preuve dans l'observation des résidus éteints et l'on en a une confirmation dans le fait que la durée de combustion du grain a été trouvée proportionnelle à sa grosseur. Ces vues de *P. Vieille* ont été récemment modifiées sur quelques points essentiels par *P. Charbonnier*[18a]).

Des expériences avec les nouvelles poudres dont on a déterminé la combustion sous volume constant en portant à l'incandescence un fil de platine ont donné le résultat suivant:

La durée τ de la combustion croît avec l'épaisseur et la densité du grain et décroît quand la densité de chargement Δ croît.

W. Wolff[19]) a récemment cherché à établir une relation déterminée entre τ et Δ, en se basant sur des expériences faites avec plusieurs sortes de poudres nouvelles et des grains de forme et de grosseur différentes.

Voici quelques nombres donnés par *W. Wolff* pour le grain parallélépipédique:

Dimensions du parallélépipède	Δ	τ mesuré
$1^{cm},093 \times 0^{cm},897 \times 0^{cm},174$	0,098	$0^{sec},0305$
	0,193	$0^{sec},0178$
$0^{cm},663 \times 0^{cm},587 \times 0^{cm},049$	0,098	$0^{sec},0075$
	0,193	$0^{sec},0030$

Si $2e$ est l'épaisseur de la couche brûlée du grain, *W. Wolff* dit que $\frac{de}{dt}$ est la *vitesse de combustion* de la poudre; cette vitesse détermine la *brisance* ou *vivacité* d'une matière explosive; plus la poudre brûle vite, plus on la dit *vive*. La vivacité d'une même matière explosive est très différente, suivant les circonstances dans lesquelles la combustion se produit.

De nombreuses expériences montrent que la vitesse de combustion n'est pas indépendante de la pression p (comme *G. Piobert* l'avait

18a) *P. Charbonnier*, Balistique intérieure, Paris 1908, p. 7 et suiv.

19) Kriegstechnische Zeitschrift 6 (1903). Pour ce qui concerne la mesure de la durée de la combustion τ de la poudre et les diverses hypothèses faites à ce sujet, voir ce mémoire et aussi l'article actuel IV 22, n° 18. Sur la méthode de *P. Vieille* voir surtout *A. Brynk*, Vnutrennïa balistika (balistique intérieure) 1, St Pétersbourg 1901, p. 140.

prétendu) mais qu'elle croît avec la pression; on représente généralement cette dépendance par une relation de la forme

$$\frac{de}{dt} = \frac{K_1}{s} p^{\lambda},$$

où s désigne le poids spécifique du grain tandis que K_1 et λ sont des constantes.

P. de Saint Robert et *Ed. Frankland* ont pris pour les poudres noires $\lambda = \frac{2}{3}$; *Roux* et *E. Sarrau* ont pris $\lambda = 0{,}5$; *Rovel* a pris $\lambda = 0{,}25$; *Castan* a pris $\lambda = 0{,}6$; *H. Sébert, B. Hugoniot, A. Moisson, O. Mata, N. von Wuich, G. Kaiser*[20]) ont pris $\lambda = 1$; pour les nouvelles poudres, *F. Gossot* et *R. Liouville* ont pris $\lambda = \frac{2}{3}$; *P. Vieille* a trouvé que λ dépend de l'espèce de poudre employée et *W. Wolff* conclut de ses expériences que $\frac{de}{dt}$ dépend en outre explicitement de Δ, en sorte que l'on aurait une relation de la forme

$$\frac{de}{dt} = f(p, \Delta).$$

Dans *le cas du tir*, la mesure de la vitesse de combustion n'a jusqu'à présent pas été possible; en particulier on n'a pu encore résoudre expérimentalement l'importante question de savoir à quel instant la charge de poudre est tout à fait brûlée dans le canon. Dans cet état de choses, afin d'obtenir pour la vitesse de combustion de la poudre une formule quantitative qui soit utilisable au moins dans une certaine mesure, on a eu recours à divers moyens [cf. n° **12**, formules de Sarrau].

W. Heydenreich[21]) emploie le *rapport de pression* déjà défini

$$\eta = \frac{p_m}{p_\xi}$$

comme module de brisance, pour les raisons que voici:

Il est vraisemblable qne si la pression maxima apparaît de bonne heure, c'est un indice de la combustion rapide de la poudre. Comme on constate que, toutes choses égales d'ailleurs, plus tôt apparaît le maximum de pression du gaz, plus grande est cette valeur maxima p_ξ en comparaison de celle de la pression moyenne p_m, on est amené à admettre que la vitesse de combustion croît ou décroît suivant que $\frac{1}{\eta}$ croît ou décroît. On appelle *poudre vive* celle pour laquelle $\eta < 0{,}45$ (la poudre vive est employée dans les canons à tir fortement incliné

---

20) Voir à ce sujet *N. von Wuich*, Mitteilungen über Gegenstände des Artillerie- und Geniewesens (Vienne) 1888, p. 337, 381; id. 1894, p. 589; id. 1897, p. 87.

21) Schusstafeln [14]) 2, Berlin 1898, p. 11, 18.

sur l'horizon, que l'on effectue avec de petites charges); on appelle *poudre moyenne* celle pour laquelle η est compris entre 0,45 et 0,60; enfin on appelle *poudre lente* celle pour laquelle $\eta < 0,60$ (la poudre lente est employée dans les canons à tir rasant).

Parmi les diverses matières explosives, la poudre noire est la plus vive (pour cette poudre η est au plus égal à 0,41); puis vient la poudre à nitroglycérine donnant peu de fumée (poudre cubique pour laquelle η est égal à 0,52 environ); enfin, la poudre à fulmicoton pure (poudre en bandes pour laquelle η est égal à environ 0,65).

Si l'on considère comme acceptables les conclusions ci-dessus, les expériences de tir allemandes permettent de formuler la règle suivante:

Toutes les circonstances qui accroissent la pression sous laquelle la poudre brûle augmentent aussi la vitesse de combustion; autrement dit, cette dernière croît avec la densité de chargement, avec l'augmentation de poids du projectile et de la résistance que supporte le projectile par suite du forcement dans les rayures.

De plus la vitesse de combustion dépend de la forme des grains de poudre (pour des grains de même poids, elle croît avec la surface) et de la composition de la poudre (la poudre en bandes est celle qui brûle le plus lentement, puis vient la poudre cubique; la poudre noire est celle qui brûle le plus vite).

Du reste le mode de combustion de la poudre dépend de son mode d'inflammation, sous l'action du fulminate de mercure des étoupilles, de la poudre noire ajoutée à la charge proprement dite afin d'obtenir un allumage plus violent, de l'allumage électrique, etc. Il semble aussi que le mode de combustion de la poudre dépende de son échauffement préalable et de son degré de sécheresse. Par exemple, il peut arriver que, grâce à une inflammation très violente, on obtienne, au lieu d'une combustion tranquille s'effectuant avec une vitesse de l'ordre d'une fraction de mètre par seconde, une *détonation* dont la vitesse s'évalue en kilomètres par seconde.

Dans le cas du tir, on n'a pas encore établi avec une précision suffisante la manière dont les grains de poudre sont successivement enflammés, ni la distinction entre la vitesse de combustion du grain et la vitesse de propagation de l'explosion d'un grain à l'autre[22]).

---

22) La théorie des ondes d'explosion développée par *M. Berthelot, P. Vieille, F. E. Mallard* et *H. Le Chatelier* se fonde seulement sur des expériences faites sous volume constant. Sur cette théorie, voir *M. Berthelot* [Force des matières explosives[1]) 1, p. 133] et *J. H. van't Hoff* [Chemische Dynamik[6]), (2e éd.) p. 246], ouvrage qui contient des renseignements bibliographiques. Sur une application récente

Étude théorique du problème dynamique.

9. Cas de la détonation. Quoique ce cas soit de peu d'importance pour la pratique courante du tir, nous l'envisagerons tout d'abord parce qu'il est assez facile à étudier et que les conclusions résultant des conditions particulières sous lesquelles il est réalisé conservent en partie leur valeur dans certains cas où, comme dans le tir ordinaire, la poudre n'est pas encore convertie complètement en gaz avant le commencement du mouvement du projectile.

Nous allons donc envisager le mouvement du projectile dans le canon sous les hypothèses suivantes, qui ont un caractère tout à fait spécial. Nous admettrons qu'on choisisse, pour produire l'impulsion, soit une substance qui était *par avance sous forme gazeuse*, soit une substance qui était au début solide ou liquide, mais qui est déjà convertie complètement en gaz avant que le projectile ne se mette en mouvement. Dans ce dernier cas, nous supposerons de plus que le mouvement du projectile se produit d'une façon tellement brusque que le passage de l'état solide ou liquide à l'état gazeux puisse être considéré comme *adiabatique*.

Les gaz produisent du travail et se refroidissent. Au commencement du mouvement du projectile, la pression du gaz est maxima, de sorte que [cf. n° 7], dans le cas où $\varepsilon = 1'$, on a

$$p_\xi = \frac{fq}{J_0 - \alpha q},$$

si l'on désigne par J_0 l'espace de combustion initial et par q la charge.

Soient $J_0 - \alpha q$ l'espace situé derrière le projectile au début du mouvement et $J - \alpha q$ cet espace après t secondes; d'après la loi de Poisson, la pression p du gaz est, après t secondes,

$$p = p_\xi \cdot \left(\frac{J_0 - \alpha q}{J_e - \alpha q}\right)^\varkappa = fq \frac{(J_0 - \alpha q)^{\varkappa - 1}}{(J - \alpha q)^\varkappa},$$

où $\varkappa$ est théoriquement égal à $\frac{c_p}{c_v} = 1{,}41$ [23]. Spécialement à la bouche

---

de cette théorie à une résolution pratique du problème de balistique intérieure, voir *A. Indra*, Die wahre Gestalt der Spannungskurve, Vienne 1901.

23) D'après les expériences faites par *F. Krupp* avec des canons successivement raccourcis, il vaudrait mieux prendre $\varkappa = 1{,}1$. A ce sujet et sur l'emploi pratique de cette expression de p voir Mémoire *anonyme*, Mitteilungen über Gegenstände des Artillerie- und Geniewesens (Vienne) 1883, Notizen, p. 65 (formules de la fabrique d'acier fondu de Krupp). Des procédés plus récents et plus exacts pour obtenir $\varkappa$ se trouvent dans *W. Heydenreich*, Schusstafeln [14]) 2, Berlin 1898,

du canon où J_e est égal à tout le volume de l'âme, la pression finale est donnée par la formule

$$p_e = fq \frac{(J_0 - \alpha q)^{\varkappa - 1}}{(J_e - \alpha q)^{\varkappa}};$$

cette pression peut d'ailleurs être aussi exprimée par la densité de chargement Δ et le *rapport d'expansion* $\xi = \frac{J_e}{J_0}$ du canon.

La température à la sortie T_e s'obtient en appliquant la formule

$$T_e = T' \left(\frac{J_0 - \alpha q}{J_e - \alpha q}\right)^{\varkappa - 1};$$

à cette relation on peut en substituer une autre un peu plus exacte, en tenant compte de la variation de c_v avec la température.

Remarquons en passant que *W. Heydenreich*[24]) a observé que les canons devenus chauds après un long tir sont au toucher, immédiatement après que l'on a tiré un coup, plus froids à l'intérieur qu'à l'extérieur; parfois ce refroidissement peut être suffisamment important pour éteindre des grains de poudre incomplètement brûlés.

Le travail fourni par les gaz est égal à

$$\frac{fq}{\varkappa - 1}\left[1 - \left(\frac{J_0 - \alpha q}{J_e - \alpha q}\right)^{\varkappa - 1}\right].$$

Pour obtenir la vitesse du projectile, imaginons que la chambre est un cylindre de section droite (d'âme) ω partout égale. Soient alors

$$J_0 - \alpha q = \omega l,$$
$$J - \alpha q = \omega(l + x);$$

et soit $\frac{1}{n}$ la partie de l'énergie fournie par l'inflammation du gaz qui met le projectile en mouvement. En ne tenant compte que de l'énergie du mouvement de translation qui, comme on l'a déjà fait remarquer, est de beaucoup prédominante, on obtient pour la vitesse v du projectile la formule

$$n \cdot \frac{Q}{2g} v^2 = p_\xi \frac{J_0 - \alpha q}{\varkappa - 1}\left[1 - \left(\frac{J_0 - \alpha q}{J - \alpha q}\right)^{\varkappa - 1}\right]$$
$$= \frac{1}{\varkappa - 1} p_\xi \omega l \left[1 - \left(\frac{l}{l + x}\right)^{\varkappa - 1}\right]$$

---

p. 13; on y voit que dans le cas d'une combustion très rapide de la poudre la valeur théorique de $\varkappa$ (savoir 1,41) est presque atteinte.

24) Schusstafeln[14]) 2, Berlin 1898, p. 14. Sur le calcul de la température à la bouche en tenant compte du plus grand nombre possible de circonstances ambiantes, voir *P. de Saint Robert*, Principes de thermodynamique, Turin 1870 p. 261.

et pour la pression p du gaz la formule

$$p = p_\xi \left(\frac{l}{l+x}\right)^{\varkappa}.$$

Pour la poudre noire, *A. Noble* et *F. Abel* prétendent que la chaleur du résidu qui se forme peu à peu suffit à remplacer la chaleur détruite par la production de travail, si bien que l'on peut appliquer *la loi des isothermes* d'après laquelle $\varkappa = 1$[25]).

La vitesse v et la pression p du gaz sont alors données par les formules

$$\frac{nv^2Q}{2g} = p_\xi \omega l \log_e \left(\frac{l+x}{l}\right),$$

$$p = \frac{p_\xi l}{l+x}.$$

Pour les nouvelles poudres, cette hypothèse n'est pas toujours applicable.

En fait, la seconde des hypothèses précédentes d'après laquelle la transformation serait adiabatique n'est jamais vérifiée exactement. Bien plus on sait que les canons s'échauffent d'une façon notable dès que l'on a tiré quelques coups, si bien qu'un refroidissement artificiel est bientôt nécessaire.

Pour *l'échauffement du canon*[26]), *J. A. Longridge* donne (d'après *E. Sarrau*) une expression qui est de nature très hypothétique parce qu'elle dépend de la durée de la combustion de la poudre. *A. Indra* croit pouvoir déduire de considérations théoriques que la plus petite partie de la chaleur du canon provient de la transmission de la chaleur de combustion des gaz de la poudre et que la plus grande partie provient de la transformation en chaleur du travail de vibration des gaz[27]).

---

25) Voir là-dessus *N. von Wuich*, Mitteilungen über Gegenstände des Artillerie- und Geniewesens (Vienne) 1894, p. 589.

26) Relativement aux calculs de *E. Sarrau* concernant cet échauffement, voir *J. A. Longridge*, Interior ballistics, Londres 1883, p. 42.

P. de Saint Robert [Principes de thermodynamique, Turin 1870, p. 251] considère le canon surtout comme une machine thermodynamique; *A. Indra* [Neue ballistische Theorien, analytische Theorien der Wärmeleitung in Geschützrohren, Pola 1893; Sitzgsb. Akad. Wien 105 IIa (1896), p. 823] s'occupe de la mesure de la température d'une source de chaleur *variable*. Voir encore *J. Tobell*, Mitteilungen über Gegenstände des Artillerie und Geniewesens 1888, p. 551; id. 1890, p. 401.

27) *C. Cranz* et *R. Rothe* [Z. für das gesamte Schiess- und Sprengstoffwesen 3 (1908), p. 301, 327, 474] ont effectué des mesures analogues pour ce qui concerne l'échauffement des fusils.

J. Tobell trouve, par contre, que la plus grande partie de la chaleur du canon est due à l'effet de la flamme, par conséquent à la transmission de la chaleur provenant des produits de combustion, tandis qu'une petite partie de cette chaleur est due au frottement du projectile contre le canon et que l'ensemble des autres sources de chaleur produit à peine 1% de toute la chaleur qui passe dans le canon.

B. Th. Rumford et *P. de Saint Robert* mentionnent qu'un canon s'échauffe davantage avec une charge lente qu'avec une charge vive, surtout quand il existe, dans ce dernier cas, un vide plus grand entre la charge et le projectile. D'autres auteurs ont obtenu un résultat contraire[26a]).

On manque d'expériences concluantes sur l'échauffement. *A. Indra* n'a fait qu'amorcer quelques expériences avec des thermomètres à mercure construits d'une façon spéciale. On peut espérer de meilleurs résultats maintenant du fait de l'introduction des méthodes électriques.

10. Cas de la combustion graduelle de la poudre. Ce cas est celui qui se présente ordinairement dans la pratique; il ne peut être traité mathématiquement que si l'on admet une loi de combustion déterminée. Cette loi est, bien entendu, tout à fait hypothétique. Mais, même en l'admettant sans conteste, la solution théorique du problème dynamique présente de trop grandes difficultés pour pouvoir être obtenue dans le cas général. On n'est parvenu qu'à des résultats concernant des cas spéciaux que nous allons examiner rapidement dans ce qui suit.

Nous supposons d'abord, comme déjà tout à l'heure, que dans le passage de l'état solide ou liquide à l'état gazeux la détente des gaz est adiabatique. Soit, après t secondes comptées à partir du commencement du mouvement du projectile, $p\omega$ la pression du gaz sur une section ω de l'âme; si R est l'ensemble des résistances dans le canon, l'équation du mouvement du projectile relativement au canon supposé immobile est, en choisissant le chemin parcouru x comme variable indépendante,

$$\text{(a)} \qquad \frac{Q}{g} v \frac{dv}{dx} = p\omega - R.$$

Supposons que, de la charge de q kilogrammes de poudre, i kilogrammes soient actuellement brûlés en sorte qu'il reste encore $(q - i)$ kilogrammes de la charge non brûlés; le volume variable J entre le culot du projectile et le fond de l'âme est alors diminué du volume $\frac{q-i}{s}$ de la poudre non brûlée (de poids spécifique s), ainsi que du covolume αi de la poudre brûlée; la pression du gaz est donc actuellement, d'après la loi de Poisson,

(b) $$p = fi \cdot \frac{\left(J_0 - \frac{q-i}{s} - \alpha i\right)^{\varkappa - 1}}{\left(J - \frac{q-i}{s} - \alpha i\right)^{\varkappa}}$$

où s et $\varkappa$ sont connus et où J peut être exprimé facilement en fonction de x.

Supposons les grains de poudre parallélépipédiques, de longueurs d'arêtes a, b, c, avec $a > b > c$; c est alors ce qu'on appelle l'épaisseur du grain. Supposons encore que les grains de poudre brûlent par tranches parallèles.

Soit $2e$ la diminution de chacune des arêtes après un temps t; le volume de la partie brûlée du grain de poudre, après un temps t, a alors pour valeur

$$abc - (a - 2e)(b - 2e)(c - 2e);$$

on voit donc que i est fonction de e; nous supposons que cette fonction est de la forme

(c) $$i = \mu_1 e + \mu_2 e^2 + \mu_3 e^3,$$

où μ_1, μ_2, μ_3 dépendent de la forme du grain et de la masse de la charge. Supposons aussi que la vitesse de combustion $\frac{de}{dt}$ soit de la forme

(d) $$\frac{de}{dt} = \frac{K_1}{s} \cdot p^{\lambda},$$

où s, K_1 et λ soient connus.

Le problème à résoudre consiste à exprimer v en fonction de x, en tenant compte des relations (a), (b), (c) et (d).

Pour y parvenir il faudrait d'abord envisager une première période prenant fin quand le grain est tout à fait brûlé, donc quand $2e$ est devenu égal à c; à partir de cet instant, le calcul peut être effectué d'après le n° 9 en envisageant l'expansion pure et simple des gaz présents sans avoir à tenir compte de l'adjonction, à ces gaz, de gaz provenant à nouveau de la poudre.

Quand bien même les difficultés mathématiques qui s'opposent à l'obtention d'une solution générale de ce système d'équations seraient surmontées, aucun résultat précis ne serait cependant atteint, parce que d'une part la loi de combustion (d) n'est pas justifiée dans la réalité [voir n° 8], parce que, d'autre part, la résistance R et les facteurs $\varkappa$ et K_1, peut-être aussi le covolume α, ne sont pas des constantes, parce qu'en troisième lieu la densité des gaz de la poudre n'est sûrement pas la même dans toute l'âme, et qu'enfin il ne peut s'agir d'une détente adiabatique des gaz, puisque bien certainement une partie de la chaleur des gaz passe dans le canon.

On a coutume de considérer ce passage de chaleur au canon parce qu'on regarde la détente comme polytropique, c'est-à-dire que l'on traite $\varkappa$ comme un exposant empirique qui diffère du rapport $\frac{c_p}{c_v}$ des deux chaleurs spécifiques. Seulement cet exposant $\varkappa$ n'est pas le même dans toutes les armes et pour toutes les poudres et, même dans une arme donnée et pour une poudre donnée, l'exposant $\varkappa$ sera une fonction inconnue du parcours x du projectile.

Les tentatives que l'on a faites pour ne surmonter tout d'abord que les difficultés mathématiques qui se présentent dans la solution du problème, en négligeant certains termes comparativement à d'autres, n'ont donné que des résultats très douteux.

F. Krupp[28]) a décomposé le mouvement en deux périodes dont la première se termine à l'apparition du maximum de pression, et la seconde à la sortie du projectile du canon. On lui doit cette hypothèse, tout à fait arbitraire, que toute la poudre est brûlée quand la pression du gaz atteint sa valeur maxima.

G. Kaiser[29]) prend la loi de combustion sous la forme

$$\frac{de}{dt} = kp$$

(en sorte qu'il suppose $\lambda = 1$) et il néglige $\frac{q-i}{s} - \alpha i$ en comparaison de J ou de J_0; il ne parvient toutefois pas à terminer ses calculs sans faire appel à des données empiriques, en sorte qu'il est ramené, en fin de compte, à suivre la voie que déjà avant lui *E. Sarrau*[30]) avait suivie. *E. Sarrau* était parti de la transformation adiabatique dans un canon de longueur infinie et était parvenu, en négligeant plusieurs termes, à une équation différentielle du second ordre et du second degré; celle-ci s'intègre à l'aide de développements en séries, en négligeant de nouveaux termes. En partant de là, mais aussi et avant tout des résultats d'une grande suite d'expériences effectuées en France (commission de Gâvre), on a pu constituer un système de solutions du

28) Voir *N. von Wuich,* Mitteilungen über Gegenstände des Artillerie- und Geniewesens (Vienne) 1894, p. 589.

29) Geschützrohre[9]), (2e éd.) p. 69 et suiv.

30) Recherches théoriques sur le chargement des bouches à feu, Paris 1882, p. 43, 46. Sur l'extension des formules, voir *A. Gaudin* [Revue d'artillerie 17 (1880/1), p. 224] et *A. Brynk* [Vnutrennĭa balistika[19]) 1, p. 217 et suiv.]; pour les conséquences voir surtout *A. Brynk.*

problème dont nous retrouverons la partie essentielle dans les expressions de la vitesse du projectile et de la pression données au n° **12**.

Depuis quelques années, plusieurs balisticiens ont établi de nouvelles solutions théoriques du problème capital de balistique intérieure, en particulier *F. Gossot* et *R. Liouville*[31]) en 1905, *O. Mata*[32]) en 1906, *J. M. Ingalls*[33]) en 1908, *P. Charbonnier*[34]) en 1908, *G. Bianchi*[35]) en 1910.

F. Gossot, *R. Liouville*, *O. Mata* et *J. M. Ingalls* supposent que la combustion des grains de poudre isolés se propage en couches parallèles; *P. Charbonnier* et après lui *G. Bianchi* prennent au contraire pour base de leurs calculs d'autres lois de combustion. Des vérifications de ces méthodes de résolution ont été effectuées par comparaison avec les mesures qu'on avait obtenues à l'aide de l'appareil Sébert. Cette vérification a montré que la plupart de ces solutions donnent pour les canons des résultats vraiment satisfaisants; mais ce n'est pas le cas uniformément pour toutes les espèces de poudres. Par contre, si l'on applique les théories aux fusils, en général les méthodes de calcul ne conviennent pas.

Une première raison capitale de ce désaccord se trouve dans une omission importante. L'expression susmentionnée, pour l'espace dont disposent réellement les gaz pour leur expansion, soit l'expression

$$J = \frac{q - i}{s} - \alpha i,$$

est une fonction, non seulement du parcours x du projectile, mais encore de la partie i de la charge de poudre qui est brûlée jusqu'au temps t. Au lieu de cette expression, on a utilisé une expression approchée, qui dépend de x seulement et non pas de i. Une deuxième raison est que la véritable loi de combustion n'est pas connue. Par suite on doit dire que l'on n'a pas trouvé jusqu'ici, en partant d'une base théorique, de solution tout à fait satisfaisante en même temps que tout à fait générale qui fournisse des résultats aussi exacts que les mesures.

Résolution pratique du problème dynamique.

11. Remarques générales. Ce chapitre est consacré à l'exposé des formules obtenues à l'aide d'expériences pratiques.

---

31) Mémorial des poudres et salpêtres 13 (1905/6), p. 7/139.

32) Cf. *H. Börner*, Z. für das gesamte Schiess- und Sprengstoffwesen 1 (1906), p. 214, 249, 310

33) Journal of the United States artillery 17^1 (1908), n° 3 p. 259; 17^2 (1908), n° 1 p. 27.

34) Balistique intérieure, Paris 1908.

35) Balistica interna, Turin 1910.

Il convient de remarquer tout d'abord que la comparaison des diverses formules d'approximation obtenues de divers côtés est impossible parce que la composition et le mode de fabrication des diverses espèces de poudre sont généralement différents et insuffisamment connus, et parce qu'il n'existe aucune loi bien déterminée pour la résistance que le projectile éprouve du fait de son forcement dans la partie rayée du canon, résistance qui fait varier considérablement v et p.

12. Formules de Sarrau. Nous reproduisons ici ces formules parce qu'elles semblent convenir à beaucoup de cas, surtout pour les poudres noires. En conservant à

$$Q,\ q,\ L,\ \Delta,\ J_0,\ \varpi,\ V$$

le sens que ces lettres avaient jusqu'ici et en désignant par d le calibre, par p_ξ la pression maxima des gaz sur le culot du projectile, par p_ξ' cette pression sur le fond de l'âme (ces deux pressions sont un peu différentes, surtout à cause du mouvement de la charge de la poudre), par A, B, C, D, E certaines constantes dépendant de l'espèce de la poudre, constantes pour lesquelles *E. Sarrau* donne des tables relatives aux sortes de poudres françaises, la vitesse initiale V du projectile (à la bouche du canon) est donnée par l'une ou l'autre des deux formules

$$\text{(a)} \qquad V = A\,\frac{(qL)^{\frac{3}{8}}\Delta^{\frac{1}{4}}}{(Qd)^{\frac{1}{4}}}\left(1 - \frac{B\sqrt{QL}}{d}\right),$$

$$\text{(b)} \qquad V = Cq^{\frac{3}{8}}\,\frac{\Delta^{\frac{1}{4}}L^{\frac{3}{16}}d^{\frac{1}{8}}}{Q^{\frac{7}{16}}}.$$

La formule (a) est utilisée pour les poudres lentes, c'est-à-dire pour les poudres telles que la valeur numérique de l'expression $\frac{B\sqrt{QL}}{d}$ soit $< 0{,}273$. La formule (b) est employée pour les poudres à action brisante, c'est-à-dire pour les poudres telles que $\frac{B\sqrt{QL}}{d}$ soit $\geqq 0{,}273$.

La plus haute pression du gaz sur le culot du projectile est donnée par la formule

$$\text{(c)} \qquad p_\xi = D\,\frac{\Delta (Qq)^{\frac{1}{2}}}{d^2} = D\,\frac{q^{\frac{3}{2}}Q^{\frac{1}{2}}}{J_0 d^2};$$

la *pression maxima du gaz sur le fond de l'âme* est donnée par la formule

$$\text{(d)} \qquad p_\xi' = E\Delta\,\frac{q^{\frac{3}{4}}Q^{\frac{1}{4}}}{d^2}.$$

Ces formules s'emploient surtout quand on recherche l'influence qu'exerce la variation d'une des grandeurs Δ, q, Q, d, L sur la valeur de V, de p_ξ ou de p_ξ'.

Pour faire usage des tables de Sarrau, il faut se rappeler que les unités fondamentales qu'il emploie sont le décimètre, le décimètre carré, le décimètre cube, le kilogramme et la seconde.

D'autres formules empiriques[36]) du même genre et en partie de même forme ont été obtenues à l'aide d'expériences d'artillerie faites dans différents pays par *J. M. Ingalls*, *F. Hélie*, *O. Mata*, *G. Kaiser*, *J. H. Glennon*, *F. Gossot* et *R. Liouville*; elles ne sont en général applicables qu'aux canons.

13. Dernières expériences et derniers diagrammes. Des expériences récentes amorçées par *N. V. Maievskij*, *A. Noble* et *F. Abel*, ont permis de tracer directement ou indirectement des diagrammes des vitesses du projectile et des pressions du gaz pour le mouvement du projectile dans le canon et ont ainsi fourni une solution pratique du problème, au moins pour les cas que nous considérons ici.

A. Noble et *F. Abel* ont employé le chronographe de *A. Noble* [voir n° **19**] pour obtenir le parcours x du projectile dans le canon en fonction du temps t; au moyen de différentiations successives, on en déduit la vitesse du projectile $\frac{dx}{dt}$ ou v, puis l'accélération $\frac{dv}{dt}$, et par suite la pression du gaz, soit en fonction de t, soit en fonction de x.

H. Sébert et *B. Hugoniot* ont opéré avec l'appareil destiné à mesurer le recul, dit vélocimètre [cf. n° **21**] de *H. Sébert*. Ils ont mesuré d'abord en fonction du temps le déplacement du canon vers l'arrière; ils en ont déduit par le calcul le parcours du projectile, sa vitesse, son accélération et la pression du gaz.

Quelques balisticiens ont déterminé la vitesse v du projectile en fonction de x en diminuant peu à peu la longueur du canon, et mesurant chaque fois à nouveau la vitesse du projectile à la sortie; on obtient alors la pression des gaz par une différentiation et les trajets parcourus par une intégration.

Du reste, la façon dont on a mesuré dans ces expériences la vitesse à la bouche, ne comportant que des mesures effectuées sur une étendue

36) Sur les formules plus anciennes, voir *C. Parodi* [Rivista d'artiglieria e genio 1887, vol. 4, p. 386]; *E. Vallier* [Balistique expérimentale, Paris 1894, p. 191]. Pour les autres formules, voir *O. Mata* [Mémorial de l'artillerie de la marine 30 (1902), p. 225, 287]; Z. für das gesamte Schiess- und Sprengstoffwesen 1 (1906), p. 214, 249, 310], *J. M. Ingalls* [J. of the United States artillery 12 (1903), p. 259; 14 (1905), p. 185; 15 (1906), p. 29, 149, 294]; *F. Gossot* et *R. Liouville* [Mémorial des poudres et salpêtres 13 (1905/6), p. 7/139].

comprise entre 50^m et 100^m à partir de la bouche du canon, a été cause de plusieurs erreurs.

Les diagrammes obtenus par l'une quelconque de ces méthodes pour la vitesse v du projectile et pour la pression p dans le canon ont un caractère commun. Quand x augmente de 0 à la valeur correspondant à la bouche du canon, la courbe des vitesses v s'élève continuellement, d'abord très vite, puis moins rapidement tandis que la courbe des pressions p s'élève d'abord très vite jusqu'au maximum de p, puis s'abaisse et cette seconde branche de la courbe a un point d'inflexion. Il subsiste d'ailleurs encore de l'incertitude sur la forme de la première partie du diagramme, celle qui est comprise entre son point de départ et le maximum de p; certains auteurs prétendent que cette portion de la courbe présente aussi une inflexion, d'autres le contestent; en tout cas, la courbe des pressions ne doit pas commencer par $p = 0$, car dès le début du mouvement du projectile il doit déjà régner une certaine pression.

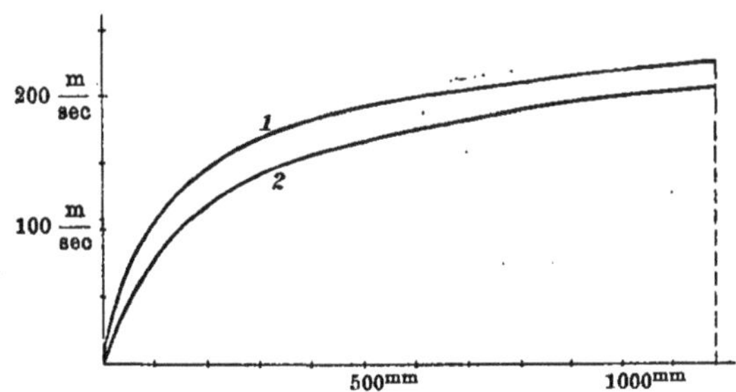

Fig. 1. *Courbe des vitesses.*
L'axe des abscisses est celui des chemins parcourus par le projectile; l'axe des ordonnées est celui des vitesses correspondantes.

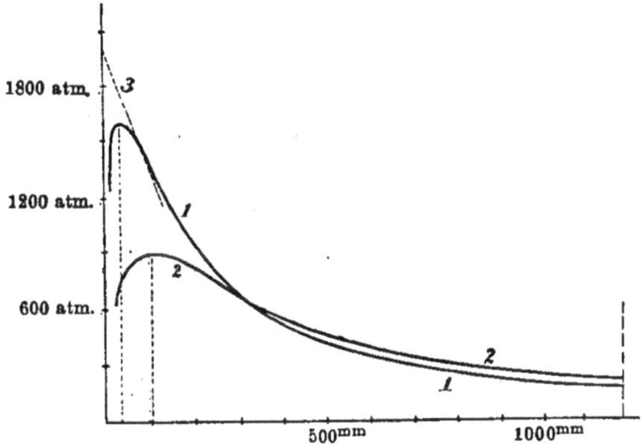

Fig. 2. *Courbe des pressions.*
L'axe des abscisses est celui des chemins parcourus par le projectile; l'axe des ordonnées est celui des pressions correspondantes.

On trouve un grand nombre de diagrammes de cette sorte pour les anciennes et les nouvelles poudres dans les publications relatives à ce sujet de *A. Noble, F. Abel, H. Sébert, B. Hugoniot, N. Zabudskij*[37]).

Comme exemple[38]), on trouvera dans les deux figures ci-jointes

37) Voir aussi Textbook of gunnery, Londres 1902.

38) Cet exemple est tiré de *W. Heydenreich*, Schusstafeln[14]) 2, p. 24.

un double diagramme qui a été obtenu par le procédé de *H. Sébert* dans des essais effectués par la Commission d'expériences d'artillerie allemande. Les expériences se rapportaient au mortier allemand de 15^{cm} avec l'obus C. 88 et $0^{kg},6$ de charge de poudre à faible fumée. La courbe (1) concerne une poudre cubique fine de $\frac{3}{4}$ de millimètre de côté, la courbe (2) concerne une poudre épaisse, et par conséquent brûlant plus lentement, de 2^{mm} de côté.

Quand on emploie la poudre fine, la pression maxima du gaz p_ξ atteint 1620 atmosphères, la pression P à la sortie 160 atmosphères, la pression moyenne p_m 500 atmosphères; la plus haute pression est obtenue à l'instant $t_\xi = 0{,}0014$ seconde, après que le projectile a parcouru dans le canon le trajet $x_\xi = 40^{mm}$, le rapport de pression η est égal à 0,31.

D'autre part, avec la poudre épaisse,

$$p_\xi = 910; \quad P = 185; \quad p_m = 430 \text{ atmosphères};$$

$$t_\xi = 0{,}0030 \text{ sec}; \quad x_\xi = 100^{mm}; \quad \eta = 0{,}47.$$

La courbe (3), dont le commencement seul est tracé en pointillé sur la figure 2, se rapporte au cas de la détonation, c'est-à-dire au cas où l'on suppose que toute la poudre est brûlée avant que le projectile ne commence à se mouvoir; dans ce cas, au commencement du mouvement, la pression maxima de la poudre, soit environ 1980 atmosphères, serait atteinte et, à partir de ce moment, la pression baisserait rapidement [voir n° **9**].

Quand on emploie la poudre épaisse, le maximum de pression se produit plus tard qu'avec la poudre fine; en même temps la valeur de ce maximum est abaissée, la pression du gaz à la sortie est élevée; bref avec la poudre épaisse la courbe des pressions est plus aplatie, et le rapport des pressions devient plus grand qu'avec la poudre fine. On en conclut, comme cela a été déjà indiqué sommairement, que la poudre brûle d'autant plus lentement qu'elle est plus épaisse; mais il ne faut pas oublier qu'on ne sait vraiment rien de précis sur l'instant où la combustion est terminée dans le tir, en dépit des nombreuses hypothèses et des présomptions formulées à ce sujet.

En attendant que des mesures plus exactes aient pu être faites, on en est réduit, pour caractériser le mode de combustion d'une poudre, à observer la forme plus ou moins aplatie du diagramme des pressions. Plus la courbe est aplatie ou, ce qui revient au même, plus grand est le rapport η entre la pression moyenne et la pression maxima, plus la poudre brûle lentement, et moins *brisante* elle se montre dans le canon employé.

On retrouve ainsi absolument les mêmes caractères que dans les courbes indiquées dans les diagrammes déjà obtenus de 1869 à 1871, avec de la poudre noire, par *A. Noble* et *F. Abel*; la courbe des pressions p obtenue en prenant pour abscisses les temps t au lieu des parcours x du projectile a, elle aussi, une allure du même genre.

Les nouvelles bases apportées par *N. V. Maievskij*, *A. Noble* et *F. Abel* furent utilisées d'abord par *N. Zabudskij*, puis par *E. Vallier* d'une façon très fructueuse pour la représentation par interpolation des parcours dans le canon.

En remarquant que les diagrammes des pressions et des vitesses présentent, quelles que soient les circonstances qui se produisent dans la pratique, un caractère semblable, *N. Zabudskij*[39]) et *E. Vallier* sont parvenus à trouver, chacun de leur côté, une expression analytique qui représente approximativement la fonction p et ont ainsi obtenu une solution du problème de la balistique intérieure applicable dans la pratique.

14. Les formules de Vallier. Ce qui caractérise la solution de *E. Vallier*[40]), c'est l'introduction comme *paramètre*, dans le système de formules qui donne la solution du problème, du rapport η de la pression moyenne à la pression maxima.

Pour faciliter l'emploi des formules et des tables de Vallier, nous introduirons, avec *E. Vallier*, le rapport inverse des pressions $\frac{1}{\eta}$ et nous le désignerons par γ, en sorte que

$$\gamma = \frac{p_\xi}{p_m}.$$

---

39) O davlenii gazov bezdymnago porocha v kanalě pumek, St Pétersbourg 1894; trad. allemande de *Callenberg*, Gasdruck des rauchlosen Pulvers, Berlin 1899, p. 7. *N. Zabudskij* représente la pression p du gaz en fonction du parcours x du projectile, par la formule

$$p = \frac{a}{x^{1,41}}\left(1 + \frac{b}{x} - \frac{c}{x^2}\right)$$

où a, b, c sont des constantes que l'on détermine par des procédés empiriques.

40) C. R. Acad. sc. Paris 128 (1899), p. 1305; 129 (1899), p. 258; 133 (1901), p. 203, 319; 135 (1902), p. 842, 942; Mémorial des poudres et salpêtres 11 (1901/2), p. 129. Voir à ce sujet: *W. Heydenreich*, Kriegstechnische Zeitschrift 3 (1900), p. 287, 334; 4 (1901), p. 292; *Fr. von Zedlitz*, Kriegstechnische Zeitschrift 4 (1901), p. 525; *E. Ökinghaus*, Sitzgsb. Akad. Wien 109 IIa (1900), p. 1159.

La pression moyenne p_m se calcule par la formule

$$p_m = \frac{\left(Q + \frac{q}{2}\right) V^2}{2 \omega g h},$$

où Q est le poids du projectile et q la densité de charge. On mesure les quantités

$$Q, p, \omega, L, V, p_\xi,$$

et l'on considère p_m et γ comme des données.

E. Vallier représente la pression p du gaz en fonction du temps t, par la formule

$$p = p_\xi z^\beta e^{(1-z)\beta},$$

où, pour abréger, on a écrit z au lieu de $\frac{t}{t_\xi}$.

Il définit ensuite deux fonctions $f_1(z)$ et $f_2(z)$ par les intégrales

$$f_1(z) = \int_0^z z^\beta e^{(1-z)\beta} dz$$

$$f_2(z) = \int_0^z f_1(z) dz.$$

En désignant par Z la valeur que prend z à la bouche du canon, et en adoptant les notations du n° 2 il obtient le système de formules suivantes dans lesquelles on a posé pour abréger

$$p(z) = z^\beta e^{(1-z)\beta}.$$

	à l'instant de la pression maxima	à l'instant du passage à la bouche	à un instant quelconque du mouvement du projectile dans le canon
Pression du gaz	p_ξ	$p = p_\xi \cdot p(Z)$	$p = p_\xi \cdot p(z)$
Vitesse du projectile dans le canon	$v_\xi = V \frac{f_1(1)}{f_1(Z)}$	V	$v = V \cdot \frac{f_1(z)}{f_1(Z)}$
Parcours du projectile dans le canon	$x_\xi = L \frac{f_2(1)}{f_2(Z)}$	L	$x = L \frac{f_2(z)}{f_2(Z)}$
Temps écoulé	$t_\xi = \frac{L}{V} \frac{f_1(Z)}{f_2(Z)}$	$T = \frac{L}{V} \cdot Z \frac{f_1(Z)}{f_2(Z)}$	$t = t_\xi \cdot z$

Le paramètre γ et la quantité Z sont liés par la relation

$$\gamma = \frac{2 f_2(Z)}{[f_1(Z)]^2}.$$

Supposons d'abord que β soit connu. A une valeur donnée de γ correspond une valeur de Z fournie par la dernière relation. Au moyen du Tableau de Vallier on peut alors obtenir P, T, v_ξ, x_ξ, t_ξ et l'on en déduit à un instant quelconque t, ou pour une valeur quelconque de z, les valeurs correspondantes de la pression p, de la vitesse v du projectile et du chemin x qu'il a parcouru.

Pour toutes les fonctions intervenant ici, *E. Vallier* a donné des tables dans lesquelles on trouve les valeurs de Z, $f_1(Z)$, $f_2(Z)$, $p(Z)$, etc. en fonction de γ et celles de $f_1(z)$, $f_2(z)$, $p(z)$, etc. en fonction de z.

La valeur numérique de l'exposant β dépend du mode de combustion de la poudre; β est déterminé soit d'après la mesure d'une autre grandeur que celles indiquées ci-dessus, grandeur convenablement choisie parmi celles dont β dépend, soit par une formule empirique.

Quand on mesure la pression P à la sortie, on prend toujours pour β la valeur pour laquelle la pression du gaz à la sortie calculée par l'expression

$$p_\xi p(Z)$$

coïncide le mieux avec la valeur mesurée de P. On procède de même quand on a mesuré le temps T qu'emploie le projectile pour parcourir le canon.

Si l'on ne possède en dehors de Q, p, ω, L, V, p_ξ aucune indication, on calcule β par la relation empirique

$$(\gamma - 1)\ \beta = 2,$$

sauf toutefois pour les poudres brûlant *très* lentement; il faut alors remplacer cette relation par une autre convenant à la poudre que l'on envisage.

Les valeurs tabulaires dont nous venons de parler ont été établies par *E. Vallier* pour une série de valeurs différentes de β, ce qui simplifie considérablement toute la résolution approchée du problème.

Cette solution fournit le moyen de représenter tous les éléments de la balistique intérieure en fonction du paramètre γ.

Pour une valeur spéciale de β, *W. Heydenreich* a comparé les résultats ainsi obtenus à ceux qui sont directement fournis par l'expérience et a été ainsi amené à établir à côté des tables de Vallier des tables empiriques correspondantes. Il a pu constater que les formules de Vallier donnent d'une façon suffisamment exacte la valeur de la pression des gaz à la sortie du canon lorsque celui-ci est suffisamment long, ainsi que les temps écoulés entre l'instant où la pression est maxima et celui de la sortie du projectile. Les tables empiriques de Heydenreich et les courbes correspondantes où sont condensées les observations faites depuis de longues années par la Commission d'expériences de l'artillerie allemande peuvent être employées, avec une exactitude dont il faut, provisoirement du moins, savoir se contenter, surtout pour les canons, à la résolution simple des problèmes de la balistique intérieure, dans lesquels il s'agit de résultats de tir numériques.

Récemment, *Fr. von Zedlitz*[41]), en prenant une base analogue à celle de *E. Vallier*, a établi un système de solution empirique un peu différent. Il part d'une représentation analytique approchée non pas de la courbe des pressions, mais de la courbe de vitesse, c'est-à-dire de la fonction

$$v = \frac{b x^n}{a + x^n}$$

qui lie la vitesse variable v au trajet correspondant x du projectile; a, b et n sont des constantes que l'on détermine empiriquement.

Conditions auxquelles doivent satisfaire la pièce et ses accessoires.

15. Résistance du canon[42]). Si l'on suppose un cylindre creux homogène ouvert à ses deux extrémités, soumis à une pression intérieure de p_i kg par mmq et à une pression extérieure de p_a kg par mmq et si le diamètre intérieur d_i correspond à un diamètre

---

41) Artilleristische Monatshefte 1910, p. 157.

42) Voir surtout *G. Kaiser* [Geschützrohre[9]), (2e éd.) p. 103 et suiv.] et *L. Boltzmann* [Sitzgsb. Akad. Wien 59 II (1869), p. 10]. Voir aussi *A. Föppl*, Vorlesungen über technische Mechanik 3, Leipzig 1901, p. 328; *Gadolin*, Mitteilungen über Gegenstände des Artillerie- und Geniewesens (Vienne) 1876, p. 564; *G. Moch*, Revue d'artillerie 28 (1886), p. 48, 147, 256, 369, 553; 29 (1886/7), p. 25 et suiv.; 30 (1887), p. 265; *L. Filloux*, id. 44 (1894), p. 105; *Duguet*, id. 10 (1877), p. 209; 22 (1883), p. 132 et suiv.; 23 (1883/4), p. 21 et suiv.; 24 (1884), p. 138 et suiv.; 25 (1884/5), p. 146, 398; 26 (1885), p. 22; *Kalakoutski*, id. 31 (1887/8), p. 289 et suiv.; 32 (1888), p. 5, 165; *P. Laurent*, id. 22 (1883), p. 207; 26 (1885), p. 147 et suiv.; 27 (1885/6), p. 530; 28 (1886), p. 31; 29 (1886/7), p. 152 et suiv.; 44 (1894), p. 412 et suiv.; 45 (1894/5), p. 60 et suiv.; 46 (1895), p. 69; *Greenhill*, J. of the United States artillery 4 (1895), p. 1 (exposé graphique) et *A. Brynk*, Proektirovanie artilleriejskich orudij, St Pétersbourg 1901.

Sur la résistance du canon, voir encore *N. V. Maievskij*, Archiv für die Artillerie und Ingenieur-Offiziere 41 (1857), p. 57, 163; mémoire *anonyme*, Mitteilungen über Gegenstände des Artillerie- und Geniewesens (Vienne) 1887, p. 435; des données numériques sont contenues dans l'article signé *J. F.*, Archiv für die Artillerie- und Ingenieur-Offiziere 1888, p. 263.

Sur la *construction des shrapnels*, voir surtout *A. Weigner*, Mitteilungen über Gegenstände des Artillerie- und Geniewesens (Vienne) 1896, p. 63, 143, 293; id. 1899, p. 18; voir aussi *J. de la Llave*, Sobre nuestra artilleria de plaza, Madrid 1892; *H. Resal*, J. math. pures appl. (3) 1 (1875), p. 121; *H. Rohne*, Kriegstechnische Zeitschrift 1 (1898), p. 8 et suiv.; *V. A. Paškevič* (*Paschkiewitsch*), Revue d'artillerie 8 (1876), p. 446; The resistance of guns to tangential rupture, Washington 1899.

extérieur d_a, on obtient pour la résistance J_i à la rupture à l'intérieur et pour la résistance J_a à l'extérieur suivant la direction tangentielle (dans l'intérieur du plan de section), ou encore pour la variation $\frac{\Delta d_i}{d_i}$ et $\frac{\Delta d_a}{d_a}$ des diamètres spécifiques d_i et d_a, les expressions suivantes, dans lesquelles E représente le coefficient d'élasticité et où l'on a posé $\varkappa = \frac{d_a}{d_i}$:

$$\frac{\Delta d_i}{d_i} = \frac{J_i}{E} = \frac{2}{3E(\varkappa^2 - 1)} \{[2\varkappa^2 + 1]p_i - 3\varkappa^2 p_a\}$$

$$\frac{\Delta d_a}{d_a} = \frac{J_a}{E} = \frac{2}{3E[\varkappa^2 - 1]} [3p_i - (\varkappa^2 + 2)p_a]$$

ou, en négligeant p_a vis-à-vis de p_i,

$$\frac{\Delta d_i}{d_i} = \frac{2p_i}{3E} \cdot \frac{2\varkappa^2 + 1}{\varkappa^2 - 1}$$

et

$$\frac{\Delta d_a}{d_a} = \frac{2p_i}{E(\varkappa^2 - 1)}.$$

En considérant le plus grand effort imposé à la partie intérieure du canon, *Winkler* a montré qu'on est garanti contre une déformation permanente quand, p_i désignant la pression du gaz, on a

$$d_a = d_i \sqrt{\frac{3J' + 2p_i}{3J' - 4p_i}}.$$

En considérant la tension suivant l'axe, *C. von Bach* trouve au contraire que cette sécurité est acquise quand on a

$$d_a = d_i \sqrt{\frac{J' + 0{,}4p_i}{J' - 1{,}3p_i}};$$

dans ces relations J' représente la plus grande résistance possible de la matière à la traction. D'après *G. Kaiser*, $J' = 8$ kg par mmq pour le bronze ordinaire des canons; pour l'acier au nickel $J' = 30$ kg par mmq.

Comme

$$\frac{J_a}{J_i} = \frac{3}{2\varkappa^2 + 1},$$

les couches extérieures seront moins éprouvées que les couches intérieures, une augmentation de l'épaisseur de la paroi au dessus d'une certaine limite (environ 1,5 calibre) n'accroîtra donc plus de façon notable la puissance de résistance.

Quand il s'agit de grandes pressions, on emploie pour les bouches à feu des canons *frettés*. Sur un premier cylindre, on place une seconde couche annulaire, à chaud; le diamètre intérieur de cette couche est, à froid, un peu plus petit que le diamètre extérieur de la première couche annulaire; le refroidissement produit un serrage et une pression extérieure sur le premier cylindre. Grâce à cette pression extérieure, le premier cylindre est soumis tangentiellement à un effort de compression, tandis que la pression intérieure des gaz, au contraire, exerce un effort d'extension; de cette façon les deux efforts peuvent se compenser pour une couche annulaire déterminée, pour la couche extérieure par exemple. La théorie des canons frettés (avec la valeur $\frac{1}{3}$ donnée par *G. Wertheim* pour le rapport de la variation du volume et de la longueur) a été développée par *G. Kaiser.*

On trouvera dans l'ouvrage de *G. Kaiser*[43]) les formules convenant à ce cas avec un exemple numérique qui met bien en évidence les avantages de l'emploi de frettes.

Dans ce même ouvrage se trouvent aussi traitées, d'une façon générale, la théorie des canons à *n* couches et la théorie (se rattachant à la précédente et fondée par *J. A. Longridge*) des canons à fils d'acier, ainsi que la construction *sans* pression initiale et la construction des *tourillons* et des *fermetures de culasse.*

O. Dziobek[44]) a soulevé la question de savoir si la théorie statique de l'élasticité était encore applicable pour les canons frettés. Il trouve par des considérations théoriques d'ordre dynamique que, du moins pour les canons qui ne sont pas trop gros, l'application qu'on a faite jusqu'ici de la théorie statique est légitime; toutefois les exigences d'ordre statique sont moins grandes que les exigences d'ordre dynamique et la différence entre les deux est sensible pour les gros canons.

Mais on n'a pu donner jusqu'ici une solution expérimentale de la question de savoir dans quelle mesure les formules établies en s'appuyant sur la théorie de l'élasticité sont applicables aux forces qui n'agissent que pendant un intervalle de temps *très court*; quand par exemple, on essaya, pour les fusils d'infanterie, de mesurer la dilatation momentanée du canon pendant le tir en plaçant autour du canon une bague de plomb et en mesurant le diamètre intérieur de cette bague avant et après le coup, il est à présumer qu'on mesura un tout autre effet que celui dont il s'agissait, savoir: celui des vibrations transversales du canon.

16. Rayures[45]). Ainsi qu'on l'a déjà remarqué, c'est par les rayures que doit être imprimée au projectile une rotation autour de son grand

43) Geschützrohre[9]).

44) Mitteilungen über Gegenstände des Artillerie- und Geniewesens (Vienne) 1900, p. 33.

45) Voir *G. Kaiser* [Geschützrohre[9]), (2e éd.) p. 96] et *E. Vallier* [La corrispondenza (Livourne) 1 (1900), p. 408].

axe pour lui assurer de la *stabilité* sur sa trajectoire dans l'air et lui permettre ainsi d'atteindre plus aisément le but.

Lorsqu'on développe la surface intérieure de l'âme du canon sur un plan tangent à cette surface, si les arêtes des rayures se développent suivant des droites parallèles, la rayure est dite constante et l'on appelle *inclinaison de rayure* δ l'angle que font ces droites parallèles avec l'axe de l'âme; la *longueur des rayures* est le pas des hélices que forment alors les rayures sur la surface intérieure de l'âme.

Dans tout autre cas la rayure est dite variable ou progressive.

Comme une variation de la rotation du projectile autour de son axe ne modifie pas en réalité sensiblement la pression du gaz et la vitesse de translation du projectile, la rotation du projectile peut dans bien des cas être étudiée directement en considérant la pression du gaz et la vitesse de translation comme en étant indépendantes.

Quand, afin d'obtenir une stabilité suffisante, on augmente beaucoup l'inclinaison des rayures (dans un canon à rayure constante), il arrive parfois qu'en imposant à des projectiles de masse suffisamment grande *un début de rotation* trop violent on compromette la sûreté de la marche du projectile; on se rend très facilement et très exactement compte si le projectile a suivi ou non les rayures, en examinant les éclats après le tir, ou quand il s'agit des projectiles d'infanterie, en tirant dans l'eau.

La rayure progressive permet d'éviter les grandes pressions initiales sur la surface du projectile; mais, d'un autre côté, comme *G. Kaiser* l'a fait ressortir, du fait que, pendant le mouvement du projectile dans l'âme, l'inclinaison des rayures croît continuellement, les ceintures se modifient continuellement; c'est pourquoi on doit alors employer une ceinture unique et même la prendre le plus étroite possible.

Quand on choisit la rayure progressive, le tracé de la directrice de cette rayure est de peu d'importance; la rayure parabolique, qui est généralement adoptée, a donné des résultats satisfaisants pour les besoins actuels de la pratique; le choix d'un *rapport* convenable *entre l'inclinaison initiale* δ_1 *et l'inclinaison finale* δ_2 *de la rayure* et leur grandeur même sont plus difficiles à déterminer.

L'accélération du mouvement de rotation, dont le diagramme est facile à déterminer point par point, doit être, avec l'accélération du mouvement de translation, et par suite avec la pression du gaz, dans un rapport tel que le projectile ne soit pas *simultanément* soumis à une pression maxima dans le sens de sa translation d'une part, et dans le sens de sa rotation d'autre part.

Plus la poudre est vive et plus l'inclinaison initiale δ_1 doit être choisie petite; l'expérience a conduit *W. Heydenreich*[46]) à admettre la loi

$$\frac{\delta_1}{\delta_2} = 2{,}09\,\eta - 284\,\eta^2 + 1{,}84\,\eta^3,$$

où η représente le rapport de pression défini plus haut. Il obtient d'ailleurs des résultats suffisamment exacts en général en admettant la loi plus simple

$$\frac{\delta_1}{\delta_2} = 0{,}21 + 0{,}65\,\eta.$$

W. Heydenreich a obtenu ces résultats par des procédés purement empiriques et pour certains types de canon seulement. Il semble plus que douteux que la même loi puisse être appliquée à tous les canons et étendue aux fusils.

Quoi qu'il en soit, une fois cette loi, ou toute autre d'ailleurs, admise pour une arme déterminée, la courbe de rayure est définie pour cette arme dès que δ_2 est connu; δ_2 se détermine d'ailleurs par la condition de stabilité du projectile dans l'air, dont il a été quelque peu question dans la balistique extérieure [IV 21, n^os^ **23** et suiv.].

Voici quelles sont les valeurs du pas final et de l'inclinaison finale actuellement en usage[47]):

Nature de bouches à feu	Pour un projectile d'une longueur de	Pas des rayures	Inclinaison finale
canons	2,5 à 2,8 calibres	45 à 35 calibres	4° à 5°,1
	3,0 à 4,0 calibres	35 à 25 calibres	5°,1 à 7°,2
canons courts, obusiers	2,5 à 3,0 calibres	35 à 25 calibres	5°,1 à 7°,2
et mortiers	4,0 à 5,0 calibres	25 à 15 calibres	7°,2 à 11°,8
fusils d'infanterie	—	37,5 à 30,4 calibres	4°,8 à 6°,0

N. Zabudskij et *G. Kaiser*[48]) ont calculé d'une façon approchée la *résistance* qu'opposent les rayures au projectile.

À côté de cette résistance intervient encore d'une façon appréciable la résistance *initiale* résultant du forcement du projectile [cf. n° **11**] dans la partie rayée de l'âme. D'après *G. Kaiser*, la résistance de l'air en avant du projectile, le frottement à la surface du pro-

46) Schusstafeln[14]) 2, p. 65. Les expériences qui ont été faites pour servir de base à ces formules n'ont pas été publiées.

47) Voir *R. Wille*, Waffenlehre[1]), (2e éd.) p. 331.

48) Voir *G. Kaiser*, Geschützrohre[9]), (2e éd.) p 406; *N. Zabudskij*, O davlenii gazov[31]); Gasdruck[31]), p. 18 et suiv.; *H. Resal*, Traité de mécanique générale 2, Paris 1873, p. 383.

jectile, et enfin la composante du poids sont négligeables même dans le cas de grands angles de tir. Pour les fusils en particulier la résistance initiale résultant du forcement du projectile joue un rôle important. C'est à l'imprécision de nos connaissances sur ce sujet qu'il faut surtout attribuer le peu de développement de la balistique intérieure du fusil.

17. Recul. Conditions auxquelles doivent satisfaire les affûts. En ce qui concerne le recul, la façon de l'amortir ou de l'utiliser, ainsi que les différentes constructions des affûts [recul du canon sur l'affût, bêches à ressorts, etc.], on peut consulter *G. Piobert*[49]), *J. L. Lagrange*[50]), *P. Laurent*[51]), *P. Sock*[52]), *Uchard*[53]), *Wostrowsky*[54]), *H. Putz*[55]) et *R. Kühn*[56]).

S. D. Poisson a établi des calculs très développés sur le recul des anciens affûts, mais les résultats qu'il a obtenus ne sauraient trouver place ici.

E. Vallier[57]) a étudié d'une façon très détaillée les récents systèmes d'affûts.

Appareils de mesure et méthodes de mesure de la balistique intérieure[58]).

18. Méthodes statiques de mesure de la pression des gaz. Le poinçon de *Rodman*, le ciseau de *Uchatius*, et l'appareil à écrasement (crusher) de *A. Noble* rentrent au fond dans un même type. Dans

---

49) Traité d'artillerie 3, Paris 1859.

50) *J. L. Lagrange*, Formules relatives au mouvement du boulet dans l'intérieur du canon [extrait de ses mss. de 1793, publ. par *S. D. Poisson*, J. Éc. polyt. (1) cah. 21 (1832), p. 187/204]; Œuvres 7, Paris 1877, p. 603/15.

51) Revue d'artillerie 23 (1883/4), p. 207.

52) Mitteilungen über Gegenstände des Artillerie- und Geniewesens (Vienne) 1899, p. 83. Voir aussi mémoire *anonyme*, Revue d'artillerie 23 (1883/4), p. 57.

53) Revue d'artillerie 23 (1883/4), p. 281.

54) Théorie de l'affût [Mitteilungen über Gegenstände des Artillerie- und Geniewesens 1897, p. 609; id. 1898, p. 439].

55) Revue d'artillerie 32 (1888), p. 113; C. R. Acad. sc. Paris 80 (1875), p. 295.

56) Mitteilungen über Gegenstände des Artillerie- und Geniewesens 1902, p. 551.

57) Théorie et tracé des freins hydrauliques, Paris 1900; C. R. Acad. sc. Paris 129 (1899), p. 705.

58) *Maudry*, Mitteilungen über Gegenstände des Artillerie- und Geniewesens 1882, p. 105; id. 1883, p. 393; id. 1885, p. 389 (études vélocimétriques d'après *H. Sébert* et *B. Hugoniot*); *Krall*, id. 1888, p. 118 des notices; *S. Dunn*, J. of the United

l'appareil de Noble, on compare l'écrasement produit sur un corps (cylindre de cuivre) par la pression du gaz pendant le tir, à la compression que des corps de constitution aussi analogue que possible ont subie pour une charge déterminée sous une presse à levier (ou bien sous l'action d'une pression hydraulique ou d'un mouton).

P. Vieille relie au piston qui est placé sur le cylindre de cuivre et sur lequel on fait agir directement les gaz de la poudre, un appareil enregistreur au moyen duquel on mesure la durée de l'écrasement.

En procédant à des expériences avec la bombe d'essai on déduit, de la durée d'écrasement, une première valeur approximative pour le temps de combustion de la poudre. Mais la durée de combustion n'est pas identique à la durée d'écrasement; celui-ci ne commence que quand une petite quantité de poudre est déjà brûlée, donc quand règne déjà une pression déterminée; aussi doit-on, quand on emploie ce procédé, faire sur la première partie de la combustion une *hypothèse.* C'est de cette façon qu'on a obtenu les temps de combustion t dont il est parlé dans le nº 8.

Le manomètre de Marcel Deprez repose sur un principe analogue à celui qui trouve son application dans les soupapes:

Le canon est pourvu d'un canal latéral, on y place un piston différentiel sous forme d'un plateau d'acier sur lequel agissent d'un côté la pression des gaz sur une petite surface, de l'autre côté une contre-pression (pression d'un ressort, ou pression hydraulique ou pression d'air comprimé) sur une grande surface. Si pendant le tir, le plateau est poussé vers l'extérieur, c'est la pression du gaz qui l'emporte.

Ce procédé est employé plusieurs fois en même temps avec, par exemple, dix pistons différentiels dont les grandeurs varient dans le rapport 1 : 2 : 3 : 4 : 5 : 6 : 7 : 8 : 9 : 10 et qui débouchent dans une chambre commune contenant de l'air comprimé à une pression connue; en même temps, un chronographe électrique enregistre les instants où

States artillery 7 (1898), p. 1; Mitteilungen über Gegenstände des Artillerie- und Geniewesens 1879, p. 363; *W. Heydenreich*, Lehre vom Schuss und die Schusstafeln 1, Berlin 1898, p. 16 et suiv.; Kriegstechnische Zeitschrift 6 (1903), p. 292; *C. Crehore* et *O. Squier*, J. of the United States artillery 5 (1896), p. 325; *H. Sébert*, De la mesure des pressions développées par les gaz de la poudre, Paris 1877; Essais d'enregistrement de la loi du mouvement des projectiles, Paris 1881; Notice sur les appareils balistiques, Paris 1881; *E. Sarrau* et *P. Vieille*, Étude sur l'emploi des manomètres à écrasement, Paris 1883.

H. Sébert a aussi construit un appareil pour mesurer le recul des fusils (vélocimètre); et *W. Wolff* [Z. für das gesamte Schiess- und Sprengstoffwesen 2 (1907), p. 22, 46, 47] a perfectionné cet instrument.

les divers pistons se mettent successivement en mouvement; on obtient ainsi une expression approchée de la pression du gaz en fonction du temps.

19. Méthodes dynamiques pour mesurer la pression du gaz. Suivant le procédé de *A. Cavalli* (1845) et de *A. Noble* (1872), le canon est percé à différents endroits, et dans les ouvertures on visse des canons de fusil qui lancent des balles sous l'action de la pression des gaz; la vitesse de ces balles est mesurée, à l'aide d'un pendule balistique par exemple. Dans chacune des expériences effectuées, une seule des ouvertures doit rester ouverte.

Pour *l'accéléromètre de Deprez* il existe également, percé dans la paroi latérale, un canal où l'on place un piston très mobile; ce piston est chassé par la pression des gaz. Ce mouvement est cependant entravé au bout d'un court trajet parce que l'énergie du piston se trouve employée à soulever une grosse masse; de cette façon, on peut déterminer la vitesse finale du piston et son accélération, et par conséquent la force accélératrice, la pression du gaz. Ce procédé peut être appliqué simultanément en divers endroits du canon.

L'accélérographe de Deprez ne se distingue de l'appareil précédent que parce que le mouvement du piston, au lieu d'être arrêté aussitôt, est enregistré sur une étendue de 4^{cm} à 5^{cm} au moyen d'une plaque noircie. De nouvelles modifications ont été apportées à cet appareil par *O. Mata* et par *H. Holden*.

Krall propose d'enregistrer le mouvement du projectile à travers le canon au moyen d'une plaque photographique placée dans le projectile même, et sur laquelle tombe la lumière, par l'avant, au moyen d'un petit trou.

H. Sébert a construit un appareil analogue dans lequel cependant l'enregistrement ne se fait pas photographiquement mais mécaniquement; à l'intérieur du projectile est placé, suivant l'axe, un barreau d'acier de section carrée; le long de ce barreau peut glisser un curseur qui porte un diapason avec des pointes. Pour raison d'inertie pendant le mouvement du projectile dans le canon, le curseur et le diapason glissent vers l'arrière sur le barreau; et alors le diapason, qui auparavant avait été tendu par un coin, vibre et dessine une courbe sur le barreau dont un côté est noirci. De même la pénétration du projectile dans la terre, etc. peuvent être enregistrés de cette manière par la marche en avant du curseur.

Quand on emploie *le chronographe de Noble*, le canon est percé en une série d'endroits et dans les ouvertures sont introduits des fils serrés de façon à empêcher l'écoulement du gaz. En parcourant le canon, le projectile ouvre successivement autant de circuits électriques qu'il y a d'ouvertures; la naissance des courants qui passent dans les bobines primaires de machines d'induction, produit des courants d'induction dans les bobines secondaires et par suite des étincelles d'induction qui laissent des marques visibles sur des disques noircis, animés d'un mouvement de rotation.

On obtient ainsi les parcours du projectile dans le canon en fonction du temps, et par suite les vitesses, les accélérations et les pressions du gaz.

C. Crehore et *O. Squier* évitent de percer le canon en fixant au projectile, suivant l'axe, une longue tige de bois qui fait saillie hors du canon chargé et qui est munie d'une série de bagues métalliques. Pendant le mouvement en avant du projectile et, par suite, de la tige, deux balais frottent contre cette dernière, ce qui laisse passer et interrompt successivement un courant électrique.

Pour fixer photographiquement les parcours du projectile en fonction du temps, on emploie le même procédé qui sert également à déterminer les durées de trajet du projectile après sa sortie du canon et dans lequel on utilise, entre autres, la rotation du plan de polarisation de la lumière dans le champ magnétique („polarizing photochronograph").

Vélocimètre de Sébert. Le canon (ou le fusil), dans le recul, entraîne un ruban d'acier; sur ce ruban, qui est noirci, un diapason qui vibre sous l'action d'un électroaimant trace ses courbes.

Plus récemment, on a fixé le canon dans un chariot qui, pendant le tir, glisse en arrière ainsi que le canon, sans frottement notable, pendant que le projectile effectue son mouvement en avant dans le canon. Un diapason vibrant qui est fixé au canon, inscrit ses oscillations sur une plaque de laiton noircie ou recouverte galvaniquement d'une mince couche de cuivre, et reliée au châssis d'affût, dans son mouvement en arrière; des courbes ainsi obtenues on déduit les parcours, les vitesses et les accélérations du canon, ce qui permet de calculer ensuite les grandeurs correspondantes pour le projectile.

H. Sébert a construit un appareil à mesurer le recul des fusils avec enregistrement par diapason; *W. Wolff*[59]) en a ensuite construit un autre avec tambour enregistreur; *C. Cranz*[60]) a employé un appareil permettant d'enregistrer photographiquement le recul avec agrandissement de la courbe de recul.

---

59) Z. für das gesamte Schiess- und Sprengstoffwesen 2 (1907), p. 1, 22, 46, 47.

60) Id. 2 (1907), p. 345.

Actuellement on emploie de préférence pour la détermination de la pression des gaz *l'appareil à écrasement*, et dans les expériences scientifiques le vélocimètre.

20. Remarques critiques concernant la mesure de la pression des gaz. Ce sont surtout *E. Sarrau*, *P. Vieille*, *H. Sébert*, *B. Hugoniot*, *W. C. Hojel*, *N. von Wuich* et *W. Wolff* qui ont analysé les premières mesures de pressions, principalement celles qui reposent sur des principes statiques[61]). L'appareil à écrasement ainsi que le poinçon de Rodman et le ciseau de Uchatius donnent toujours, dans les méthodes employées pour déterminer la pression maxima des gaz, des valeurs un peu trop *faibles* pour cette pression.

L'influence de la durée de la pression sur la valeur de l'écrasement est considérable; plus longtemps, pour une pression déterminée, la charge se trouve sous la presse à levier et plus grande est la valeur mesurée pour l'écrasement; pour les hautes pressions (environ 2000 atmosphères) l'effet ne cesse qu'après une plus longue durée de charge. A cause des irrégularités qui en résultent, on est amené à fixer une durée de charge normale. Ainsi, dans la pratique en Allemagne on considère comme normale une durée de charge de 30 secondes.

Mais, pendant le tir, la pression maxima à déterminer n'agit que pendant une fraction de seconde, et ne peut pas produire le même effet d'écrasement que si cette pression maxima avait agi uniformément pendant 30 secondes. Si, par conséquent, d'écrasements égaux on conclut que les forces développées sont égales, on commet une erreur; la mesure de la pression du gaz fournit probablement un nombre trop petit.

Une autre source d'erreur pourrait résulter aussi de ce que le piston qui est placé sur le cylindre de cuivre et presse contre celui-ci reçoit, par suite de la pression du gaz dans le tir, une certaine force vive. De ce fait l'écrasement ne pourrait qu'être augmenté et fournir une trop grande valeur pour la pression du gaz. *N. von Wuich*, en particulier, a étudié par le calcul cette source d'erreur; et *E. Sarrau* croit avoir trouvé que, si la masse du piston est suffisamment petite, cette erreur est négligeable lorsque la pression ne dépasse pas 4500 atmosphères.

---

61) Les mesureurs de pression statiques ont été étudiés par *E. Sarrau* et et *P. Vieille*, C. R. Acad. sc. Paris 95 (1882), p. 26, 130, 180; Étude sur l'emploi des manomètres à écrasement, Paris 1883 [Mémorial des poudres et salpêtres 1 (1882/3), p. 356]; voir aussi *N. von Wuich* [Mitteilungen über Gegenstände des Artillerie- und Geniewesens 1896, p. 1]; *P. Vieille*, C. R. Acad. sc. Paris 112 (1891), p. 1052] et *W. Wolff* [Kriegstechnische Zeitschrift 6 (1903), p. 1].

On s'occupe actuellement de déterminer la grandeur des différentes erreurs, y compris celles qui résultent du frottement du piston, et d'établir des tables de correction pour l'emploi des appareils à écrasement.

Les calculs qu'on a besoin d'effectuer pour déterminer, d'après le mouvement de recul du canon, les vitesses et les accélérations du projectile et par suite les pressions des gaz sont loin d'être à l'abri de toute critique.

21. Autres appareils et méthodes de mesure. Nous ne mentionnerons pas ici les nombreux appareils, de sortes très diverses, servant à l'essai des matières explosives et à la mesure de la vivacité, non plus que divers moyens employés pour déterminer les constantes spécifiques des poudres.

C. Cranz[62]) a appliqué les procédés de photographie instantanée à des recherches de balistique intérieure. Il est ainsi parvenu à résoudre plusieurs questions intéressantes, parmi lesquelles nous mentionnerons les suivantes: Quel est le recul d'une arme déterminée à un instant donné? S'échappe-t-il de la fumée par derrière ou non? Une arme à chargement automatique est-elle encore fermée, ou non, par son verrou au moment où le culot du projectile sort du canon et où le canon est encore sous haute pression. *W. Schwinning*[63]) a perfectionné le procédé de *C. Cranz*; il obtient chaque fois dix petites images simultanées; actuellement *C. Cranz* emploie son „cinématographe balistique", qui lui donne jusqu'à 100000 images par seconde.

Pour la mesure du recul des armes à feu, pour l'évaluation de l'obturation dans les canons des fusils, aussi bien à l'avant, entre le projectile et le canon, qu'en arrière, entre la cartouche et la culasse, les procédés de la photographie instantanée électrique prennent de plus en plus d'importance[64]).

Conclusion.

22. On a fait ressortir, dans cet article et dans l'article IV 21, qu'en balistique les expériences systématiques, jointes à une juste appréciation des erreurs commises, doivent jouer un rôle beaucoup plus

62) Anwendung der elektrischen Momentphotographie auf die Untersuchung von Schusswaffen, Halle 1901; *C. Cranz* et *R. Glatzel*, Verhandl. deutsch. phys. Ges. 14 (1912), p. 525.

63) *W. Schwinning* et *Kranzfelder*, Die Funkenphotographie, insbesondere die mehrfache Funkenphotographie, Berlin 1903.

64) La méthode de *W. Schwinning* permet aussi d'obtenir des images du transpercement des corps par des procédés photographiques instantanés analogues à ceux qu'avaient déjà employés *C. Cranz* et *K. R. Koch* [Ann. der Physik 3 (1900), p. 247] mais plus faciles à réaliser.

grand que celui qu'on leur a attribué dans les dix dernières années. On n'est arrivé que peu à peu à s'en rendre compte et il faut bien avouer qu'aujourd'hui encore plusieurs balisticiens n'en semblent pas encore entièrement convaincus.

Un exemple caractéristique du développement de la balistique dans cette voie est fourni par l'histoire des diverses théories qui ont été successivement adoptées pour décrire le mouvement du centre de gravité des projectiles.

Vers la fin du 17ième et le commencement du 18ième siècle, cette théorie consistait à admettre que le mouvement des projectiles dans l'air était parabolique comme dans le vide; dans l'Histoire de l'Académie des sciences[65]) de Paris pour 1707, on trouve même, après une énumération des mémoires de différents mathématiciens qui s'occupèrent du mouvement des projectiles, le passage suivant:

«Il ne paraît pas que l'on ait présentement rien à désirer sur la pratique de cet art (de lancer des bombes). Peut-être seulement pourrait-on encore perfectionner l'instrument qui sert à pointer la pièce ou le mortier. Mais la *géométrie étant quitte,* pour ainsi dire, *envers la pratique,* est en droit de pousser plus loin la spéculation et de donner quelque chose à la simple curiosité *quand l'utilité est satisfaite.*»

F. Blondel et *B. F. de Bélidor* essayèrent de réfuter les objections que quelques-uns avaient essayé de faire contre l'hypothèse de la théorie parabolique du mouvement des projectiles dans l'air.

B. F. de Bélidor prétendit même avoir effectué des expériences qui détruisaient ces objections.

On s'explique aisément comment cette erreur a pu s'accréditer: c'est en effet par le calcul et non par l'observation directe que l'on obtenait la vitesse initiale, du projectile; on la déduisait, à l'aide précisément des formules du mouvement parabolique, de la valeur de la portée qui avait été observée. On n'obtenait ainsi, en aucune façon, la véritable vitesse initiale, mais une valeur différente V_0; en introduisant la valeur V_0, au lieu de la valeur de la vitesse initiale, dans l'équation de la parabole, on obtenait une courbe qui rencontrait la trajectoire réelle au point de départ et au point d'arrivée, mais qui entre ces deux points pouvait s'en écarter sensiblement; ce que l'on continuait à ne pas prendre en considération.

On s'accorde aujourd'hui à reconnaître que l'exactitude d'une théorie ne peut être envisagée comme confirmée par l'expérience que

---

65) Hist. Acad. sc. Paris 1707, p. 123; voir aussi *P. de Saint Robert* [Mémoires scientifiques 1, Turin 1872, p. 148].

quand, les valeurs des constantes qui figurent dans les formules traduisant les hypothèses de la théorie étant déterminées *d'une façon indépendante de ces formules,* les résultats numériques déduits des formules coïncident avec ceux que l'on obtient expérimentalement. Et cependant, dans la pratique, la vitesse du projectile à la bouche du canon, par exemple, est toujours encore obtenue en réduisant, par le calcul, à la bouche du canon la vitesse du projectile mesurée après un parcours plus ou moins grand du projectile dans l'air. De même les constantes qui figurent dans la loi adoptée pour la résistance de l'air, ainsi que les constantes „de forme" des projectiles, sont déterminées par des équations du même système de calcul que l'on emploie pour évaluer la portée, la trajectoire, la vitesse du projectile à une distance quelconque, la durée du trajet et l'angle de chute.

Il importe donc d'être très prudent lorsqu'on se propose de contrôler une théorie par des données empiriques.

Le but à atteindre par la balistique (aussi bien extérieure qu'intérieure) serait (après avoir déterminé les constantes du canon ou du fusil, du projectile et de la poudre, ainsi que les éléments météorologiques) de fournir à l'avance, en fonction du temps, la position et la vitesse du projectile en grandeur et en direction et aussi l'intensité de la pression du gaz, avec une erreur probable qui soit plus petite que l'erreur probable d'observation dans une application pratique quelconque.

La balistique se rapprochera vraisemblablement d'autant plus de ce but qu'on imitera mieux les méthodes de recherche qu'emploie l'astronomie dans le calcul des perturbations, en reliant de plus en plus les calculs à effectuer avec les observations déjà effectuées.

Il semble d'ailleurs que, pour le moment, ce soit à ces observations directes qu'il convient de faire jouer un rôle prépondérant.

IV 22a. DÉVELOPPEMENTS CONCERNANT QUELQUES RECHERCHES DE BALISTIQUE EXÉCUTÉES EN FRANCE,

EXPOSÉ PAR **F. GOSSOT** (PARIS) ET **R. LIOUVILLE** (PARIS).

Cet exposé concerne surtout les travaux de balistique intérieure faits en France. Il est divisé en six paragraphes *A, B, C, D, E, F* distincts par la nature du sujet. L'ensemble touche à toutes les questions essentielles de la balistique intérieure [cf. IV 22].

A. Mesure de vitesses.

*La mesure des vitesses [IV 21, **36**] a été obtenue d'abord par des procédés purement mécaniques, une remarque ingénieuse ayant donné le moyen de remplacer la détermination d'un temps très court par celle d'un déplacement de grandeur moyenne, en évitant tout choc sur les parties délicates des appareils employés. Le système qui consiste à enregistrer le moment des quantités de mouvement d'un solide autour d'un axe fixe, après la percussion du projectile, a rendu de grands services pour les armes portatives tirant des projectiles en plomb. Son principe même le rendait peu propre à l'étude des bouches à feu, de calibre supérieur à celui du fusil, le poids du boulet à recevoir et sa nature constituant des difficultés importantes. Aussi le canon-pendule n'a-t-il eu qu'une existence éphémère, pendant que le fusil-pendule est encore employé pour les armes de chasse.

C'est dans une voie différente, où le poids du projectile n'intervient pas, qu'une solution plus commode a été cherchée et obtenue. Tous les stands et polygones font usage aujourd'hui de *chronographes*: on sait comment le projectile signale lui-même son passage, soit à la bouche même de l'arme, soit quelques mètres plus loin, par la rupture d'un premier courant électrique; puis à son arrivée sur une plaque ou un cadre-cible, placé à distance connue, par la rupture d'un second courant. Le même appareil, en général le *chronographe Le Boulengé*[1])

1) *H. Sébert*, Étude d'appareils balistiques [Mémorial de l'artillerie de la

ou l'une de ses modifications, convient pour les bouches à feu de tous calibres et peut être mis en œuvre, sans toucher en quelque sorte à la pièce. Toutefois le dispositif des cadres-cibles exige que la trajectoire soit bien connue et accessible tout le long du parcours sur lequel on mesure les vitesses; il se prête mal en conséquence à l'étude des tirs à longue portée pour lesquels l'angle au départ et les ordonnées ont des valeurs relativement fortes.

Il en est autrement des moyens imaginés par *F. Gossot* qui reposent sur l'existence d'un phénomène intéressant mis en évidence par les tirs des commissions de Gâvre et de Châlons. Lorsque la vitesse d'un projectile est supérieure à celle du son, un observateur placé dans le plan de tir perçoit d'abord, quand le projectile passe près de lui, un bruit intense et peu durable, qui semble émaner du projectile lui-même. Quelques instants après, l'observateur entend un second bruit, d'une durée appréciable, semblant provenir de la bouche à feu.

Ce phénomène [cf. IV 21, **3**] a été étudié par *F. A. Journée*[2]) et *Ch. de Labouret*[3]) en 1888. *E. Mach*[4]) l'a expliqué en remarquant que le mouvement du projectile dans l'air y produit une onde condensée, analogue au sillage laissé par un navire à la surface d'une eau tranquille. Cette onde, qui se propage avec la vitesse normale du son, est visible sur les photographies obtenues par *E. Mach.* Lorsqu'elle atteint l'oreille de l'observateur, celui-ci entend le bruit du projectile; le second bruit entendu est produit par l'onde sphérique ordinaire provenant de la pièce [cf. IV 21, **3**].

Dans le procédé employé par *F. Gossot*[5]) [cf. IV 21, **36** note 210] les courants sont rompus non pas, comme dans le chronographe, par le projectile lui-même, mais par l'onde sonore qu'il émet. Dans le plan du tir ou à proximité sont disposés deux appareils spéciaux devant jouer, par rapport au chronographe, le même rôle que les cadres-cibles; l'interruption du courant y est produite à l'aide d'une membrane métallique que le passage de l'onde met en vibration. On peut ainsi mesurer le temps qui s'écoule entre les passages successifs de l'onde en deux points de position connue et, pour en déduire la

marine 8 (1880), p. 435] donne une description de cet appareil. Il étudie aussi (p. 440) le chronographe Le Boulengé-Bréger[11]) qui est une des modifications importantes qu'on a fait subir au chronographe Le Boulengé.*

2) *C. R. Acad. sc. Paris 106 (1888), p. 244; *H. Sébert,* Bull. Soc. française de physique 1888, p. 35/61.*

3) *Mémorial de l'artillerie de la marine 16 (1888), p. 369.*

4) *Sitzgsb. Akad. Wien 98 IIa (1889), p. 1257/76; trad. par *G. H. C. Hartmann,* Revue d'artillerie 37 (1890/1), p. 62.*

5) *Mémorial de l'artillerie de la marine 19 (1891), p. 181.*

vitesse en un point de la trajectoire, il suffit d'utiliser les formules usitées dans le calcul ordinaire des trajectoires. Pour les vitesses initiales ces formules deviennent simples et indépendantes de toute hypothèse sur la résistance de l'air. L'avantage du système consiste:

1°) en ce qu'il donne les vitesses sans exiger un tir spécial sous un angle très faible;

2°) en ce qu'il permet la recherche, non pas seulement de la vitesse initiale, mais de la vitesse en un point quelconque de la trajectoire pourvu que la vitesse normale du son soit dépassée.

Un grand nombre de procédés ont été proposés ou mis à l'essai, depuis une trentaine d'années, pour la mesure de la vitesse des projectiles. Certains appareils sont de simples modifications du chronographe Le Boulengé; c'est le cas, par exemple, pour le *modèle Le Boulengé-Bréger*[6]) qui est le plus employé aujourd'hui en France; d'autres, comme le *chronographe Schultz*[7]), avec les *interrupteurs Marcel Deprez*[8]) sont des instruments de haute précision, mis en œuvre seulement pour les études les plus délicates.

Enfin il existe des appareils fonctionnant d'après des principes tout autres. Ce sont les *vélocimètres Marcel Deprez*[9]) *et H. Sébert*[10]) et leurs modifications: la mesure de la vitesse du projectile est alors déduite de la vitesse de recul du canon par un calcul dont les éléments sont empruntés à des théories assez compliquées, car le mouvement des masses gazeuses émises par la poudre y intervient pour une partie qu'on ne peut négliger[11]). Ce sont là surtout des instruments d'étude, construits en vue de déterminations très spéciales.

Des détails, moins sommaires, sur ce sujet ont été donnés par *P. Charbonnier* et *Ch. Galy-Aché*[12]).*

---

6) *Cf. *H. Sébert*, Mémorial de l'artillerie de la marine 8 (1880), p. 420.*

7) *Cf. *H. Moisson*, Notice sur le chronographe à diapason et à étincelles d'induction (système Schultz) [Mémorial de l'artillerie de la marine 2 (1874), p. 1015]. Notice par *F. P. E. Schultz* [id. 2 (1874), p. 1056/62]; *P. Charbonnier*, Mesure des vitesses des projectiles [id. 29 (1901), p. 134].*

8) **H. Sébert*, Notice sur de nouveaux appareils balistiques [Mémorial de l'artillerie de la marine 9 (1881), p. 291]; *P. Charbonnier*, Mesure des vitesses des projectiles [id. 29 (1901), p. 182].*

9) **H. Sébert*, Notice sur de nouveaux appareils balistiques [Mémorial de l'artillerie de la marine 9 (1881), p. 446].*

10) *Id. p. 457.*

11) *Cf. *H. Sébert* et *H. Hugoniot*, Etude sur les effets de la poudre dans un canon de 10 centimètres [Mémorial de l'artillerie de la marine (1) 10 (1882), p. 128] ainsi que *F. Gossot* et *R. Liouville* [id. (3) 1 (1907), p. 21].*

12) *Mesure de vitesses de projectiles [Mémorial de l'artillerie de la marine 29 (1901), p. 9 et p. 169; 30 (1902), p. 155].*

B. Mesure des pressions.

*En France, depuis de nombreuses années, la mesure des pressions développées par les explosifs en vase clos ou dans les bouches à feu est faite au moyen des appareils dits «crushers». Le manomètre crusher, imaginé par *A. Noble*[13]), permet de mesurer les pressions par l'écrasement d'un petit cylindre de cuivre, placé entre une enclume fixe et la tête d'un piston, de section connue, qui reçoit l'action des gaz.

Le premier point à établir était le tarage de l'appareil. A cet effet, on produit l'écrasement des cylindres par des forces d'intensité connue et l'on établit une table de corrélation entre une série de valeurs particulières de ces forces et la série des valeurs correspondantes des écrasements qu'elles produisent. Le tarage adopté en France a été fait d'abord avec une sorte de balance romaine, dite *balance de Jœssel,* à l'aide de laquelle on peut comprimer fortement les cylindres entre deux surfaces d'acier.

A l'origine, n'ayant que des données visiblement incomplètes sur les lois de l'écrasement du cuivre, on s'efforça d'éviter une étude difficile et l'on chercha simplement à imiter, dans le tarage, au moins d'une façon grossière, le mode de développement des forces produites par les explosifs; on espérait mettre dans les deux cas les cylindres de cuivre dans des conditions presque identiques. On faisait donc agir avec rapidité la charge de la balance de Jœssel, en dégageant un support articulé qui soutient au repos le bras agissant de l'appareil. Ce mode de tarage donna naissance à une table dite semi-dynamique. Il apparut bientôt qu'un pareil procédé laissait subsister trop d'inconnu et d'arbitraire pour donner de véritables garanties et l'on jugea préférable de se placer dans des conditions de tarage, moins voisines peut-être des conditions réalisées pendant les tirs, pourvu qu'elles fussent bien définies. Le seul moyen pratique d'y parvenir semblait être d'obliger la balance à fonctionner avec une grande lenteur, de telle manière qu'il y eût toujours équilibre entre les forces qu'elle applique au cylindre de cuivre et les résistances qu'oppose ce dernier. C'est ainsi qu'on fut conduit à dresser la table de tarage dite statique. La première étude théorique sur les manomètres crushers fut publiée par *E. Sarrau* et *P. Vieille*[14]).

Elle mettait en évidence la distinction nécessaire entre le fonc-

---

13) *Cf. IV 22, 18. *A. Noble*, capitaine de l'artillerie anglaise, a imaginé cet appareil vers 1870.*

14) *Etude sur l'emploi des manomètres à écrasement pour la mesure des pressions [Mémorial des poudres et salpêtres 1 (1882/3), p. 356]. Cf. IV 22, 18 note 58.*

tionnement dit statique des crushers et leur fonctionnement dynamique. Admettant que la résistance maximum développée par les cylindres de cuivre est une fonction de leur écrasement total, *E. Sarrau* et *P. Vieille* constataient que la table de tarage statique est, dans un intervalle considérable, à très peu près équivalente à une relation linéaire entre la résistance et l'écrasement du cylindre crusher. Il en résultait que, pour des forces assez lentement croissantes, l'écrasement final des cylindres est comparable à celui qui figure dans la table de tarage statique; l'écrasement est double au contraire, si la force appliquée est constante, c'est-à-dire discontinue dès l'origine. Les forces croissant avec rapidité, mais sans discontinuité, donnent lieu à des écrasements intermédiaires. Les explosifs pulvérulents, coton-poudre, acide picrique, etc., développent des pressions comprises dans la seconde catégorie; les poudres balistiques se placent en général dans la première, quelques-unes des plus vives et certains explosifs dans la troisième. L'inscription des tracés permet de s'en rendre compte, en faisant connaître à chaque instant les accélérations du piston écraseur. On sait aussi choisir les conditions des expériences de manière à n'avoir jamais de doute sur les pressions vraies: il suffit d'écraser à l'avance les cylindres crushers au voisinage de la hauteur à laquelle ils se réduiraient en fonctionnement statique sous les pressions qu'on veut mesurer; un système de tâtonnements fort simples donne le moyen d'y parvenir.

Toute cette théorie est fondée sur l'existence d'une relation linéaire entre la résistance du cylindre et son écrasement. Mais bien que cette relation ne puisse pas être regardée comme la traduction exacte de la réalité, les règles qu'on en a déduites sont restées de service courant, parce que, d'une part, l'erreur n'est pas grande; d'autre part, le système usité, par lequel est réduite presque à zéro la correction due à l'écrasement dynamique, fait disparaître la plus grande partie des erreurs à craindre.

Dans un deuxième mémoire *P. Vieille*[15]) a repris toute la question des crushers sur de nouvelles bases.

D'abord la table de tarage statique, dressée au moyen de la balance de Jœssel, donnait prise à quelques objections. On pouvait se demander si les frottements, inévitables dans le fonctionnement d'un appareil aussi lourd et compliqué, n'avaient pas faussé les résultats, si, en particulier, les pressions lues sur la table de tarage peuvent

15) „Nouvelles recherches sur le fonctionnement des manomètres crusher [Mémorial des poudres et salpêtres 5 (1892), p. 12].“

être considérées comme ayant une valeur absolue, si même les écrasements donnent une mesure de la pression. En ce qui concerne la table statique, il a été possible de présenter la preuve qu'elle donne effectivement une mesure, en d'autres termes que les pressions qu'elle indique sont bien proportionnelles aux pressions vraies. Il a suffi, pour cela, de comparer, dans une même expérience en vase clos, les écrasements donnés

1°) par un seul cylindre crusher,

2°) par plusieurs cylindres de même espèce, séparés du premier par un petit piston supplémentaire en acier.

P. Vieille a reconnu, par ce procédé, que les indications de la table statique, pour le cylindre unique et pour l'ensemble des cylindres, sont cohérentes, quelle que soit leur position relative sur la ligne qui représente les forces en fonction des écrasements. Au contraire, les indications de la table semi-dynamique ne remplissent pas cette condition et, par suite, ne peuvent servir de mesure.

Mais la table statique elle-même indique-t-elle les pressions vraies ou bien des nombres proportionnels, c'est ce qu'il était important de vérifier, notamment pour l'étude de la résistance des bouches à feu et pour la recherche des chaleurs spécifiques des gaz aux températures élevées. Par deux moyens distincts, *P. Vieille* est parvenu à montrer que la table statique ne donne pas les pressions avec leur valeur véritable; on peut au contraire obtenir ces dernières, soit en dressant la table de tarage avec le manomètre à piston libre de *E. H. Amagat*, modifié dans quelques détails secondaires, soit par la balance de Jœssel elle-même, pourvu que, par un dispositif simple, on fasse agir les frottements de l'appareil, tantôt dans le même sens que la résistance du cylindre en cours d'écrasement, tantôt dans le sens opposé. La moyenne arithmétique des deux déterminations donne des nombres concordants avec ceux qui résultent de l'emploi du manomètre Amagat.

La table de tarage ainsi dressée est la table dite manométrique; c'est celle qui est en service aujourd'hui dans la marine française.

Une question plus difficile était née depuis la première étude des crushers; il s'agissait de savoir si la résistance du cylindre ne dépend que de l'écrasement ou bien à la fois de l'écrasement et de la vitesse moyenne avec laquelle il est réalisé. *P. Vieille*[15]) met en évidence, et cela de plusieurs façons, l'impossibilité d'apercevoir, au moins sur les cylindres dont il disposait, une influence de la vitesse sur la résistance, lorsqu'on produit l'écrasement par des pressions d'explosif, bien que les durées totales d'écrasement soient rendues fort différentes l'une de l'autre (elles varient dans le rapport de 1 à 30). On n'avait trouvé non plus aucune influence de la vitesse dans les écrasements produits par la balance de Jœssel, lorsque leur durée croît depuis quelques secondes jusqu'à plusieurs minutes. Toutefois, ces vérifications ne portaient que sur les effets des vitesses, dans une même région, soit celle des tarages, soit celle des écrasements produits par les explosifs.

Il y a d'ailleurs dans l'écrasement des cylindres crushers deux choses qu'il est possible de distinguer: la résistance du cylindre s'accroît par suite de la déformation qui augmente les surfaces sur lesquelles les pressions sont appliquées; elle s'accroît aussi en raison de l'écrouissage, qui change la résistance par unité de section du cylindre, c'est-à-dire sa résistance spécifique. *P. Vieille*[15]), qui a présenté cette remarque, a aussi montré comment on peut évaluer la résistance spécifique aux diverses périodes d'écrasement; les nombres qu'il obtient paraissent tendre vers une limite, qu'aucune pression ne permet plus de dépasser, au moins dans des opérations sans choc. L'influence des vitesses sur les résistances, sans être entièrement rejetée à la suite de ces recherches, devait sembler extrêmement douteuse.

Des raisons d'ordre général portèrent cependant *G. Charpy*[16]) à revenir sur ce sujet.

Dans son mémoire, *G. Charpy* suppose que la résistance des cylindres de cuivre peut être représentée par une expression linéaire, telle que celle-ci,

$$R = k_0 + k\varepsilon + h\frac{d\varepsilon}{dt},$$

k_0, k et h étant des constantes; il cherche à vérifier par l'expérience quelques conséquences de cette formule, soit en faisant varier les vitesses de tarage au moyen de la balance de Jœssel, améliorée par des modifications de détail, soit au contraire en utilisant, pour écraser les cylindres, les explosifs dans les conditions où se produit le fonctionnement dynamique du crusher.

Si l'on examine les nombres fournis par *G. Charpy*, on voit que quand la durée d'écrasement, pour une même pression, a varié de une seconde à plusieurs minutes, les moyennes des écrasements ont varié de quelques centièmes de mm; mais, dans certaines séries au moins, dans celle notamment qui est relative aux cylindres de fabrication réglementaire, et bien qu'il n'y ait entre cette série et les autres aucune cause connue de divergence, les différences entre les moyennes d'écrasement, obtenues à deux vitesses inégales, sont à peu près équivalentes aux écarts moyens des mesures isolées.

---

16) *Sur le tarage et le fonctionnement des manomètres crushers [Mémorial de l'artillerie de la marine 26 (1898), p. 115].*

Quant aux crushers soumis au fonctionnement dynamique, *G. Charpy* remarque qu'il doivent, si l'expression qu'il a supposée pour R est exacte, donner des écrasements un peu inférieurs à l'écrasement double; c'est ce qui a été constaté en effet. La loi de *E. Sarrau* et *P. Vieille,*

$$R = k_0 + k\varepsilon$$

donnait alors l'écrasement double exactement; mais cette dernière loi n'a jamais été présentée que comme une approximation, même en regardant comme nulle l'influence des vitesses. Il n'est pas nécessaire de mettre en cause cette dernière pour expliquer les constatations expérimentales de *G. Charpy*; il suffit que R, tout en étant une fonction de ε seul, n'en soit pas une fonction linéaire, et les tables de tarage montrent que la correction peut être du sens indiqué par l'expérience. On peut ajouter que le fonctionnement dynamique est un cas limite, dont on ne peut jamais dire qu'il a été atteint en toute rigueur.

On est donc conduit à conclure qu'à la suite de ce travail, des présomptions nouvelles étaient apparues au sujet de l'influence des vitesses sur les résistances des cylindres, mais on ne possédait encore aucune preuve véritablement décisive.

Ch. Galy-Aché et *P. Charbonnier*[17]) ont, pour la première fois, fait apparaître un phénomène, en contradiction avec la loi de *G. Charpy*, mais rendant l'influence des vitesses tout à fait incontestable

Lorsqu'on écrase un cylindre de cuivre, avec l'appareil manométrique, sous une pression donnée, puis, qu'après un temps quelconque, on le reprend, pour le soumettre à des pressions croissantes, appliquées par les mêmes moyens, on constate qu'il se refuse à toute déformation, tant que la pression déjà subie n'a pas été dépassée. Dès qu'elle l'est, la hauteur restante recommence à diminuer. Un cylindre écrasé par une pression explosive, c'est-à-dire en vitesse, mais d'ailleurs sans choc, porté sous le compresseur de l'appareil manométrique, se comporte d'une manière différente: quand la pression, indiquée par la table de tarage pour sa hauteur restante, se trouve atteinte, le cylindre ne s'écrase pas encore. Il faut dépasser cette pression, par exemple d'une centaine de kgs par cm^2, pour que la déformation commence.

Ce phénomène ne laisse aucun doute sur l'influence particulière des vitesses.

L'échauffement du cylindre pendant sa compression rapide, et la diminution de résistance spécifique qui en résulte, peuvent expliquer

17) „Mémorial de l'artillerie de la marine 28 (1900), p. 391."

en partie le résultat constaté; *Ch. Galy-Aché* et *P. Charbonnier* montrent que cette explication même est insuffisante. Ils évaluent à 5% environ la correction que devrait subir la table manométrique, pour faire connaître la pression maximum, même si l'on corrigeait l'effet thermique; mais ils font remarquer avec raison qu'une question plus importante se pose. S'il y a une correction à faire pour la pression finale, déduite d'un écrasement terminé sous une vitesse nulle, on peut craindre une correction beaucoup plus forte avant la fin de l'écrasement, quand la vitesse est notable. Les tracés, qu'on relève dans les expériences en vase clos, pourraient alors conduire à une appréciation absolument erronée de la vivacité des poudres et même de leur vivacité relative.

P. Galy-Aché et *P. Charbonnier* concluaient donc que la résistance R des cylindres ou, si l'on veut, leur résistance spécifique, ϱ, dépend de l'écrasement ε et de sa dérivée première, $\varepsilon' = \frac{d\varepsilon}{dt}\cdot$ La forme de la relation,

$$\varrho = f(\varepsilon, \varepsilon')$$

n'était pas précisée, mais il était affirmé que la fonction f contenait ε'. Pour parer aux inconvénients résultant de cette circonstance, *Ch. Galy-Aché* et *P. Charbonnier* proposaient de tarer les cylindres par des essais au choc, estimant ainsi les placer dans des conditions plus rapprochées de celles que réalise leur fonctionnement sous les pressions explosives.

La question posée par *Ch. Galy-Aché* et *P. Charbonnier* avait assez d'intérêt pour provoquer de nouvelles recherches. *P. Vieille* et *R. Liouville*[18]) ont fait connaître un résumé sommaire de leurs travaux sur ce sujet.

Tout d'abord, on pouvait être tenté de penser qu'un seul paramètre, ε, ne suffit pas pour définir la déformation géométrique du cylindre crusher et, par suite, les forces correspondantes; l'expérience montre sans peine que telle n'est pas la cause des difficultés rencontrées. Les formes des cylindres écrasés sans choc varient très peu et leurs variations, produites à dessein, semblent n'avoir aucun rapport avec la résistance du crusher, qui est bien connue quand ε et ε' sont donnés à chaque instant.

S'il est admis que ϱ dépende de ε et de ε', on ne peut, avec *Ch. Galy-Aché* et *P. Charbonnier*, supposer

$$\varrho = f(\varepsilon, \varepsilon'),$$

---

18) *Influence des vitesses sur la loi de déformation des métaux [C. R. Acad. sc. Paris 142 (1906), p. 1057]; Sur une méthode de mesure des résistances opposées par les métaux à des déformations rapides [id. 143 (1906), p. 1218].*

quelle que soit d'ailleurs la fonction f; cette impossibilité résulte précisément du phénomène découvert par ces deux expérimentateurs. Tout écrasement sans choc se termine en effet par une valeur nulle de ε'; la résistance finale du crusher devrait donc être représentée par

$$\varrho = f(\varepsilon, 0),$$

c'est-à-dire par la valeur que fait connaître la table de tarage manométrique. Il n'en est rien et aucun choix de la fonction f n'échappe à cette objection. Pour l'éviter, il est nécessaire que $d\varrho$ ne soit pas une différentielle exacte, par exemple que l'on ait une formule semblable à celle-ci:

$$d\varrho = \varphi(\varepsilon, \varepsilon')d\varepsilon.$$

C'est cette forme, la plus simple qu'on puisse imaginer, que *P. Vieille* et *R. Liouville* ont eue en vue dans leurs recherches, mais leurs constatations expérimentales ne lui sont pas liées. Si l'on soumet à des pressions explosives deux cylindres de cuivre identiques, séparés par un piston léger en acier, il est facile de reconnaître que l'on peut faire en sorte de conserver des forces d'inertie toujours négligeables et inscrire les écrasements des deux cylindres, alors même qu'ils atteignent la moitié de la hauteur initiale, avec des vitesses de $2^{\text{m}},00$ par seconde.

Si l'on remplace un des cylindres neufs par un cylindre déjà écrasé sans vitesse, les origines des deux tracés ne correspondent plus au même instant, le premier déplacement du cylindre intermédiaire n'ayant lieu qu'au moment où la pression, transmise par le cylindre en cours d'écrasement, dépasse la résistance du cylindre témoin. Les tracés donnent, pour cet instant, l'écrasement du premier cylindre et la vitesse correspondante. La comparaison avec la hauteur initiale du cylindre témoin fait connaître la différence des écrasements relatifs à une même pression, donnée par la table de tarage sans vitesse. Cette évaluation tient compte des phénomènes thermiques qui accompagnent la déformation du cylindre neuf. Enfin la lecture complète des tracés permet de savoir quelle a été la loi des vitesses d'écrasement successives réalisées par les cylindres.

Les résultats de ces expériences ont montré que la différence des écrasements obtenus avec ou sans vitesses, égale à quelques centièmes de millimètres pour des pressions voisines de 900 kilogrammes environ [pressions par cm^2 appliquées sur des cylindres de 13^{mm} de hauteur initiale et de 8^{mm} de diamètre initial], s'élève jusqu'à 5 dixièmes de millimètre pour des pressions de 2000 kilogrammes, décroît ensuite et se réduit à $0^{\text{mm}},37$ pour une pression voisine de 3000 kilogrammes.

Dans ces expériences, l'effet d'une modification des vitesses dans le rapport de 1 à 10 est resté inappréciable et pourtant la valeur absolue de la correction, applicable à la table de tarage, est notable; elle croît rapidement avec les écrasements supérieurs à 1 millimètre; elle est en moyenne de 8 pour 100 jusqu'aux limites des applications balistiques. Ceci n'est pas en désaccord avec la notion d'une dépendance de l'écrasement final et de l'ensemble des vitesses réalisées. Il faut remarquer en effet que les tracés donnés par les explosifs satisfont à la condition commune de s'effectuer, dès les plus faibles déplacements, sous des vitesses de l'ordre du décimètre, c'est-à-dire mille fois plus grandes que les vitesses de tarage. Ces résultats mettent en évidence l'erreur à craindre, lorsqu'on applique la table de tarage manométrique, soit pour obtenir les pressions maxima, soit même pour obtenir les pressions à un instant quelconque et, par suite, les $\frac{dP}{dt}$ maximum. Il s'agit en définitive d'erreurs assez faibles, faciles à corriger et qui ne peuvent fausser d'une façon appréciable les rapports des coefficients de vivacité des poudres.

La même question a donné lieu à un nouveau travail de *P. Charbonnier* et *Malaval*[19]), dans lequel ces auteurs contestent les conclusions précédentes; mais ils n'apportent, à l'appui de leur opinion, aucune expérience faite, sur les crushers, dans les conditions de leurs applications balistiques.

P. Charbonnier et *Malaval* ont fait tous leurs essais sur des déformations par choc. Celles-ci peuvent être et sont en effet fort différentes des déformations sans choc. Le plus souvent, les premières n'intéressent pas la masse entière du cylindre, tandis qu'il en est autrement des secondes. En particulier, la condition, remplie par ces dernières, d'une vitesse nulle au début et à la fin de l'écrasement, n'est plus satisfaite et cette discontinuité initiale des vitesses, qui est la caractéristique des chocs, constitue une différence essentielle, même lorsqu'on se place au point de vue admis par *P. Charbonnier* et *Malaval*. Ces auteurs admettent, pour la résistance R, une loi de la forme suivante

$$R = f(V_0, \varepsilon),$$

V_0 étant la vitesse, imposée au moment du choc. Or il est clair que, d'après cette relation même, si le cylindre crusher était placé dans un cas de fonctionnement en vitesse, mais sans choc au départ (c'est ce qui a lieu pour toutes les applications balistiques), il faudrait prendre $V_0 = 0$ et en déduire

$$R = f(0, \varepsilon);$$

19) *Théorie des crushers [Mémorial de l'artillerie de la marine (3) 1 (1907), p. 203].*

c'est dire que la résistance serait donnée par la table de tarage. *P. Charbonnier* et *Malaval* ne paraissent pas s'être aperçus de cette opposition entre la relation

$$R = f(V_0, \varepsilon)$$

à laquelle ils s'arrêtent et l'impossibilité, qu'ils acceptent, de représenter dR par une différentielle exacte en $d\varepsilon$, $d\varepsilon'$.

En résumé, si les expériences de *P. Charbonnier* et *Malaval* constituent une intéressante contribution à l'étude des effets des chocs sur les crushers, il n'en est pas moins vrai qu'aucune constatation expérimentale, relative aux écrasements sans choc, n'a été jusqu'à présent opposée aux conclusions de *P. Vieille* et *R. Liouville.* Celles-ci semblent donc rester la représentation de l'état actuel de la question des crushers, en ce qui concerne leurs applications balistiques, et la mesure des pressions explosives parait établie sur ces bases d'une manière sûre et précise.*

C. Mode de combustion des poudres[20]).

*Au sujet du mode de combustion des poudres, il y a deux questions distinctes:

1°) la combustion se faisant sur une surface donnée, sous une pression uniforme et constante, quelle doit être, après un temps très court, la surface atteinte par la combustion?

2°) deux points correspondants étant pris sur ces deux surfaces, comment leur distance varie-t-elle avec la pression?

En ce qui concerne la première question, la réponse à faire varie selon qu'il s'agit des poudres noires usuelles, ou des poudres colloïdales; c'est ce que *P. Vieille*[21]) a établi. Sa méthode consistait à brûler, en vase clos, des poudres de dimensions différentes et à inscrire, sur un cylindre tournant, l'écrasement d'un cylindre de cuivre en contact avec un piston soumis à l'action des gaz. On en pouvait déduire la loi de développement des pressions en fonction du temps. Nous n'avons pas à rappeler les précautions prises pour constater, avec toute la précision convenable, la durée totale de combustion de la poudre, ou pour suppléer aux légères incertitudes des tracés.

Si l'on imagine deux charges égales, de poudre noire ou brune, chacune d'elles constituée par des grains tous pareils et d'ailleurs découpés dans une même matière, si l'on a fait en sorte que, pour les

---

20) Cf. IV 22, 8.

21) *Étude sur le mode de combustion des matières explosives [Mémorial des poudres et salpêtres 6 (1893), p. 256].* Cf. IV 22, 8 note 18.

deux charges, les épaisseurs des grains soient, par exemple, dans le rapport de 1 à 6, on reconnaît que leur durée de combustion est à peu près indépendante de l'épaisseur.

Il faut donc, pour des poudres de cette espèce, renoncer à toute idée de combustion par surfaces parallèles, en tant du moins qu'elle s'applique aux grains constituant les charges essayées. On est conduit à penser au contraire que ces grains primitifs constituent une agrégation peu résistante d'éléments plus compacts et brûlant par surfaces régulières, mais dont les dimensions ne sont pas en rapport avec celles des grains qu'ils composent.

Les choses se passent autrement lorsqu'il s'agit des poudres colloïdales.

D'abord, les durées de combustion des poudres, très aplaties et d'épaisseurs différentes, se montrent à peu près proportionnelles à leur épaisseur, en sorte qu'il est naturel de vérifier si la combustion se fait par couches parallèles.

Pour le savoir, *P. Vieille* composait deux charges égales avec des parallélépipèdes semblables. Les durées de combustion de ces charges devaient être dans le même rapport que les dimensions des brins, si la combustion a lieu effectivement par couches parallèles. En admettant par exemple, avec *H. Moisson*[22]) et d'autres auteurs, la combustion régulière, par couches semblables, les durées devraient être les mêmes pour les deux charges. La confusion n'est pas possible et l'expérience est d'accord avec la première hypothèse, opposée à la seconde.

On peut même réaliser des essais dans lesquels le mode de combustion des poudres colloïdales, par couches parallèles, est constatable à simple vue. Il suffit de mélanger, à une charge de poudre vive, quelques bandes beaucoup plus lentes et de déterminer la combustion du mélange dans une arme appropriée. Les brins lents ne subissent dans l'arme qu'un commencement de combustion et sont projetés à l'extérieur, où ils s'éteignent. Leurs dimensions, avant et après l'opération, peuvent être comparées; or elles ont toutes diminué de la même quantité, ce qui rend manifeste la combustion par couches parallèles.

Ce point mis hors de cause, il reste à se rendre compte de l'influence de la pression; c'est ce qui peut être fait de plusieurs façons différentes.

Les tracés font connaître la courbe qui représente les pressions P, en fonction du temps t et, par suite, la tangente à cette courbe

---

22) *Étude sur le tir des poudres B [Mémorial de l'artillerie de la marine 26 (1898), p. 71].*

en son point d'inflexion. On peut démontrer que, si une poudre compacte brûle par couches parallèles, avec une vitesse proportionnelle à une certaine puissance n de la pression, le coefficient angulaire de la tangente d'inflexion varie avec la densité de chargement[23]) à laquelle le tracé correspond, c'est-à-dire avec la pression maxima atteinte, et cela comme la puissance $n+1$ de cette pression.

En fait, pour les poudres à la nitrocellulose pure, on a trouvé que le rapport

$$\frac{\left(\frac{dP}{dt}\right)_{\max}}{P_{\max}^{n+1}}$$

est une constante, pourvu que n soit à peu près égal à $\frac{2}{3}$.

Pour les poudres noires usuelles, on trouve que le rapport

$$\frac{\left(\frac{dP}{dt}\right)_{\max}}{P_{\max}^{n+1}}$$

est aussi constant, pourvu que $n+1$ soit égal à $\frac{3}{2}$ et c'est pourquoi l'on est conduit à admettre que le phénomène complexe de la combustion des poudres noires peut être assimilé, pour ses effets, à la combustion par couches parallèles d'un grain qui aurait une vitesse de combustion proportionnelle à la racine carrée de la pression. Les dimensions de ce grain fictif n'auraient d'ailleurs aucun rapport nécessaire avec celles des véritables grains qui constituent la charge. Ainsi se justifie le choix de l'exposant $\frac{1}{2}$, fait par *E. Sarrau* pour l'étude de la balistique des poudres noires.

L'exposant $\frac{2}{3}$ des poudres colloïdales au coton-poudre pur a pu être contrôlé par des expériences plus directes. Imaginons que l'on compose une charge avec des poudres en lames, très larges et longues, de telle sorte que ces dimensions, longueur et largeur, soient à peine modifiées pendant que l'épaisseur se réduit à zéro. Si l'on fait brûler en vase clos une charge ainsi composée, rien n'est plus facile que de calculer, pour chaque intervalle de temps, la quantité de poudre brûlée, car elle résulte de la variation des pressions, d'après la loi de *A. Noble* et *F. Abel.* La quantité brûlée fait connaître l'épaisseur brûlée

23) *La densité de chargement Δ est le poids de la charge en grammes, divisé par la capacité du vase clos, en centimètres cubes ou plutôt en grammes d'eau. Elle est liée à la pression maxima par la loi de *A. Noble* et *F. Abel,*

$$P_{\max} = \frac{f\Delta}{1-\alpha\Delta},$$

où f et α sont des constantes caractéristiques de l'explosif.*

et, par suite, la vitesse de combustion moyenne dans l'intervalle considéré, pour lequel d'ailleurs la pression est connue. Si l'on construit des points ayant pour abscisses les logarithmes des pressions, pour chaque intervalle et, pour ordonnées, les logarithmes des vitesses de combustion correspondantes, on peut constater que tous les points ainsi obtenus pour une ou plusieurs expériences se rangent à peu près sur une droite. Le coefficient angulaire de cette droite n'est autre chose que l'exposant cherché n, et l'ensemble des points relatifs, par exemple, aux expériences de *P. Vieille*, montre que ce nombre est égal à $\frac{2}{3}$ et ne peut, sans erreur évidente, être pris égal à l'unité.

Enfin, quand on admet à l'avance une valeur de l'exposant n, on peut, pour une poudre de forme quelconque, calculer l'expression en termes finis, qui représente les pressions en fonction du temps. Elle est donnée par l'intégration d'une fonction algébrique, pourvu que le nombre n soit supposé rationnel, ce qu'il est toujours permis de faire. En particulier, pour $n = 1$ (hypothèse de *H. Moisson*, de *O. Mata*[24]), de *P. Charbonnier*), la quadrature fait apparaître des fonctions rationnelles et logarithmiques. Pour $n = \frac{2}{3}$, on peut, avec une grande approximation, exprimer le résultat par les fonctions elliptiques, et même, lorsque la poudre est assez aplatie, ce qui a lieu pour les poudres usuelles au coton-poudre pur, par des fonctions rationnelles, dégénérescences des fonctions elliptiques.

Pour comparer les courbes théoriques, ainsi calculées, aux courbes expérimentales, quelques précautions sont nécessaires. Les deux extrémités des tracés expérimentaux sont en effet, ou peu distinctes ou sujettes à de légères perturbations; de plus, la durée de combustion de la matière, sous une pression constante donnée, n'est que médiocrement connue. Il faut donc la déduire des tracés eux-mêmes, en établissant la concordance des courbes, expérimentale et théorique, en deux points, choisis près des extrémités.

On reconnaît ainsi que la courbe théorique, calculée pour l'exposant $\frac{2}{3}$, ne se sépare pas de la courbe expérimentale entre les points choisis; les écarts sont très faibles et inférieurs aux erreurs possibles de l'expérience.

Au contraire, la courbe théorique, calculée pour un exposant égal à 1 et comparée de la même manière à la courbe expérimentale, s'en écarte beaucoup plus et les écarts dépassent les erreurs acceptables. Il y a plus: si l'on essaye une même poudre en vase clos, sous deux

---

24) *L'action des explosifs dans les armes [Mémorial de l'artillerie de la marine 30 (1902), p. 227].*

densités de chargement différentes, par exemple 0,20 et 0,25, l'expérience faite à la densité de 0,2 permet de connaître, pour cette poudre, la durée de combustion sous une pression constante donnée, et, pour fixer les idées, sous la pression atmosphérique; cette caractéristique de la poudre peut être ensuite utilisée pour la comparaison des courbes, théorique et expérimentale, relatives à la densité de 0,25. La coïncidence reste bonne, pour l'exposant $\frac{2}{3}$; elle devient tout à fait insuffisante pour l'exposant 1.

On voit que toutes ces méthodes sont concordantes et ne semblent laisser aucun doute sur la valeur de l'exposant, pour les poudres colloïdales au coton-poudre pur.

Des déterminations analogues ont été faites pour les matières de poudre, noire ou brune, amenées à un état compact par des pressions très énergiques, pour les poudres à la nitroglycérine, etc. Les valeurs trouvées pour l'exposant varient beaucoup avec l'explosif dont il s'agit; quelques-unes même sont supérieures à l'unité (acide picrique compact).

Une objection un peu imprévue a été faite à ces conclusions par *W. Wolff*[25]); d'après *W. Wolff*, la vitesse de combustion de la poudre dépend, non pas de la pression seule, mais de la pression et de la densité de chargement, regardées comme indépendantes.

Cette hypothèse introduit, dans la formule servant à représenter les phénomènes, des paramètres supplémentaires, dont on peut sans doute user pour rendre les résultats calculés plus conformes aux résultats expérimentaux, mais il reste à savoir si l'exactitude ainsi réalisée n'est pas illusoire, étant donnés les écarts à craindre des expériences.

C'est en se plaçant au point de vue de la théorie que *W. Wolff* fait intervenir la densité de chargement dans l'expression de la vitesse de combustion de la poudre, et il y a une difficulté véritable à concevoir cette intervention; si l'on considère en effet deux charges de poudre, essayées en vase clos, sous des densités de chargement différentes et que l'on étudie les phénomènes au voisinage d'une même pression, il semble que, dans les deux expériences, la vitesse de combustion de la poudre devrait être fixée par l'unique influence extérieure à laquelle elle est soumise à ce moment, c'est-à-dire par la pression; les vitesses de combustion devraient alors être les mêmes. Pour qu'elles ne le soient pas, c'est-à-dire qu'elles dépendent de la densité de chargement, quand la pression n'est pas changée, il faudrait sup-

---

25) *Kriegstechnische Zeitschrift 6 (1903), p. 1/35. Cf. IV 22, 8, note 19.

poser que chaque poudre conserve le souvenir des conditions où elle s'est trouvée au début de la combustion, sans avoir d'ailleurs gardé trace de toutes les autres conditions réalisées ensuite, sauf de la condition présente.

C'est là un point de vue qu'on n'accepte pas sans répugnance et l'on préférera, croyons-nous, admettre que les nombres, donnés par *P. Vieille* et qui résultent d'expériences difficiles, impliquent des écarts qu'il serait vain de vouloir représenter. Ajoutons qu'en 1904 *I. P. Grave*[26]) a retrouvé les résultats essentiels de *P. Vieille.* Selon *I. P. Grave*, la vitesse de combustion des poudres compactes est représentée, si l'on veut, aussi bien par une fonction linéaire, non homogène, de la pression seule, que par une puissance de cette variable. Tous les résultats de *I. P. Grave* se rangent en effet, avec une approximation à peu près égale, dans l'une ou l'autre de ces deux lois, au moins dès qu'une certaine valeur de la pression est dépassée.

Le mémoire de *P. Vieille* a, de plus, fait connaître une méthode pour comparer les vivacités des poudres et notamment celles des poudres colloïdales; il a montré que les valeurs des $\left(\frac{dP}{dt}\right)_{\max}$, déduites des tracés, sont proportionnelles aux durées de combustion qu'auraient les poudres sous une pression maintenue constante, et ces valeurs se prêtent à des mesures directes, relativement faciles, en sorte qu'on sait obtenir, par des expériences de laboratoire, des nombres proportionnels aux vivacités des poudres; on y trouve, pour tous les travaux de balistique intérieure, une base expérimentale solide.

En résumé, nous croyons acquis les points suivants, sous le bénéfice des observations qui viennent d'être présentées:

1°) les poudres colloïdales, au coton-poudre pur, brûlent par couches parallèles, avec une vitesse proportionnelle à la puissance $\frac{2}{3}$ de la pression; les poudres noires usuelles brûlent d'une tout autre manière, mais les résultats sont équivalents à ceux d'une combustion par couches parallèles, avec une vitesse proportionnelle à la racine carrée de la pression;

2°) on sait obtenir, par des essais en vase clos, des nombres qui représentent avec certitude, à un facteur constant près, les vivacités des poudres colloïdales employées par les services de la guerre et de la marine françaises.*

---

26) **I. P. Grave,* Mémoire lithographié en 1904 à l'Ecole d'artillerie Michel; traduction française, par *C. de Leissègues* [Mémorial de l'artillerie de la marine (3) 1 (1907), 2ᵉ partie, p. 51].*

D. Équation différentielle du mouvement du projectile.

*Dès l'origine des travaux théoriques sur la balistique intérieure, l'équation différentielle du mouvement du projectile a été établie comme une conséquence du principe d'équivalence, mais les procédés employés pour l'obtenir ont quelque peu varié et l'équation elle-même s'est trouvée, comme conséquence, plusieurs fois modifiée. Il est toujours supposé que les gaz produits par l'explosif admettent l'équation caractéristique de *R. Clausius*; le dernier terme de celle-ci est négligeable à côté du premier, dans les conditions des expériences, de sorte qu'entre la pression P des gaz, leur volume spécifique V et leur température absolue T, la relation admise est la suivante

$$p(V-\alpha)=RT,$$

dans laquelle R et α sont des constantes données. Les chaleurs spécifiques sont supposées croissantes avec les températures, comme les expériences de *F. E. Mallard* et *H. Le Châtelier*[27]), de *M. Berthelot* et *P. Vieille*[28]) l'ont démontré et, leur différence étant constante, d'après une loi bien connue, leur rapport γ se rapproche de l'unité quand la température T augmente, mais varie d'ailleurs avec lenteur et peut être regardé comme constant dans un intervalle limité.

Il y a, derrière le projectile, une masse gazeuse dont toutes les parties ne sont, à un instant donné, ni à la même densité, ni à la même pression. Admettons, pour revenir plus tard sur ce point, que, dans toute cette masse, la pression soit uniforme et, par suite, dans un rapport connu avec l'accélération du projectile. Pour faire usage des principes de la thermodynamique, quelques auteurs ont indiqué le procédé suivant:

Entre la pression P de la masse gazeuse et son volume spécifique V, il y a, si l'on néglige les pertes de chaleur, une relation

$$P(V-\alpha)^{\gamma}=\text{constante}, \tag{1}$$

ou, si l'on admet que la température ne varie pas, une relation analogue

$$P(V-\alpha)=\text{constante}, \tag{2}$$

dans laquelle V s'exprime après quelques hypothèses déguisées, au moyen du déplacement u du projectile et du poids de poudre brûlée, et P à l'aide de l'accélération $\frac{d^2u}{dt^2}$; mais la vitesse de combustion et,

27) *Annales des mines (8) 4 (1883), p. 379/559.*

28) *Ann. chimie et phys. (6) 4 (1885), p. 17.*

par suite, le poids de poudre brûlée, dépend de P d'une façon connue, ce qui ne laisse figurer dans l'équation précédente que la fonction u et ses dérivées des deux premiers ordres. Elle devient ainsi l'équation différentielle du mouvement du projectile.

Ce raisonnement manque de rigueur et conduit à une inexactitude. En effet, sans même insister sur l'impossibilité où l'on serait ainsi de tenir compte des pertes de chaleur par les parois de la bouche à feu, l'égalité (1) convient seulement pour les états d'équilibre adiabatique d'une masse «donnée» de gaz.

Pour l'appliquer à la masse, variable à chaque instant, produite par la combustion de la poudre, les auteurs engagés dans cette voie ont été conduits à traiter d'abord le cas inexistant de la combustion instantanée de la poudre, puis à ramener, par une généralisation hardie mais injustifiable, tous les cas possibles au précédent en remplaçant, dans la formule trouvée pour celui-ci, le poids total de la charge de poudre par le poids de poudre brûlée à l'instant considéré. Le résultat de cette opération est en désaccord avec la formule exacte, et la relation (2) ne permet pas d'échapper à des objections analogues.

Lorsqu'on applique directement le principe d'équivalence, toutes ces difficultés disparaissent.

Il faut alors considérer les quantités de chaleur transformées

1°) en force vive du projectile,

2°) en travaux accessoires, force vive des gaz, frottement dans les rayures,

3°) en élévation de température des parois de la bouche à feu.

L'ensemble de toutes ces énergies est emprunté aux gaz dégagés par la partie brûlée de la charge. C'est le produit du poids de cette poudre brûlée (dans le cas des poudres sans résidus), par la chute de température des gaz et par leur chaleur spécifique γ.

Or la pression ou, ce qui est la même chose à un facteur constant près, l'accélération du projectile s'exprime au moyen de la vitesse de combustion, c'est-à-dire de la quantité brûlée et de sa dérivée relative au temps; pour calculer le volume spécifique des gaz, il suffit de connaître le déplacement du projectile; la température des gaz résulte de leur volume et de la pression, en vertu de l'équation caractéristique. On sait comment toutes ces quantités et la force vive du projectile dépendent de u et de ses deux premières dérivées. L'équation différentielle du mouvement s'en déduirait, si l'on était en mesure de calculer la force vive des gaz, les pertes de chaleur par les parois de la bouche à feu et le travail des frottements.

D'après les recherches faites par *P. Vieille*[29]) pour l'étude des érosions, il semble que le métal, intéressé aux élévations de température dans le tir des bouches à feu, est d'épaisseur assez faible, en sorte que les pertes de chaleur par les parois sont relativement peu importantes; il en est de même en général du frottement dans les rayures et l'on admet que la force vive des gaz est une fraction calculable de celle du projectile.

Nous reviendrons plus loin sur ce dernier point; mais, pour conclure de l'équation différentielle du mouvement ce qui est indispensable à la pratique, il n'est pas nécessaire que toutes ces pertes d'énergie puissent être négligées d'une façon absolue; il suffit que leur rapport à la force vive du projectile soit une quantité numérique, c'est-à-dire indépendante des données du tir et des proportions de la bouche à feu. On conçoit que cette condition soit presque toujours assez bien remplie, mais il est des cas où il peut en être autrement. C'est sans doute pour cette cause que les formules de vitesse et pression, qui conviennent à la plupart des bouches à feu, semblent en défaut pour certains obusiers, c'est-à-dire quand le rapport du volume total de l'âme au volume de la chambre est trop grand et la densité de chargement[30]) trop réduite.

Les observations principales présentées par *E. Emery*[31]) se rapportent à cet ordre d'idées.

La répartition des pressions et des vitesses dans les gaz dégagés par la charge de poudre, ainsi que la force vive qu'ils emportent, ont été d'abord étudiées au moyen des hypothèses de *G. Piobert*, d'après lesquelles les vitesses suivraient une loi linéaire et la densité serait uniforme dans toute la masse. Ces hypothèses sont en désaccord avec les lois du mouvement adiabatique des gaz et les seules justifications qu'on en puisse donner résultent de la possibilité de représenter, avec une approximation plus ou moins grossière, une loi quelconque de répartition des vitesses par une loi linéaire. Pour les densités, il faut imaginer que les ondes propagées dans la masse gazeuse, leurs réflexions sur la culasse et sur le culot du projectile, produisent un brassage, tendant à faire disparaître les différences de densité d'un point à l'autre.

---

29) **P. Vieille,* Etude sur les phénomènes d'érosion produits par les explosifs [Mémorial des poudres et salpêtres 11 (1901/2), p. 157].*

30) *Rapport du poids de la poudre (en kilogrammes) au volume de la chambre (en décimètres cubes).*

31) **E. Emery,* Sur deux travaux récents de balistique intérieure [Mémorial des poudres et salpêtres 14 (1907/8), p. 97].*

Si p représente le poids du projectile et ϖ celui de la charge de poudre, on trouve alors aisément que la pression sur la culasse est égale à la pression sur le culot, multipliée par

$$1 + \frac{1}{2}\frac{\varpi}{p}.$$

La discordance avec les lois du mouvement des gaz est manifeste, puisque les densités ont été supposées uniformes; il convient de remarquer en outre que les brins de poudre sont peut-être en mouvement au milieu des gaz, qui les transportent et dont la masse est sans cesse augmentée pendant que la combustion progresse.

Ces conditions sont éloignées, au moins en apparence, de la détente adiabatique d'un gaz isolé, dont le poids reste constant. Le facteur $1 + \frac{1}{2}\frac{\varpi}{p}$ reste donc dénué de toute justification théorique de quelque valeur. En fait, la formule théorique, trouvée pour la pression maximum sur le culot du projectile, a dû être modifiée par un facteur proportionnel à une puissance de $\frac{\varpi}{p}$, afin de représenter les pressions mesurées sur la culasse; mais ce n'est là qu'une constatation de fait, dont la signification reste douteuse.

Les hypothèses de *G. Piobert* donnent en outre, pour le rapport de la force vive des gaz à celle du projectile, la valeur $\frac{1}{3}$, à laquelle s'appliquent aussi les réserves précédentes. Quoi qu'il en soit, ces remarques conduisent à penser

1°) que la pression moyenne des gaz derrière le projectile n'est pas

$$\frac{p}{\omega g}\frac{d^2u}{dt^2},$$

ω étant la section de l'âme, mais plutôt

$$\frac{p}{\omega g}\left(1 + \beta\frac{\varpi}{p}\right)\frac{d^2u}{dt^2},$$

β étant un nombre vraisemblablement compris entre 0 et $\frac{1}{2}$;

2°) que, pour tenir compte de la force vive des gaz, il convient de remplacer celle du projectile par

$$\frac{p}{g}\left(1 + \beta'\frac{\varpi}{p}\right)\left(\frac{du}{dt}\right)^2,$$

β' étant un autre nombre voisin de $\frac{1}{3}$;

3°) enfin, que la vitesse moyenne de combustion de la poudre, à l'instant considéré, n'est pas proportionnelle à

$$\left(\frac{p}{\omega g}\frac{d^2u}{dt^2}\right)^{\frac{2}{3}},$$

mais à

$$\left[\frac{p}{\omega g}\left(1+\beta''\frac{\varpi}{p}\right)\frac{d^2u}{dt^2}\right]^{\frac{2}{3}},$$

β'' étant encore un nombre, compris entre 0 et $\frac{1}{2}$.

Toutes ces corrections peuvent d'ailleurs se détruire presque entièrement, ou bien parce qu'elles sont faibles, ou parce qu'elles multiplient presque exactement par un même facteur tous les termes de l'équation différentielle du mouvement du projectile. Il est possible aussi que, sans influence appréciable sur les vitesses initiales dans les conditions ordinaires du tir, comme semble le montrer l'expérience, elles aient plus d'importance pour la position et la valeur du maximum de pression.

Une tentative récente[32]) a été faite pour substituer, aux règles de *G. Piobert*, des hypothèses plus précises et pour en déduire les conséquences par une théorie entièrement rigoureuse.

L'hypothèse admise est la suivante:

L'état des gaz, derrière le projectile, est à tout instant régi par les mêmes lois que si, toute la poudre étant brûlée, la détente se produisait sans gain ni perte de chaleur et sans mouvements tourbillonnaires.

Ce n'est là, visiblement, qu'une approximation grossière, mais c'est du moins une hypothèse déterminée, dont l'étude peut être poursuivie sans faire sur la rigueur des déductions des sacrifices, qui ne laisseraient place à aucune conclusion certaine. La question qui se présente alors est connue sous le nom de problème de Lagrange. *H. Hugoniot*[33]) a indiqué, d'une façon sommaire, comment on peut en commencer la solution. La méthode de *H. Hugoniot* a servi de base aux nouvelles recherches et il a suffi d'en développer un peu plus quelques points pour parvenir à des résultats qui s'énoncent ainsi:

1°) le rapport de la pression sur la culasse à la pression sur le culot est toujours une fonction *numérique* du quotient $\frac{\varpi}{p}$;

2°) on sait calculer cette fonction jusqu'au moment où la première onde, à partir du culot du projectile (onde de dilatation), atteint la culasse;

32) **F. Gossot* et *R. Liouville,* Sur les effets balistiques des poudres sans fumée dans les bouches à feu [Mémorial de l'artillerie de la marine (3) 1 (1907), p. 21].*

33) *Propagation du mouvement dans les corps et spécialement dans les gaz parfaits [J. Éc. polyt. (1) cah. 57 (1887), p. 3/97; (1) cah. 58 (1889), p. 1/125, en partic. p. 56.*

3°) le rapport de la force vive totale des gaz à la force vive du projectile est toujours aussi une fonction *numérique* de $\frac{\varpi}{p}$; on sait la calculer dans les mêmes limites que la précédente;

4°) lorsqu'on admet, pour le rapport γ des chaleurs spécifiques des gaz, une valeur qui paraît conforme aux données expérimentales, on trouve, pour le rapport des pressions sur la culasse et sur le culot, dans les limites où il est calculé, une fonction de $\frac{\varpi}{p}$, qui peut en général être remplacée avec une grande approximation par une puissance de $\frac{\varpi}{p}$, multipliée par un facteur constant. Cette puissance de $\frac{\varpi}{p}$ se trouve être à peu près celle dont l'expérience a exigé l'introduction.

On voit combien toute cette théorie est encore incomplète; peut-être est-il inutile de chercher à l'améliorer, tant que l'expérience n'aura pas permis

1°) de savoir si la poudre prend part aux mouvements des gaz derrière le projectile;

2°) d'obtenir, par des mesures directes, à la fois les pressions sur la culasse et sur le culot.

L'équation différentielle du mouvement donne lieu à une autre remarque; elle suppose «l'inflammation instantanée» et la charge composée de brins tous égaux entre eux; ni l'une ni l'autre de ces conditions n'est remplie d'une manière parfaite. Au sujet de l'inflammation, les renseignements qu'on possède sont insuffisants, car on mesure sous le nom de «retard d'inflammation» une durée qui n'a pas une signification très précise; mais il est naturel de penser qu'à cause du temps nécessaire à l'inflammation tout se passe à peu près comme si la charge, au lieu d'être formée de brins égaux, était constituée par un mélange de brins ayant des formes et des dimensions un peu différentes. Quant à la combustion des mélanges, il est aisé de montrer qu'elle suit des lois semblables à celles des poudres homogènes et ne peut modifier, dans l'équation différentielle du mouvement, que des coefficients numériques.

En résumé, l'équation différentielle, telle qu'elle a été obtenue par *E. Sarrau*[34]), n'exige encore aujourd'hui que des changements sans importance.

Soit qu'on l'écrive sous la forme adoptée par *E. Sarrau* lui-même, soit qu'on lui préfère les deux relations plus simples qui peuvent lui

---

34) *Recherches sur les effets de la poudre dans les armes [Mémorial de l'artillerie de la marine 1 (1873), p. 743; 4 (1876), p. 131].*

être substituées, par un choix convenable des inconnues, mais sans modification vraiment essentielle, elle semble devoir être regardée comme la base des théories balistiques modernes.*

E. Propriétés de l'équation différentielle du mouvement et variables caractéristiques.

*Les propriétés les plus importantes de l'équation différentielle du mouvement du projectile sont celles qui ont été remarquées d'abord par *E. Sarrau*[35]; elles consistent en une homogénéité particulière, qui peut être ainsi définie: Si l'on multiplie par une constante k le calibre a du canon, la longueur de parcours u, le temps correspondant t, et la durée τ de combustion du brin de poudre, par k^3 le volume total de l'âme, le poids de la charge de poudre ϖ et le poids p du projectile, toutes autres quantités demeurant les mêmes, les équations ne sont pas changées.

Cette homogénéité n'est nullement, on le voit, celle qui se rapporte aux dimensions de même espèce.

E. Sarrau en a déduit, en opérant sur les formules finales qu'il avait obtenues, des observations importantes pour la pratique, mais il n'en a pas profité pour donner aux équations différentielles du problème leur forme la plus commode. Pour le faire, il faut introduire, au lieu des inconnues et des variables naturelles, quelques-unes de leurs combinaisons, dont le degré d'homogénéité est égal à zéro. On s'aperçoit alors que le développement employé par *E. Sarrau* est équivalent à une série ordonnée selon les puissances d'un paramètre numérique; le premier terme fait connaître ce qui aurait lieu si l'on pouvait faire usage d'une poudre «parfaitement aplatie et régulière», c'est-à-dire à émission constante.

L'équation différentielle, du second ordre, qui détermine ce premier terme est simple; elle jouit elle-même d'une homogénéité, grâce à laquelle son ordre peut être abaissé d'une unité. On est donc tenté de conclure qu'ainsi se trouve ouverte une voie commode pour la discussion complète du problème. Si l'on admet en effet, comme première approximation, que la poudre dont on se sert donne une émission constante (sous pression invariable), ce qui n'est peut-être pas très éloigné de la vérité, toute la question se réduit à l'intégration d'une équation différentielle du premier ordre, appartenant au type des équations d'Abel, le plus simple d'aspect après celui des équations de Riccati.

---

35) *Mémorial de l'artillerie de la marine 1 (1873), p. 743; 4 (1876), p. 131.*

Malheureusement, on reconnaît aussitôt que les propriétés les plus importantes de cette équation sont liées à l'expression arithmétique du nombre γ (rapport des chaleurs spécifiques des gaz à la température à laquelle ils sont portés dans la bouche à feu). C'est-à-dire qu'il faut renoncer à l'espoir d'obtenir en toute rigueur une intégrale qui soit susceptible d'utilisation immédiate.

Ces remarques suffisent à montrer qu'il faut, moins encore, compter sur l'intégration exacte des équations complètes de la balistique intérieure; et, comme conséquence, lorsqu'on a en vue les applications pratiques, on est ainsi rejeté vers un ordre d'idées tout différent.

Les équations différentielles, sous la forme simple à laquelle elles sont parvenues, grâce à l'emploi des variables de degré d'homogénéité nul, sont entièrement numériques, c'est-à-dire restent les mêmes, quelles que soient les données du chargement et la vivacité de la poudre. La variable indépendante, ξ, dépend de toutes les données du chargement et de l'espace parcouru par le projectile; des deux fonctions inconnues, l'une, w, est liée aux vitesses, l'autre, y, aux pressions développées; de plus, à l'origine du mouvement, c'est-à-dire pour $\xi = \xi_0$, les valeurs des inconnues sont données, car les vitesses sont nulles et les pressions, ou bien le sont aussi, ou bien prennent une valeur (pression au départ) qu'on peut regarder comme donnée. D'après cette remarque il est clair que y et w sont des fonctions numériques de ξ et ξ_0, ou, si l'on veut, de deux variables, liées aux précédentes par des relations connues purement numériques, mais dont le choix, sous cette condition, est arbitraire. Celles dont *E. Sarrau* a fait usage dans ses derniers travaux[36]) et dont l'une est celle qu'il appelait le *module*, font précisément partie de cette catégorie; le grand nombre des applications qui ont pu être rattachées à la considération du module, soit par *E. Sarrau*[37]), soit par ses successeurs[38]), montre tout l'avantage qu'elles présentent, au point de vue de la facilité des calculs; ce sont ces deux variables auxquelles on peut donner le nom de *variables caractéristiques*[39]).

---

36) **E. Sarrau,* Recherches théoriques sur le chargement des bouches à feu [Mémorial des poudres et salpêtres 1 (1882/3), p. 35].*

37) *Id. 1 (1882/3), p. 49.*

38) **L. Jacob,* Étude sur les effets de la poudre dans un canon de 16cm [Mémorial de l'artillerie de la marine 21 (1893), p. 509]; *F. Gossot,* Calcul des dispositions intérieures des bouches à feu [id. 31 (1903), p. 91]; *E. Vallier,* Balistique des nouvelles poudres [Encycl. scient. des Aide-Mémoire, s. d.].*

39) **F. Gossot* et *R. Liouville,* Effets balistiques des poudres sans fumée [Mémorial de l'artillerie de la marine 33 (1905), p. 103].*

Ce qui résulte de la théorie précédente, c'est que y et w sont des fonctions numériques des variables caractéristiques,

$$l = \log_e\left(\frac{\xi}{\xi_0}\right) \quad \text{et} \quad x \text{ (module)}.$$

Si donc on connaît des résultats de tir, obtenus dans des bouches à feu, de dimensions connues, avec des poudres dont la vivacité a été définie par des essais en vase clos, on sait, à tout résultat, faire correspondre un point d'une surface dont les coordonnées sont l, x et w.

L'expérience permet donc de construire par points cette surface, sans connaître le rapport γ, sans modifier les équations différentielles de la balistique par des simplifications, des hypothèses ou des développements d'approximation inconnue; si bien que le seul fait d'obtenir de cette manière une surface déterminée met hors de doute la possibilité de concilier les résultats fournis par les bouches à feu avec les lois expérimentales et les nombres résultant des essais en vase clos.

Quant aux pressions, comme il s'agit seulement de leurs valeurs maxima, elles devraient être données, non par une surface, mais par une courbe, que les tirs permettraient de tracer. En réalité, les pressions sur le culot du projectile ne sont pas mesurées et, d'après la théorie même, les pressions sur la culasse sont sensibles à l'influence d'une variable nouvelle $\frac{\varpi}{p}$, de sorte que les pressions *mesurées* peuvent dépendre de la construction, non d'une courbe, mais d'une surface; c'est ce qui paraît ressortir en effet des expériences. Des considérations toutes semblables conviennent aussi pour la détermination du point où se produit le maximum de pression; mais, pour celui-ci, les constatations expérimentales ne sont pas nombreuses et, par suite, les concordances sont assez peu significatives.

On voit, d'après ce qui précède, que l'emploi des variables caractéristiques, puis l'utilisation des résultats des tirs pour déterminer les lois numériques des phénomènes, apparaissent comme une nécessité presque inéluctable. L'intégration rigoureuse des équations de la balistique intérieure doit être en effet regardée comme impossible, et cependant le seul moyen de pouvoir compter sur les vérifications de la théorie est de ne faire aucune simplification ou hypothèse, dont le degré d'approximation soit contestable; en d'autres termes, il faut ne rien changer aux équations différentielles et s'en servir, sans pouvoir les intégrer. Il est donc présumable que, quels que soient les progrès futurs de la balistique intérieure, les procédés d'étude, de la nature de ceux qui viennent d'être rappelés, présenteront, pendant quelque temps, un avantage marqué sur les autres; il est vraisemblable aussi que les variables caractéristiques et les équations différentielles sous forme numérique, resteront un intermédiaire utile pour de nouvelles recherches.

Une question importante se pose au sujet de ce qu'on peut attendre de la théorie dans les problèmes pratiques de la balistique intérieure. Le tir des bouches à feu implique trop de circonstances accessoires, souvent mal connues de l'observateur, pour qu'on puisse demander à une théorie, toujours trop sommaire, de faire prévoir, dans les cas les plus divers, tous les détails de la réalité, car ce qui est en général une perturbation imperceptible devient, dans des cas exceptionnels, une partie notable du phénomène principal. Faut-il en conclure que la théorie ne peut prétendre à des prévisions proprement dites, mais doit se borner à présenter, dans un ordre commode, l'ensemble des faits d'expérience?

Il y a, sur ce sujet, une distinction essentielle à faire.

Les données dont dépendent les vitesses et les pressions dans une bouche à feu sont nombreuses: ce sont le calibre de l'arme, les volumes de l'âme et de la chambre, le poids du projectile et celui de la charge de poudre, la durée de combustion du brin de poudre. Lorsqu'on possède deux ou plusieurs résultats d'expériences, dans lesquelles toutes ces données n'ont que des différences très faibles, il est clair qu'on peut toujours prévoir avec quelque exactitude les résultats qu'on eût obtenus, si chacune des données avait reçu des valeurs intermédiaires entre celles qui ont été soumises à l'expérience; ce sont là des interpolations visiblement acceptables avant toute théorie, mais qui cesseraient d'être légitimes, si quelqu'une des données sortait des intervalles dont les extrémités ont été contrôlées par des essais directs. Le travail ainsi conduit est, selon certaines personnes, le seul qui convienne au praticien et qui soit digne de lui inspirer confiance.

Tout autres sont les interpolations que peut justifier une théorie et, par exemple, celle qui vient d'être indiquée. Il est nécessaire alors, non pas que *toutes les données* restent comprises dans des intervalles dont les extrémités sont connues, mais bien, qu'il en soit ainsi *des deux variables caractéristiques*, desquelles dépend tout le problème. Or celles-ci peuvent se trouver et se trouvent, en effet, souvent dans des cas d'interpolation légitime, alors qu'il n'en serait pas ainsi de toutes les données elles-mêmes, dont elles sont des combinaisons déterminées. C'est là ce qui justifie, dans une question où tout cependant doit être soumis au contrôle de l'expérience, de véritables prévisions. Elles résultent, en définitive, de ce que les principes sur lesquels est fondée l'équation différentielle du mouvement, ou bien ont été établis daus des conditions générales et sûres, ou bien ont cessé d'être douteux, comme le principe d'équivalence, en raison de l'usage qui en est fait à tout instant et dans les circonstances les plus diverses, sans qu'il ait jamais été trouvé en désaccord avec la réalité.

Nous avons expliqué comment les vitesses et les pressions peuvent être déduites de la construction de deux surfaces, mais les applications ne peuvent se contenter d'un tel procédé. Il est indispensable, pour elles, de substituer des formules aux représentations graphiques; c'est ce qui peut être fait d'ordinaire de plusieurs manières équivalentes. Il y a, en effet, autour des surfaces représentatives une zone dans laquelle les divergences des formules et des mesures peuvent se produire sans dépasser les écarts normaux des expériences; de plus, le domaine à représenter est toujours limité. Il s'ensuit que la structure algébrique des formules n'est pas commandée d'une façon absolue et l'on reste maître d'en disposer pour la plus grande facilité des applications pratiques. En revanche, celles-ci sont si variées que le choix parmi toutes les formules donnant des valeurs numériques, presque égales dans les intervalles considérés, ne peut guère se faire d'après des règles précises; il n'a pour guides que des appréciations vagues, dont l'exactitude dépend surtout de l'habileté du calculateur.

A ce point de vue, les formules communiquées par *E. Sarrau* en 1903 présentent des garanties exceptionnelles et c'est pourquoi leur forme essentielle avait été conservée dans le mémoire publié en 1905 par *F. Gossot* et *R. Liouville*, à qui elle a permis de présenter les applications les plus nombreuses et les plus variées. Le mémoire de *P. Charbonnier*[40]) ne visait guère les applications pratiques, c'est pourquoi il a pu s'affranchir des conditions, assez complexes, auxquelles il vient d'être fait allusion. *E. Emery*[41]), au contraire, s'est placé au même point de vue que *F. Gossot* et *R. Liouville* et a cherché à conserver la forme si commode imaginée par *E. Sarrau.**

F. Notes historiques.

La balistique intérieure est une science relativement récente. Née des nécessités de la pratique courante, elle était, vers le milieu du siècle dernier, réduite aux constatations les plus immédiates de

40) *Nouvelles formules de balistique intérieure [Mémorial de l'artillerie de la marine (3) 1 (1907), p. 283]; *G. Sugot,* Formules différentielles des poudres d'après la théorie balistique du Commandant Charbonnier [id. (3) 2 (1908), p. 479].*

41) **E. Emery,* Mémorial des poudres et salpêtres 14 (1907/8), p. 97.*

l'expérience. Sans bases théoriques, sans autre but que de faciliter le travail journalier des commissions d'artillerie, elle consistait alors en quelques formules, dues à la commission de Gâvre et à *F. Hélie*[42]) dans lesquelles la vitesse du boulet était liée, pour une poudre et une bouche à feu déterminées, aux seules données dont le praticien pouvait alors disposer. Ces formules avaient été naturellement choisies parmi celles qui se prêtent aux calculs les plus simples: elles supposaient la vitesse proportionnelle à certaines puissances des poids de la poudre et du projectile.

Rien n'était fait encore pour tenir compte, d'une façon explicite, de la nature de la poudre ou du calibre de l'arme.

Pour faire des progrès véritables, il manquait à la balistique intérieure deux choses essentielles: des moyens de mesure plus complets, fournissant un contrôle expérimental des prévisions relatives à tous les éléments importants du tir; une méthode permettant de rattacher la théorie à des principes généraux incontestables.

Le remplacement du canon pendule par des dispositifs électriques, dont bien des organes ont subsisté, avait donné, pour les vitesses, des évaluations commodes et sûres, longtemps avant qu'on possédât un appareil propre à faire connaître, même grossièrement, les pressions développées dans l'âme des bouches à feu.

On sait comment le problème put être résolu en utilisant, de diverses manières, la déformation des métaux. Toutefois le poinçon Rodman ou le cylindre crusher de Noble et Abel n'apportèrent d'abord que des indications presque qualitatives; leur emploi soulevait, en effet, des objections graves, qui faisaient douter de la signification des mesures obtenues. Pendant que le premier de ces appareils disparaissait, le second, soumis à des recherches de toute nature, d'abord par *E. Sarrau*[43]) et *P. Vieille*, puis par *P. Vieille*[44]) seul, par *G. Charpy*[45]), par *P. Galy-Aché* et *P. Charbonnier*[46]), tout récemment encore par *P. Vieille* et *R. Liouville*[47]), enfin par *P. Charbonnier* et

---

42) Traité de balistique expérimentale; exposé général des principales expériences d'artillerie exécutés à Gâvre en 1830/66, (1re éd.) Paris 1865; (2e éd.) 1, Paris 1884; 2, Paris 1884. Cf. IV 21, 3.

43) *E. Sarrau* et *P. Vieille*, Mémorial des poudres et salpêtres 1 (1882/3), p. 356.

44) Mémorial des poudres et salpêtres 5 (1892), p. 12.

45) *G. Charpy*, Mémorial de l'artillerie de la marine 26 (1898), p. 115.

46) *P. Galy-Aché* et *P. Charbonnier*, Mémorial de l'artillerie de la marine 28 (1900), p. 391.

47) C. R. Acad. sc. Paris 142 (1906), p. 1057; 143 (1906), p. 1218. Cf. note 18.

Malaval[48]), parvenait, après plus de vingt années d'un labeur incessant, à un état de perfection tel qu'il est possible de lui demander aujourd'hui, non pas seulement une évaluation certaine des pressions, mais même la loi de leur développement jusqu'à l'instant du maximum.

La théorie n'était pas restée en retard, pendant que les résultats expérimentaux s'accumulaient. Dès 1864, *H. Resal*[49]) avait montré la voie, en rattachant la balistique intérieure à la thermodynamique, qui en est la véritable base. Mais, à cette époque, le mode de combustion de la poudre n'avait pas été étudié; les poudres usitées, peu nombreuses, différaient à peine les unes des autres. *H. Resal*[49]) avait ainsi été conduit à penser qu'une hypothèse très simple, celle de la combustion instantanée de la poudre, serait suffisante pour donner au moins une évaluation sommaire de l'influence du calibre et de la longueur de l'arme sur les vitesses réalisées. La mesure des pressions, si elle avait pu être faite, aurait aussitôt montré l'inexactitude grave de l'hypothèse faite; mais il faut, pour apprécier toute l'importance du travail de *H. Resal*, se rappeler qu'il s'agissait surtout pour lui d'ébaucher la solution d'un problème, dont beaucoup d'éléments lui manquaient et d'obtenir une représentation même grossière des vitesses: à ce point de vue, le but visé avait été complètement atteint.

Avec *E. Sarrau*[50]), la balistique intérieure tient compte, pour la première fois, des caractères propres à chaque sorte de poudre. Il ne peut plus être question de regarder la combustion comme instantanée; de nouvelles poudres d'ailleurs viennent d'apparaître, très distinctes des anciennes et de vivacités graduées; ce sont les poudres noires dites à gros grains. Aussi, dès son premier mémoire sur ce sujet, *E. Sarrau*[50]) modifie l'équation différentielle de *H. Resal*, afin d'y introduire la durée de combustion de la charge; mais il ne s'en tient pas à cette correction; toutes celles qui semblent dignes d'intérêt sont retenues et discutées, autant que les connaissances acquises le permettent. La théorie, en effet, ne se propose plus une représentation sommaire des faits; elle entend bien être assez fidèle pour apporter aux praticiens un secours effectif. Mais les difficultés qui s'opposent à cette tentative constituent un obstacle presque infranchissable.

---

48) Mémorial de l'artillerie de la marine (3) 1 (1907), p. 203.

49) Recherches sur le mouvement des projectiles [C. R. Acad. sc. Paris 58 (1864), p. 500].

50) Mémorial de l'artillerie de la marine 1 (1873), p. 743.

D'abord, les lois de la combustion des poudres sont encore mal étudiées. Quelques expériences de *P. de Saint Robert* et *B. U. Bianchi*[51]) ont montré que, sous des pressions inférieures à celle de l'atmosphère, la vitesse de combustion de la poudre semble varier avec la pression, lui être à peu près proportionnelle et s'annuler avec elle; pour des pressions supérieures, rien n'est connu et, faute de données sur ce point, *E. Sarrau* s'arrête d'abord à l'hypothèse physique la plus simple, d'après laquelle la vitesse de combustion de la poudre ne serait pas changée par la pression. Il est d'ailleurs visible qu'il ne se fait aucune illusion sur la vraisemblance d'une pareille hypothèse; elle ne peut, selon lui, donner lieu à une représentation approximative des faits que par une sorte de compensation entre les phénomènes réalisés pendant la période assez brève des pressions croissantes et ceux qui se produisent dans la période plus longue des pressions décroissantes. Aussi Sarrau ne veut-il nullement considérer les durées de combustion introduites dans ses formules comme ayant une signification physique. Ce sont, à son point de vue, des paramètres choisis le mieux possible afin de compenser les erreurs de la loi de combustion.

Une autre difficulté a surgi dès que l'instantanéité de la combustion n'est plus supposée. L'équation du mouvement du projectile était aisée à intégrer, grâce à cette hypothèse. Quand elle n'est plus admise, il se présente un problème d'analyse, que même les méthodes actuelles ne résolvent pas dans son entier. Malgré d'assez nombreuses vérifications au moyen des résultats expérimentaux de la Commission de Gâvre, les approximations successives employées par *E. Sarrau*[52]) ne lui donnent pas satisfaction, puisqu'aux premières pages d'un de ses mémoires, il met lui-même en doute l'exactitude, soit de la loi de combustion admise dans le mémoire précédent, soit des approximations auxquelles il a dû se résigner. Les moyens dont il dispose ne lui permettent d'ailleurs que des vérifications en bloc, en sorte que les divergences rencontrées entre le calcul et l'expérience sont susceptibles de plusieurs explications.

Les hypothèses que *E. Sarrau*[53]) adopte, en 1876 et 1877, semblent avoir été choisies avec une extraordinaire perspicacité, en s'aidant des constatations faites pendant un grand nombre de tirs. Pour la première fois, dans ces mémoires, on voit énoncer que la vitesse de combustion des poudres noires varie comme la racine carrée de la

51) Balistique 2, Turin 1872.

52) Mémorial de l'artillerie de la marine 4 (1876), p. 131.

53) Id. 5 (1877), p. 129.

pression et tout se passe en effet comme si cette loi était vraie, *P. Vieille* en a donné plus tard la preuve directe.

E. Sarrau[54]) a aussi modifié ses procédés d'intégration approximative. Les développements en série auxquels il s'est arrêté à cette époque se prêtent à une étude plus commode, à des calculs numériques plus faciles; leurs termes semblent promettre une approximation plus rapide. Toutefois leur exactitude, c'est-à-dire la convergence des séries, n'est pas démontrée. De très nombreuses vérifications expérimentales viennent mettre en évidence les progrès réalisés: Ce sont toujours des vérifications en bloc, dont la signification reste imprécise, mais le point le plus important pour les praticiens est obtenu, l'accord entre le calcul et l'expérience est incontestable et complet.

En résumé, dès 1877, en empruntant à la thermodynamique, à la physique, à la thermochimie, toutes les indications qu'elles pouvaient lui fournir, en devinant d'après des résultats d'expériences très indirectes la loi de combustion des poudres noires, *E. Sarrau* a réussi à présenter des formules simples et maniables, qui représentent avec fidélité tous les faits d'expériences connus jusque là; il a même établi des règles générales, échappant à toute difficulté d'analyse, ce sont celles qui résultent du principe de similitude, prouvé pour la première fois d'une façon satisfaisante.

Les principales imperfections qui subsistent portent maintenant sur un problème d'analyse pure; ce sont elles qui vont attirer d'une manière plus particulière l'attention des chercheurs.

C'est visiblement une préoccupation de cette nature qui a inspiré le travail de *H. Sébert* et *H. Hugoniot*[55]) publié en 1882.

Lorsqu'on regarde comme certain que la vitesse de combustion des poudres noires est proportionnelle à une puissance de la pression, un seul des exposants possibles définit le mouvement du projectile par une équation différentielle intégrable au moyen des procédés classiques, c'est l'exposant unité.

Il convenait donc de rechercher si les difficultés analytiques, rencontrées en admettant un autre exposant, étaient vraiment essentielles, en d'autres termes s'il n'était pas permis de supposer l'exactitude, au moins approchée, de l'exposant 1. Cette tentative était d'autant plus naturelle que les inductions de Sarrau, concernant l'exposant $\frac{1}{2}$, étaient fondées uniquement sur des vérifications en bloc,

---

54) Travail non publié par *E. Sarrau,* qui l'a communiqué à *F. Gossot* et *R. Liouville* en 1903.

55) Mémorial de l'artillerie de la marine 10 (1882), p. 128. Cf. note 11.

dans lesquelles certaines défectuosités de l'analyse auraient pu compenser plus ou moins une erreur commise sur l'exposant.

Toutefois, c'est sur une étude expérimentale des phénomènes que *H. Sébert* et *H. Hugoniot*[56]) se proposent de fonder une théorie nouvelle. Le vélocimètre leur a donné le moyen d'obtenir, à chaque instant, la vitesse de recul du canon; des considérations théoriques, plus ou moins approchées, leur ont permis d'en déduire la vitesse du projectile, la pression au culot et enfin l'épaisseur de poudre brûlée, en supposant que la combustion ait lieu par couches parallèles. Un théorème simple leur a d'ailleurs appris que, si la vitesse de combustion varie comme la pression elle-même, la vitesse du projectile est proportionnelle à l'épaisseur de poudre brûlée. Une comparaison sommaire leur donne à penser que cette proportionnalité existe en effet, c'est-à-dire que l'exposant 1 est vrai. Mais cette déduction est lointaine et, pour y parvenir, plusieurs problèmes accessoires ont dû être traités par des procédés comportant à la fois des approximations et des hypothèses; les tirs ont tous été faits dans une même bouche à feu et ne peuvent rien faire connaître sur l'influence du calibre. Il ne faut donc pas s'étonner de ce que le résultat relatif à la vitesse de combustion de la poudre soit en complet désaccord avec les évaluations directes et sûres qui seront données plus tard.

En fait, et malgré toute la valeur du travail de *H. Sébert* et *H. Hugoniot*[56]), leurs formules, peu maniables et soumises à des comparaisons insuffisantes avec l'expérience, n'ont à aucun moment remplacé celles de Sarrau.

Vers la même époque apparaissent précisément plusieurs mémoires de *E. Sarrau*[57]), sur les formules de la balistique intérieure.

Ces mémoires n'apportent pas de modification fondamentale à la théorie établie en 1876 et 1877, mais ils en déduisent un grand nombre de conséquences, font connaître une expression qui convient pour la pression maximum à la culasse et non plus au culot du projectile, posent et résolvent la plupart des problèmes que peuvent comporter les applications et présentent de nouvelles comparaisons des calculs avec les résultats expérimentaux. Un point à remarquer, c'est l'introduction d'une variable auxiliaire très commode, à laquelle *E. Sarrau* donne le nom de module de vivacité, bien qu'elle dépende, non pas seulement de la vivacité de la poudre, mais aussi de certaines données appartenant à la bouche à feu.

---

56) Mémorial de l'artillerie de la marine 10 (1882), p. 128.

57) Mémorial des poudres et salpêtres 1 (1882/3), p. 35 [1881].

La valeur de cette variable définit, dans la formule à deux termes dont se sert *E. Sarrau* pour représenter les vitesses, l'importance du second terme à l'égard du premier; ce point de vue était lié, dans son esprit, à la convergence des séries dont il n'avait gardé que les premiers termes. Il en est visiblement de même de la substitution, proposée par *E. Sarrau,* d'une formule monome à la formule à deux termes, quand le module de vivacité dépasse certaines limites, que la pratique ne s'imposait pas alors de respecter.

Quelques années seulement après la publication de ce travail, les poudres noires disparaissaient d'une façon presque complète, pour faire place aux poudres sans fumée, dont les propriétés sont toutes différentes. Faute de données expérimentales concernant la vitesse de combustion des explosifs, il parut d'abord possible d'admettre, pour ces poudres, les mêmes lois que pour les poudres noires. Les conditions de tir étaient encore peu variées et, dans ce domaine restreint, les formules de Sarrau semblaient suffire, sous la condition d'y changer la valeur de la force.

C'est à cet ordre d'idées que se rapporte une note dans laquelle *R. Liouville*[58]) recherchait sous quelles conditions le minimum de longueur totale d'un canon, tirant des poudres sans fumée, était réalisé. Cette simple application des formules de Sarrau a été l'origine d'une étude précise faite en 1903 par *F. Gossot*[59]) avec des moyens mieux appropriés.

A la même époque apparaissent les premières expériences directes, concernant le mode de combustion des matières explosives. Dans un mémoire, qui résume des travaux exécutés en 1884 et 1885, *P. Vieille*[60]) pose, au sujet du mode de combustion des explosifs, les véritables questions auxquelles toutes les théories de la balistique intérieure sont suspendues. Par une série d'expériences sur les poudres noires, sous forme plus ou moins compacte, et sur les poudres colloïdales, au coton-poudre pur ou additionné de nitroglycérine, il montre comment la quantité de poudre brûlée à chaque instant dépend de deux éléments distincts: la nature des surfaces de combustion qui se succèdent et l'influence de la pression sur les vitesses de combustion propres des produits supposés compacts.

Dans le cas des poudres noires en service, la combustion ne se fait nullement par couches parallèles, comme on l'avait jusque là

58) Mémorial des poudres et salpêtres 6 (1893), p. 133.

59) Mémorial de l'artillerie de la marine 31 (1903), p. 91.

60) Mémorial des poudres et salpêtres 6 (1893), p. 256.

supposé, mais s'accompagne d'un éclatement des grains, qui modifie à chaque instant les surfaces d'attaque de la flamme et ne les laisse nullement en rapport avec les dimensions primitives. Les phénomènes sont tout autres pour les poudres du type colloïdal. *P. Vieille* donne le moyen de calculer dans tous les cas l'influence de la pression sur les quantités de poudre brûlées, il prouve que la combustion des explosifs compacts se fait par couches parallèles et définit, par des éléments mesurables, la durée de combustion des poudres sous pression constante. Ces bases expérimentales et sûres de la balistique intérieure ne devaient être utilisées que bien des années plus tard.

Le travail de *L. Jacob*[61]) repose sur d'autres principes; la méthode suivie est en tous points celle de *E. Sarrau*. L'influence, sur les vitesses et sur les pressions, de chacun des éléments du tir est étudiée sur les nombres fournis par l'expérience des polygones; leur comparaison avec les exposants qui figurent dans les premiers termes des séries théoriques permet d'en déduire l'exposant sous lequel les pressions interviennent dans la vitesse de combustion des poudres. Les évaluations ainsi obtenues ne sont pas très concordantes entre elles et donnent toutes des nombres plus grands que les déterminations de *P. Vieille*; on comprend sans peine que la voie, très indirecte, suivie par *L. Jacob* pour parvenir à la valeur de l'exposant des pressions laisse subsister des écarts sensibles; une autre raison explique mieux encore peut-être les difficultés rencontrées: l'étude de *L. Jacob* a été entreprise à l'occasion d'essais spéciaux, éloignés des conditions de la pratique et dans lesquels on s'est efforcé de faire varier autant que possible toutes les données du chargement et de la bouche à feu.

Les variations de vitesse et de pression, réalisées dans un domaine aussi étendu, étant comparées aux indications résultant des deux seuls termes conservés dans des développements en série fort compliqués, on conçoit que la précision des formules théoriques ne soit pas en rapport avec l'étendue des faits à représenter et que les constantes cherchées soient, comme conséquence, assez médiocrement définies. Les formules de *L. Jacob* n'en ont pas moins donné, pour le tir des poudres sans fumée, des renseignements d'une incontestable utilité.

On le voit, et ce qui vient d'être dit au sujet de la méthode précédente en donne un exemple nouveau, la source des objections et des difficultés, après le travail déjà cité de *P. Vieille*, est tout entière dans un problème de pure analyse. Il devenait donc urgent de s'attaquer à cette partie de la question; c'est l'objet d'une note de

---

61) Mémorial de l'artillerie de la marine 22 (1894), p. 539.

R. Liouville[62]). Dans cette note, l'équation différentielle du mouvement du projectile est transformée en deux relations plus simples, et purement numériques, qui peuvent être ainsi traitées pour tous les cas à la fois. La série principale de Sarrau est remplacée par un développement, ordonné selon les puissances d'un paramètre numérique et, s'il n'y a dans ce changement rien d'essentiel, il est clair que la nouvelle série est pourtant d'une discussion plus commode. Son premier terme représente ce qui aurait lieu si la poudre était constituée par des lames très longues et larges; c'est une fonction définie par une équation différentielle du second ordre, et l'auteur montre que cette équation est réductible à une autre, du premier ordre, appartenant à un type déjà bien étudié; mais aucune application n'est faite de ces résultats, ni aucune tentative pour les compléter.

Vers la même époque, *E. Vallier*[63]) faisait connaître ses vues personnelles, à côté de généralités relatives aux explosifs et de formules de balistique dues à *E. Sarrau.* *E. Vallier* établit l'équation du mouvement, à peu près comme *H. Resal* et *E. Sarrau*; il suppose la poudre brûlant par couches parallèles avec une vitesse proportionnelle à la racine carrée de la pression, même lorsqu'il s'agit des poudres sans fumée; mais il tient compte de la pression développée au départ du projectile. Des nécessités de pure analyse lui font malheureusement substituer, à la proportion de poudre brûlée après un temps quelconque, une valeur moyenne constante et cette approximation serait sans doute difficile à justifier, bien qu'elle ait, après *E. Vallier,* tenté d'autres personnes. Au surplus, les comparaisons avec l'expérience sont très peu nombreuses dans cet ouvrage, où elles ne pouvaient guère trouver place, et les applications ne sont peut-être pas mises à la disposition immédiate des praticiens, en sorte que les formules trouvées ont été, croyons-nous, rarement mises en œuvre.

Un mémoire sur les poudres sans fumée de *H. Moisson*[64]) est fondé sur un ensemble d'hypothèses permettant l'intégration de l'équation différentielle du mouvement du projectile. Suivant *H. Moisson,* les poudres brûleraient par couches semblables et avec une vitesse proportionnelle à la pression. La combustion par couches semblables peut être supposée sans inconvénients pour les poudres noires, dont le grain élémentaire est à peu près sphérique ou cubique. Pour les poudres colloïdales, une telle hypothèse s'éloigne de la réalité d'une

62) Mémorial des poudres et salpêtres 8 (1895/6), p. 25.

63) Balistique des nouvelles poudres, Paris (s. d.) [1895] (Encyclop. scient. des aide-mémoire).

64) Mémorial de l'artillerie de la marine 26 (1898), p. 69.

façon inadmissible. Ni l'une ni l'autre des deux sortes de poudres ne brûle d'ailleurs avec une vitesse proportionnelle à la pression; ce point n'était pas connu, quand *H. Moisson* entreprit son travail sur les poudres noires, mais il l'était en 1898 et, lorsque les recherches sur les poudres sans fumée furent publiées, l'hypothèse qui leur sert de base n'était plus qu'un artifice de calcul. Les formules obtenues étaient d'ailleurs commodes et munies d'assez nombreuses vérifications, qui les rendaient dignes d'intérêt, au moins pour établir quelques précisions dans un domaine restreint.

Un travail de *O. Mata*[65]) se sert, pour toutes les poudres, des mêmes hypothèses que *H. Sébert* et *H. Hugoniot* avaient acceptées pour les poudres noires; toutefois il admet que la détente des gaz se fait, non selon la loi adiabatique, mais selon la loi isothermique et il suppose nulle la pression au départ du projectile. En toute rigueur, la vitesse de combustion de la poudre étant supposée proportionnelle à la pression et celle-ci égale à zéro à l'origine du temps, l'auteur devrait trouver que le projectile reste au repos; mais il n'écrit pas toutes les équations du problème et, pour cette raison, n'aperçoit pas que, la vitesse du projectile recevant une valeur finie, il n'en est pas de même du temps qui lui correspond. Les formules obtenues diffèrent peu de celles de *H. Sébert* et *H. Hugoniot*, mais elles sont étudiées d'une façon plus complète et appliquées à d'assez nombreux exemples.

Une question étudiée par *E. Vallier*[66]) touche aux points les plus importants de la théorie; il s'agit de la courbe des pressions en fonction du temps, dans une bouche à feu donnée. Le procédé de *E. Vallier* consiste à comparer les courbes expérimentales avec quelques-unes des courbes analytiquement les plus simples. Il est facile d'en choisir, parmi ces dernières, qui présentent l'aspect des courbes de pression expérimentales. Cette analogie d'ailleurs est un peu grossière et les constantes qui entrent dans l'équation des courbes choisies contiennent les données de la poudre et de la bouche à feu, sous une forme dont la détermination serait, de beaucoup, la partie la plus importante du problème; c'est aussi la plus inaccessible à des moyens de cette nature.

Les calculs les plus utilisés jusqu'en 1903 par les praticiens ont été exposés dans un travail de *P. Charbonnier*[67]). Ce travail mentionne aussi des formules, établies par l'auteur en 1900 et souvent employées

---

65) Ce travail, écrit en 1896, a été rédigé d'abord par *B. U. Bianchi* et publié par *Fortier*, Mémorial de l'artillerie de la marine 30 (1902), p. 225, 287.

66) Mémorial des poudres et salpêtres 10 (1899/1900), p. 171.

67) Mémorial de l'artillerie de la marine 31 (1903), p. 169.

vers cette époque par la Commission de Gâvre. Celles-ci ont été déduites d'une équation différentielle du mouvement du projectile, construite comme celle de Sarrau, mais en supposant que la détente des gaz se fait selon la loi isothermique. *P. Charbonnier* s'est borné d'ailleurs à publier ses formules et quelques applications immédiates, sans faire connaître sa méthode.

Un autre système de formules, dont *F. Gossot* fait aussitôt les applications les plus intéressantes, a été imaginé par *E. Sarrau*[68]). Il a été donné aussi sans démonstration, mais il est très facile de le rattacher aux travaux antérieurs de *E. Sarrau* et de retrouver la voie qu'il a suivie pour le déduire, par des développements en séries tout naturels, de l'équation différentielle obtenue dans ses premiers mémoires. On aperçoit sans peine que ces formules supposent égal à $\frac{2}{3}$, c'est-à-dire à sa valeur expérimentale, l'exposant de la pression dans la vitesse de combustion de la poudre. Leur concordance avec un grand nombre de résultats de tir est très satisfaisante. Le mémoire de *F. Gossot*[69]) montre combien ces formules sont maniables et comment on peut s'en servir pour l'étude des dispositions intérieures des bouches à feu. Les tables données ont fourni, sous une forme commode, une foule de renseignements importants.

Une nouvelle étude, concernant toutes les questions de la balistique intérieure, a été présentée à l'Académie des sciences, en 1905, par *F. Gossot* et *R. Liouville*[70]) qui se sont astreints à admettre, sans rien y changer, toutes les lois établies par l'expérimentation directe, telles que combustion par couches parallèles, proportionnalité des vitesses de combustion aux puissances $\frac{2}{3}$ de la pression, valeurs des coefficients de vivacité des diverses sortes de poudres.

Ce dernier point surtout a paru important, car c'est la première fois que, dans les formules destinées à représenter les vitesses et les pressions dans les bouches à feu, on faisait usage des coefficients de vivacité des poudres déduits des essais en vase clos, mettant ainsi en relation étroite le laboratoire et l'artillerie de polygone. L'étude des pressions développées en vase clos, d'après la théorie et d'après l'expérience, apporte d'abord de nouvelles preuves pour l'exactitude de l'exposant $\frac{2}{3}$, avec lequel les pressions figurent dans la vitesse de combustion des poudres à la nitro-cellulose. L'exposant 1 se trouvant exclu, l'équation différentielle du mouvement du projectile appartenait

68) Formules communiquées verbalement à *F. Gossot*, mais non publiées par leur auteur.

69) Mémorial de l'artillerie de la marine 31 (1903), p. 93.

70) Id. 33 (1905), p. 103.

à une classe dont il a été déjà parlé et pour laquelle n'existe aucune méthode d'intégration; mais les auteurs se sont dérobés à cette difficulté, sans rien abandonner de la rigueur des conclusions, en montrant que l'on peut grouper les données relatives au chargement, au canon et à la poudre, de manière à former deux variables caractéristiques et deux seulement, à l'aide desquelles s'expriment, par des équations numériques: 1°) une inconnue qui donne les vitesses; 2°) une autre inconnue faisant connaître les pressions. Tout le problème, en ce qui touche aux vitesses par exemple, est ainsi réduit à la recherche d'une fonction numérique de deux variables, c'est-à-dire à la construction d'une surface, qui convient à toutes les hypothèses imaginables sur les dimensions des canons, la nature de la poudre et les conditions du chargement. Pour construire cette surface et une autre, analogue, relative aux pressions sur la culasse, tous les résultats de tir obtenus pendant plusieurs années ont été utilisés. Les formules, par lesquelles ont été en définitive remplacées les surfaces des vitesses et des pressions, échappent ainsi à toute contestation sur des points de pure analyse: elles ne supposent rien de plus que l'équation différentielle du mouvement du projectile. Les vérifications, par la nature même de la méthode, sont en nombre énorme et toutes sont à la fois sous les yeux. Grâce à ces liens intimes maintenus entre les principes, empruntés aux expériences de laboratoire, et les conséquences qui en sont déduites par la théorie, le domaine dans lequel les formules sont valables devient beaucoup plus étendu; il peut être accru, d'une manière continuelle, par des tirs bien conduits, sans remettre en cause aucun des points acquis.

Les applications présentées sont très diverses; elles portent, tant sur les bouches à feu existantes que sur les projets de canons et la recherche des poudres convenant à des résultats balistiques déterminés.

Dans plusieurs ouvrages, *P. Charbonnier*[71]) a fait connaître ses vues les plus récentes sur la balistique intérieure et les questions connexes.

Au cours de ce long exposé, les idées de *P. Charbonnier* sur les points les plus importants de la théorie se sont quelquefois modifiées, en particulier au sujet de l'influence de la pression sur la vitesse de combustion des poudres et au sujet de l'équation différentielle qui régit le mouvement du projectile. Dans l'étude qu'il fait d'abord de la combustion des poudres, *P. Charbonnier* paraît avoir de nouveau mélangé les deux notions distinctes, séparées avec tant de soin par

71) Mémorial de l'artillerie de la marine 33 (1905), p. 541; 34 (1906), p. 1; Balistique intérieure, Paris 1908.

P. Vieille[72]), celle de la nature des surfaces de combustion qui se succèdent et celle de la vitesse de combustion, sur ces surfaces, sous une pression déterminée. Des raisons visiblement défectueuses lui font même contester la loi des surfaces parallèles et, comme conséquence d'une formule, d'ailleurs tout arbitraire, préférer l'exposant 1, si commode pour intégrer l'équation différentielle du mouvement du projectile, à l'exposant $\frac{2}{3}$ constaté par des expériences nombreuses et directes. Les coefficients de vivacité des poudres, tels qu'ils résultent des essais de laboratoire, ne sont pas introduits dans les formules relatives aux bouches à feu, mais remplacés d'abord par d'autres, qui en diffèrent par des facteurs indéterminés. Chacun de ces derniers représente, selon l'auteur, une foule de circonstances accessoires; c'est ainsi que l'un d'eux doit tenir compte de la force vive de rotation du projectile, du frottement des rayures et de l'inertie de la masse qui participe au recul. En fait, le nombre des paramètres, disponibles puisqu'ils sont inconnus, est beaucoup augmenté. Plusieurs théorèmes généraux énoncés par *P. Charbonnier* laissent au lecteur une véritable inquiétude; nous citerons les suivants:

1°) On ne peut obtenir dans un canon, quelle que soit la charge de poudre, une vitesse inférieure à une certaine limite, qui n'est pas nulle quand la pression au départ du projectile n'est pas nulle elle-même: ou le projectile ne part pas, ou il part avec une vitesse $\geqq v_0$;

2°) il existe une charge de poudre telle que, pour toutes les charges inférieures, la poudre ne peut brûler complètement dans le canon, même en admettant que l'âme soit indéfiniment prolongée[73]);

3°) il peut exister un poids de projectile tel que, pour les poids inférieurs, la poudre ne brûle pas complètement, même pour un canon dont la longueur d'âme serait infinie[74]).

Il n'est présenté qu'une dizaine au plus de comparaisons des formules avec l'expérience et les points de contact de la théorie avec les réalités sont, de toutes façons, très limités.

E. Emery[75]) a fait, au sujet des travaux les plus récents se rapportant à la balistique intérieure, une étude critique, dans le but d'en tirer des conclusions pratiques au sujet des bouches à feu de l'artillerie de terre. Les conditions de tir recherchées par l'artillerie de terre sont presque toujours fort différentes de celles qui sont nécessaires à l'artillerie navale. Les formules balistiques, obtenues en étudiant les

72) Mémorial des poudres et salpêtres 6 (1893), p. 256.

73) Balistique intérieure[78]), p. 223.

74) *P. Charbonnier,* Balistique intérieure, Paris 1908, p. 323.

75) Mémorial des poudres et salpêtres 14 (1907/8), p. 97.

bouches à feu de la Marine, sont donc en général peu appropriées aux canons de la Guerre; celles de *F. Gossot* et *R. Liouville*[76]) n'échappent qu'en partie à cet inconvénient. Après une discussion rapide et intéressante des parties fondamentales de la théorie présentée dans les travaux de balistique récents, *E. Emery*[75]) examine ce que ces travaux contiennent d'essentiel et ce qui peut y introduire des erreurs systématiques; il indique ce qui lui paraît susceptible de subsister au milieu des conditions les plus diverses et montre comment, aux hypothèses qui servent de base à la théorie de *F. Gossot* et *R. Liouville*[76]), on peut substituer une hypothèse plus simple, celle de la constance de la surface d'émission des brins de poudre, permettant de parvenir par des procédés commodes aux résultats principaux de ces auteurs.

G. Sugot[77]) a discuté quelques conséquences des formules de *P. Charbonnier* et montré qu'il n'est pas impossible d'en faire certaines applications.

Sous la rubrique „Communications diverses" le „Mémorial de l'artillerie de la marine" a publié, depuis 1905 jusqu'en 1908, toute une série de critiques et d'observations, de réponses et de questions, anonymes ou signées, qui ont éclairci plusieurs difficultés soulevées par des problèmes de balistique intérieure.

---

76) Mémorial de l'artillerie de la marine (3) 1 (1907), p. 21.

77) Id. (3) 2 (1908), p. 479.

IV 23. HYDRAULIQUE.

Exposé, d'après l'article allemand de **PH. FORCHHEIMER** (Graz) par **A. BOULANGER** (Lille).

Introduction.

1. Caractère de l'hydraulique. L'hydraulique pratique, *étude des propriétés mécaniques de l'eau au point de vue exclusif de leur utilisation dans le domaine de l'ingénieur,* présente un caractère essentiellement différent de celui de l'hydrodynamique théorique. Par suite de l'incertitude qui enveloppe jusqu'à présent les lois du frottement des fluides, d'une part, et de la complication que présentent beaucoup de faits importants au point de vue technique, d'autre part, on doit souvent attribuer de la valeur à des recherches qui ne concernent que des problèmes très particuliers et qui n'approfondissent nullement nos aperçus sur l'enchaînement des phénomènes. Aussi l'hydraulique pratique est-elle encore aujourdhui le royaume des coefficients, et sa méthode d'investigation n'est-elle souvent qu'une interpolation de données empiriques. Avec cela, il faut bien retenir que les problèmes techniques ne sont pas, comme les problèmes physiques, librement choisis par le chercheur, mais qu'ils lui sont imposés par les nécessités du métier: une solution théoriquement insuffisante, si elle se montre utile, ne fût-ce que dans les limites étroites entre lesquelles la technique l'appliquera, vaut toujours mieux que rien du tout.

A ces difficultés s'ajoute encore, comme circonstance défavorable à la recherche rigoureuse, le fait que, dans de nombreux phénomènes, la structure des parois des cours d'eau a une influence décisive et que fréquemment cette structure ne peut être connue, définie ou reproduite avec une exactitude suffisante. Dans le même ordre d'idées, ce qui restreint aussi l'applicabilité du calcul exact, c'est que le mode de mouvement dans les lits naturels ordinaires ou même dans les lits artificiels et dans les conduites n'est pas défini numériquement d'une manière assez précise.